高等院校数字化建设精品教材

微 积 分（上）

湖南大学数学学院　编

易学军　杨湘豫　胡合兴　主　编

北京大学出版社
PEKING UNIVERSITY PRESS

内 容 简 介

本书根据作者多年的教学经验,并结合教育部高等学校大学数学课程教学指导委员会制定的《经济和管理类本科数学基础课程教学基本要求》以及全国硕士研究生入学统一考试数学三、四的考试大纲编写而成.本书分上、下两册,《微积分》(上)主要包括函数、极限与连续、函数的导数与微分、微分中值定理与导数的应用、不定积分、定积分等内容.各节均配有相应的习题,每章之后还安排了综合复习题.本书大约要讲授 80 学时.

本书可作为经济和管理类以及其他社会科学类本科专业的微积分课程的教材,也可供其他专业的相应课程选用或参考.

图书在版编目(CIP)数据

微积分. 上 / 湖南大学数学学院编. — 北京:北京大学出版社,2019.12
ISBN 978-7-301-31023-6

Ⅰ. ① 微 …　　Ⅱ. ① 湖 …　　Ⅲ. ① 微积分—高等学校—教材　　Ⅳ. ① O172

中国版本图书馆 CIP 数据核字(2019)第 282948 号

书　　　　名	微积分(上)	
	WEIJIFEN（SHANG）	
著 作 责 任 者	湖南大学数学学院　编	
责 任 编 辑	刘　啸	
标 准 书 号	ISBN 978-7-301-31023-6	
出 版 发 行	北京大学出版社	
地　　　　址	北京市海淀区成府路 205 号　100871	
网　　　　址	http://www.pup.cn	
电 子 信 箱	zpup@pup.cn	
新 浪 微 博	@北京大学出版社	
电　　　　话	邮购部 010-62752015　发行部 010-62750672　编辑部 010-62754271	
印 刷 者	长沙超峰印刷有限公司	
经 销 者	新华书店	
	787 毫米×1092 毫米　16 开本　12 印张　298 千字	
	2019 年 12 月第 1 版　2022 年 5 月第 2 次印刷	
定　　　　价	38.00 元	

前 言

近几十年来,由于人类社会的快速发展和进步,数学科学在现代文化中正逐渐扮演着中心角色,数学的应用已经渗透到几乎所有的领域,使得当今的社会日益"数学化". 数学的思想、理论和方法不仅在自然科学和工程技术中起着至关重要的作用,而且也越来越深入到社会科学的各个方面,对社会科学的发展产生了巨大的影响和推动.

数学是研究现实世界数量关系和空间形式的一门科学,而人们的社会经济活动随时都会产生数量关系和相互作用,将这些数量关系及其相互作用概括为数学的结构 —— 数学模型,就可以通过数学模型及其求解,来解释社会经济活动中的各种现象,揭示社会经济的规律和特征,帮助人们掌握社会科学的本质. 因此,社会科学的研究无法离开数学. 正如著名数学家卡普兰早些年指出的:"社会科学的许多重要领域已经发展到使不懂数学的人望尘莫及的阶段."

目前,高等学校的社会科学类各本科专业的通识教育数学核心课程一般包括微积分、线性代数和概率论与数理统计等课程. 这些课程分别讲授有关连续量、离散量和随机量问题的基本思想和基本原理,提供了处理上述变量的强有力的数学工具. 学生们通过学习这些课程,可以掌握微积分、线性代数、概率论与数理统计等方面的基本概念、基本理论和基本方法,为学习后继课程、扩大数学知识面和提高数学应用能力奠定基础.

教材是教学内容、教学方法的重要载体,是学生获取知识、培养能力的基本工具. 我们深知教材在教学过程中的地位和作用,为此我们组织编写了这套"高等学校经管类数学基础课程教材". 我们在编写上着眼于基本概念、基本理论和基本方法,突出微积分的基本思想和应用背景,力图以传授数学基础知识和提高学生分析问题、解决问题的能力为宗旨,体现湖南大学建设研究型大学的办学理念和基础研究型与复合应用型人才的培养目标. 本套教材结构严谨、条理清晰、表述清楚、重点突出、难点分散、例题丰富,便于组织教学.

《微积分》(上)由易学军、杨湘豫、胡合兴任主编,刘长荣、胡艳老师参与了编写,罗汉认真审阅了书稿. 本套教材的筹划、编写和出版得到了北京大学出版社的大力支持,赵子平、钟运连、沈阳编辑了教学资源,魏楠、苏娟、汤晓提供了版式和装帧设计方案,我院各位任课教师也给予了许多宝贵的意见,在此一并表示衷心的感谢!

由于水平有限,加之时间仓促,书中的错误及不妥之处在所难免,敬请使用本教材的教师和学生不吝指正.

湖南大学数学学院

目　　录

第一章　　函数 …………………………………………………………… 1

第一节　　集合与区间 …………………………………………………… 1
一、集合的概念(1)　　二、集合的运算(2)
三、区间与邻域(3)　　习题 1.1(4)

第二节　　映射 …………………………………………………………… 4
一、映射的概念(4)　　二、逆映射和复合映射(5)
习题 1.2(7)

第三节　　初等函数 ……………………………………………………… 7
一、常量与变量(7)　　二、函数的概念(8)　　三、函数的运算(10)
四、初等函数(11)　　习题 1.3(15)

第四节　　函数的基本特性 ……………………………………………… 16
一、单调性(16)　　二、有界性(17)　　三、奇偶性(17)
四、周期性(18)　　习题 1.4(18)

第五节　　经济学中常用函数举例 ……………………………………… 19
一、需求与供给(19)　　二、生产与总成本(21)
三、总收益与总利润(22)　　习题 1.5(23)

综合习题一 ……………………………………………………………… 24

第二章　　极限与连续 …………………………………………………… 26

第一节　　数列的极限 …………………………………………………… 26
一、数列的概念(26)　　二、数列极限的定义(27)
三、收敛数列的性质(28)　　四、数列极限的四则运算法则(29)
习题 2.1(31)

第二节　　函数的极限 …………………………………………………… 31
一、函数极限的定义(31)　　二、函数极限的性质(34)
三、函数极限的运算法则(35)　　习题 2.2(37)

第三节　　无穷小量与无穷大量 ………………………………………… 37
一、无穷小量(37)　　二、无穷大量(39)
三、无穷小量的比较(40)　　习题 2.3(42)

第四节　　极限存在准则与两个重要极限 ……………………………… 42

一、极限存在准则(42)　二、两个重要极限(44)

习题 2.4(46)

第五节　函数的连续性……………………………………………………46

一、函数的连续性(46)　二、函数的间断点(48)

三、连续函数的运算(49)　四、初等函数的连续性(50)

习题 2.5(51)

第六节　闭区间上连续函数的性质…………………………………51

一、最大值和最小值定理(51)　二、介值定理(52)

习题 2.6(52)

综合习题二………………………………………………………………53

第三章　函数的导数与微分……………………………………………54

第一节　导数的概念……………………………………………………54

一、引例(54)　二、导数的定义(55)　三、导数的几何意义(58)

四、函数的可导性与连续性的关系(59)　习题 3.1(59)

第二节　导数的运算法则………………………………………………60

一、函数的和、差的求导法则(60)　二、函数的积的求导法则(61)

三、函数的商的求导法则(61)　四、复合函数的求导法则(62)

五、反函数的求导法则(64)　习题 3.2(65)

第三节　初等函数及分段函数的导数……………………………66

一、基本初等函数的导数公式(66)

二、函数的和、差、积、商的求导法则(66)

三、复合函数的求导法则(67)　四、反函数的求导法则(67)

五、分段函数的导数(68)　习题 3.3(69)

第四节　隐函数与由参数方程所确定的函数的导数……………69

一、隐函数的导数(69)　二、对数求导法(70)

三、由参数方程所确定的函数的导数(71)　习题 3.4(72)

第五节　高阶导数………………………………………………………72

习题 3.5(76)

第六节　微分及其运算…………………………………………………76

一、微分的定义(76)　二、函数的导数与微分的关系(77)

三、微分的几何意义(78)

四、基本初等函数的微分公式与微分运算法则(78)

五、微分在近似计算中的应用(79)　习题 3.6(80)

第七节　导数在边际分析及弹性分析中的应用………………81

一、边际分析(81)　二、弹性分析(81)　三、增长率(84)

习题 3.7(84)

综合习题三………………………………………………………………84

第四章　　微分中值定理与导数的应用 ……………………………………… 86
　第一节　　微分中值定理 ………………………………………………………… 86
　　一、罗尔中值定理(86)　二、拉格朗日中值定理(88)
　　三、柯西中值定理(90)　习题 4.1(91)
　第二节　　洛必达法则 …………………………………………………………… 91
　　习题 4.2(96)
　第三节　　泰勒公式 ……………………………………………………………… 96
　　习题 4.3(100)
　第四节　　函数的单调性与极值 ………………………………………………… 100
　　一、函数的单调性的判定(100)　二、函数的极值(102)
　　习题 4.4(104)
　第五节　　曲线的凹凸性与拐点 ………………………………………………… 105
　　习题 4.5(107)
　第六节　　最优化在经济分析中的应用举例 …………………………………… 107
　　一、最大利润与最小成本问题(108)　二、库存问题(109)
　　三、复利问题(111)　习题 4.6(111)
　第七节　　函数作图 ……………………………………………………………… 112
　　一、曲线的渐近线(112)　二、函数图形的描绘(112)
　　习题 4.7(113)
　综合习题四 ………………………………………………………………………… 113

第五章　　不定积分 ………………………………………………………………… 115
　第一节　　不定积分的概念与性质 ……………………………………………… 115
　　一、原函数(115)　二、不定积分(116)
　　三、不定积分的性质(117)　四、基本积分表(117)
　　习题 5.1(120)
　第二节　　换元积分法 …………………………………………………………… 120
　　一、第一类换元法(120)　二、第二类换元法(123)
　　习题 5.2(128)
　第三节　　分部积分法 …………………………………………………………… 129
　　习题 5.3(133)
　第四节　　几种特殊类型函数的积分 …………………………………………… 133
　　一、有理函数的积分(133)　二、三角函数有理式的积分(136)
　　习题 5.4(137)
　综合习题五 ………………………………………………………………………… 137

第六章　　定积分 …………………………………………………………………… 139
　第一节　　定积分的概念与性质 ………………………………………………… 139
　　一、定积分问题举例(139)　二、定积分的定义(140)
　　三、定积分的几何意义(141)　四、定积分的性质(142)

习题 6.1(145)

第二节　微积分基本公式 ……………………………………………………… 145

一、积分上限函数(145)　二、牛顿-莱布尼茨公式(146)

习题 6.2(149)

第三节　定积分的换元法与分部积分法 ……………………………………… 149

一、定积分的换元法(150)　二、定积分的分部积分法(153)

习题 6.3(155)

第四节　定积分的应用 ………………………………………………………… 156

一、定积分的元素法(156)　二、定积分的几何学应用(156)

三、定积分的经济学应用(160)

四、定积分在其他方面的应用(162)　习题 6.4(163)

第五节　广义积分初步 ………………………………………………………… 164

一、无限区间的广义积分(164)　二、无界函数的广义积分(166)

三、Γ 函数(168)　习题 6.5(169)

综合习题六 ……………………………………………………………………… 169

习题参考答案 …………………………………………………………………… 171

第一章

函　　数

函数是对现实世界中各种因素之间相互依赖关系的一种抽象表达,是微积分学研究的基本对象,在自然科学和社会科学等领域的研究中也经常会遇到.在中学时,我们对函数的概念和性质已经有了初步的了解.在本章中,我们将进一步阐明函数的一般定义,讨论函数所具有的一些基本特性,介绍初等函数的概念,最后给出函数的一些实例.这些都是学习这门课程的基础.

第一节　集合与区间

一、集合的概念

集合是数学中的一个基础概念.所谓**集合**是指具有某种共同属性的对象的全体,构成这个集合的每一个对象被称为该集合的一个**元素**.例如,"某工厂生产的所有产品""某班级的全体同学""全体偶数""不等式 $x - 7 < 3$ 的所有解"等都是集合.

习惯上,常用大写字母 A,B,C 等表示集合,而用小写字母 a,b,c 等表示集合中的元素.若 a 是集合 A 的元素,则记为 $a \in A$(读作: a 属于 A);若 a 不是集合 A 的元素,则记为 $a \bar{\in} A$(读作: a 不属于 A).

集合的表示主要有两种方法.一是列举法,即列出集合中的所有元素.例如,由 $1 \sim 20$ 以内的所有素数所组成的数集 A 可记为

$$A = \{2,3,5,7,11,13,17,19\}.$$

二是描述法,即把集合中所有元素具有的共同属性描述出来,记为

$$\{x \mid x \text{ 具有的共同属性}\}.$$

例如, xOy 平面上坐标适合方程 $x^2 + y^2 = 1$ 的点 (x,y) 的全体所组成的集合 M 可记为

$$M = \{(x,y) \mid x^2 + y^2 = 1, x,y \text{ 为实数}\}.$$

集合可分为有限集和无限集.若某集合中所含元素的个数只有有限个,则称该集合为**有限集**;若某集合所含元素的个数为无限个,则称该集合为**无限集**.例如,

$$A = \{2,3,5,7,11,13,17,19\}$$

是有限集,而

$$B = \{x \mid x = 2k - 1, k \text{ 为正整数}\}$$

和

$$M = \{(x,y) \mid x^2 + y^2 = 1, x,y \text{ 为实数}\}$$

是无限集.

不含有任何元素的集合称为**空集**,记为 $\varnothing$.例如,

$$C = \{x \mid x^2 + 1 = 0, x \text{ 为实数}\}$$

就是一个空集.

在以后的学习中,我们会经常遇到由一些数所构成的数集,如果不做特别声明,以后提到的数均指实数.

全体自然数的集合记作 $\mathbf{N}$,全体整数的集合记作 $\mathbf{Z}$,全体有理数的集合记作 $\mathbf{Q}$,全体实数的集合记作 $\mathbf{R}$.

若集合 A 的元素也都是集合 B 的元素,则称 A 是 B 的**子集**,记作 $A \subset B$(读作:A 包含于 B)或 $B \supset A$(读作:B 包含 A).例如,我们有 $\mathbf{N} \subset \mathbf{Z}, \mathbf{Z} \subset \mathbf{Q}, \mathbf{Q} \subset \mathbf{R}$.

显然,任何一个集合 A 都是其自身的子集,即 $A \subset A$.另外,规定空集 $\varnothing$ 是任一集合 A 的子集,即 $\varnothing \subset A$.若 $A \subset B$,且存在 $x \in B$ 但 $x \bar{\in} A$,则称 A 为 B 的**真子集**.

如果 $A \subset B$ 且 $B \subset A$,则称 A 与 B **相等**,记作 $A = B$.当 A 与 B 相等时,它们是包含的元素完全相同的两个集合.

二、集合的运算

设有集合 A, B.定义集合

$$\{x \mid x \in A \text{ 或 } x \in B\}$$

为 A 与 B 的**并集**,记作 $A \bigcup B$(读作:A 并 B).

定义集合

$$\{x \mid x \in A \text{ 且 } x \in B\}$$

为 A 与 B 的**交集**,记作 $A \bigcap B$(读作:A 交 B).

定义集合

$$\{x \mid x \in A \text{ 且 } x \bar{\in} B\}$$

为 A 与 B 的**差集**,记作 $A \backslash B$(读作:A 减 B).

例如,集合 $A = \{4, 5, 6, 8\}$ 与 $B = \{3, 5, 7, 8, 10\}$ 的并集、交集和差集分别为

$$A \bigcup B = \{3, 4, 5, 6, 7, 8, 10\}, \quad A \bigcap B = \{5, 8\}, \quad A \backslash B = \{4, 6\}.$$

据上述定义,显然有

$$A \backslash B \subset A, \quad (A \bigcap B) \subset (A \bigcup B).$$

由所研究的所有事物构成的集合称为**全集**,记为 I 或 U.全集是相对的,一个集合在一定条件下是全集,在另一条件下就可能不是全集.

若我们研究某一问题时将所考虑的对象的全体看作全集,记为 I,则对于任一集合 $A \subset I$,$I \backslash A$ 称为 A 的**余集**或**补集**,记为 A^c.例如,在实数集 $\mathbf{R}$ 中,集合 $A = \{x \mid 0 \leqslant x \leqslant 1\}$ 的余集为

$$A^c = \{x \mid x < 0 \text{ 或 } x > 1\}.$$

进一步,我们可以定义多个集合的并

$$\bigcup_{i=1}^{n} A_i = A_1 \bigcup A_2 \bigcup \cdots \bigcup A_n,$$

$$\bigcup_{i=1}^{\infty} A_i = A_1 \bigcup A_2 \bigcup \cdots \bigcup A_n \bigcup \cdots$$

以及多个集合的交

$$\bigcap_{i=1}^{n} A_i = A_1 \bigcap A_2 \bigcap \cdots \bigcap A_n,$$

$$\bigcap_{i=1}^{\infty} A_i = A_1 \bigcap A_2 \bigcap \cdots \bigcap A_n \bigcap \cdots.$$

集合的运算满足如下运算律:

(1) **交换律**　$A \bigcup B = B \bigcup A, \quad A \bigcap B = B \bigcap A$;

(2) **结合律**　$(A \bigcup B) \bigcup C = A \bigcup (B \bigcup C)$,

　　　　　　　　$(A \bigcap B) \bigcap C = A \bigcap (B \bigcap C)$;

(3) **分配律**　$A \bigcap (B \bigcup C) = (A \bigcap B) \bigcup (A \bigcap C)$,

　　　　　　　　$A \bigcup (B \bigcap C) = (A \bigcup B) \bigcap (A \bigcup C)$;

(4) **德摩根**(De Morgan)**律**

$$(A \bigcup B)^c = A^c \bigcap B^c, \quad (A \bigcap B)^c = A^c \bigcup B^c.$$

以上这些运算律都容易根据集合相等的定义来验证.

三、区间与邻域

在微积分中最常用的一类数集是**区间**. 设 $a,b \in \mathbf{R}$,且不妨假设 $a < b$,则称实数集 $\{x \mid a < x < b\}$ 为**开区间**,记作 (a,b),即

$$(a,b) = \{x \mid a < x < b\}.$$

这里的 a,b 称为开区间 (a,b) 的**端点**,但 $a \bar{\in} (a,b), b \bar{\in} (a,b)$.

称实数集 $\{x \mid a \leqslant x \leqslant b\}$ 为**闭区间**,记作 $[a,b]$,即

$$[a,b] = \{x \mid a \leqslant x \leqslant b\}.$$

这里的 a,b 称为闭区间 $[a,b]$ 的**端点**,且 $a \in [a,b], b \in [a,b]$.

类似地,称实数集

$$[a,b) = \{x \mid a \leqslant x < b\}, \quad (a,b] = \{x \mid a < x \leqslant b\}$$

为**半开区间**.

对于上述区间,称实数 $b-a$ 为它们的**长度**,在数轴上它们表示以 a,b 为端点的长度有限的线段(见图 1-1),称为**有限区间**.

此外,引进记号 $+\infty$(读作:正无穷大)和 $-\infty$(读作:负无穷大),我们定义区间

$$[a, +\infty) = \{x \mid x \geqslant a\},$$
$$(-\infty, b) = \{x \mid x < b\},$$
$$(-\infty, +\infty) = \{x \mid -\infty < x < +\infty\} = \mathbf{R}$$

等,它们的长度是无限的,称为**无限区间**.

邻域是另一类常用的数集. 设 $a \in \mathbf{R}$,若有 $\delta \in (0, +\infty)$,则称实数集 $\{x \mid |x-a| < \delta\}$ 为**点 a 的 δ 邻域**,记作 $U(a,\delta)$,其中点 a 称为该邻域的**中心**,δ 称为该邻域的**半径**. 由于

$$U(a,\delta) = \{x \mid a-\delta < x < a+\delta\},$$

因此 $U(a,\delta)$ 就是开区间 $(a-\delta, a+\delta)$(见图 1-2).

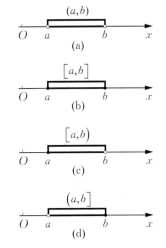

图 1-1

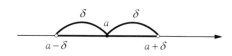

图 1 - 2

若把邻域的中心去掉,则称所得到的集合为点 a 的**去心 δ 邻域**,记作 $\overset{\circ}{U}(a,\delta)$,即

$$\overset{\circ}{U}(a,\delta) = \{x \mid 0 < \mid x-a \mid < \delta\} = (a-\delta,a) \bigcup (a,a+\delta).$$

显然,它是两个开区间的并.为了叙述的方便,有时把开区间 $(a-\delta,a)$ 称为点 a 的**左 δ 邻域**,把开区间 $(a,a+\delta)$ 称为点 a 的**右 δ 邻域**.

习题 1.1

1.用描述法表示下列集合:

(1) 大于 6 的所有实数;

(2) 圆 $x^2 + y^2 = 25$ 内部(不包含圆周) 的一切点;

(3) 抛物线 $y = x^2$ 与直线 $x - y = 0$ 的交点.

2.用列举法表示下列集合:

(1) 方程 $x^2 - 8x + 12 = 0$ 的根;

(2) 抛物线 $y = x^2$ 与直线 $x - y = 0$ 的交点;

(3) $\{x \mid \mid x-1 \mid \leqslant 4, x \in \mathbf{Z}\}$.

3.写出集合 $A = \{1,2,3,4\}$ 的所有子集;指出集合 $B = \{1,2,3,\cdots,n\}$ 共有多少个子集,其中有多少个真子集.

4.设集合 $A = \{1,2,3\}$, $B = \{1,3,5\}$, $C = \{2,4,6\}$,求:

(1) $A \bigcup B$;   (2) $A \bigcap B$;   (3) $A \bigcup B \bigcup C$;

(4) $A \bigcap B \bigcap C$;   (5) $A \backslash B$.

5.若集合 $A = \{x \mid 3 < x < 5\}$, $B = \{x \mid x > 4\}$,求:

(1) $A \bigcup B$;   (2) $A \bigcap B$;   (3) $A \backslash B$.

6.用区间表示变量 x 的变化范围:

(1) $2 < x \leqslant 6$;   (2) $x^2 < 9$;   (3) $\mid x-3 \mid \leqslant 2$;

(4) $x^2 \geqslant 16$;   (5) $1 < \mid x-2 \mid < 3$.

第二节 映 射

一、映射的概念

下面给出集合与集合之间的一种"对应"关系.

定义 1 设 A 和 B 是两个非空集合.若存在一个确定的规则 f,使得 $\forall^{①}x \in A$,按照 f 都有唯一确定的 $y \in B$ 与之对应,则称 f 是集合 A 到集合 B 的一个**映射**(见图 1 - 3),记为

---

① 符号"$\forall$"是一个逻辑量词,用来表示"对于任意的""对于所有的"或者"对于每一个",它是 Any 首字母 A 的倒写.

$$f:A \to B \quad 或 \quad f:x \mapsto y,$$

并称 y 为 x 在映射 f 下的**像**,记为 $f(x)$,即 $y = f(x)$,而称 x 为 y 在映射 f 下的**原像**.集合 A 称为映射 f 的**定义域**,记作 D_f,而 A 的所有元素 x 的像 $f(x)$ 的集合

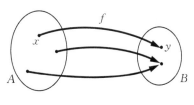

图 1 - 3

$$\{y \mid y \in B, y = f(x), x \in A\}$$

称为映射 f 的**值域**,记作 R_f(或 $f(A)$).

例 1

　　设 A 为某校所有学生的集合,B 为一年当中所有日期的集合,则登记每个学生的生日日期就是建立了 A 到 B 的一个映射.

例 2

　　设 A 表示某超级市场中全部商品的集合,考虑商品的零售价格,则给每件商品定价就是建立了 A 到区间 $(0, +\infty)$ 的一个映射.

　　对于 A 到 B 的映射 f,若 $f(A) = B$,即 B 中任一元素均为 A 中某元素的像,则称 f 为 A 到 B 的**满射**;若 $\forall x_1, x_2 \in A$,都有 $x_1 \neq x_2 \Rightarrow f(x_1) \neq f(x_2)$,则称 f 为 A 到 B 的**单射**;若 f 既是满射,又是单射,则称 f 为 A 到 B 的**双射**.双射也常称为**一一映射**.

　　显然,例 1 和例 2 通常既非单射,亦非满射.

例 3

　　设集合 $A = \{(x, y) \mid y = x^2, x \in \mathbf{R}\}$,$B = \{(0, y) \mid y \in \mathbf{R}, 且 y \geqslant 0\}$,则将平面上抛物线 $y = x^2$ 上的每一点投影到 y 轴上就建立了 A 到 B 的一个映射.这个映射是满射,但不是单射.

例 4

　　设 A 是某校全体学生的集合,给每位学生分配一个学号,所有这些学号构成集合 B,则每个学生与其学号的对应就是 A 到 B 的一个双射.

例 5

　　设 $A = \{n \mid n \in \mathbf{N}^*\}$ 为所有正整数的集合,$B = \{2n-1 \mid n \in \mathbf{N}^*\}$ 为所有正奇数的集合,则映射 $f:n \mapsto 2n-1$ 为 A 到 B 的一个双射.

二、逆映射和复合映射

　　定义 2　　设 $f:x \mapsto y$ 是 A 到 B 的一个双射,则 $\forall y \in B$,都有唯一的 $x \in A$ 满足 $f(x) = y$.于是,映射

$$g:y \mapsto x \quad (f(x) = y)$$

是 B 到 A 的一个映射,称为映射 f 的**逆映射**,记为 f^{-1}.这时,其定义域为 $D_{f^{-1}} = R_f$,值域为 $R_{f^{-1}} = D_f$.

　　由定义 2 可知,只有双射才有逆映射,且它必有逆映射,因此也常把双射称为**可逆映射**.

例 6

　　设 $f:x \mapsto y = x^2$ 是 $A = \{x \mid x \geqslant 0, x \in \mathbf{R}\}$ 到 $B = \{y \mid y \geqslant 0, y \in \mathbf{R}\}$ 的一个双射,则 $f^{-1}: y \mapsto x = \sqrt{y}$ 是 f 的逆映射.

定义 3 设 $g:x\mapsto u$ 为 A 到 B 的映射，又 $f:u\mapsto y$ 为 C 到 D 的映射. 当 $\exists^{①}A_1\subset A,A_1\neq\varnothing$ 且 $g(A_1)\subset C$ 时，通过 f 和 g 便可得到 A_1 到 D 的一个映射

$$f\circ g:x\mapsto y,\quad x\in A_1,$$

称为 f 和 g 的**复合映射**（见图 $1-4$），其像为

$$y=(f\circ g)(x)=f(g(x)),\quad x\in A_1.$$

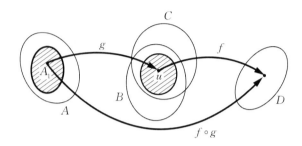

图 $1-4$

例 7

设 $f:u\mapsto y=u^2,D_f=\{u\,|-\infty<u<+\infty\}$，则

$$R_f=\{y\mid y\geqslant 0\};$$

又设 $g:x\mapsto u=\sin x,D_g=\{x\,|-\infty<x<+\infty\}$，则

$$R_g=\{u\,|-1\leqslant u\leqslant 1\}.$$

因为 $R_g\subset D_f$，所以有复合映射

$$f\circ g:x\mapsto y=\sin^2 x,\quad x\in A_1,$$

这里 $A_1=\{x\,|-\infty<x<+\infty\}$.

例 8

设 $f:u\mapsto y=\sqrt{u},D_f=\{u\mid u\geqslant 0\}$，则

$$R_f=\{y\mid y\geqslant 0\};$$

又设 $g:x\mapsto u=1-x^2,D_g=\{x\,|-\infty<x<+\infty\}$，则

$$R_g=\{u\mid u\leqslant 1\}.$$

因为 $R_g\cap D_f\neq\varnothing$，所以有复合映射

$$f\circ g:x\mapsto y=\sqrt{1-x^2},\quad x\in A_1,$$

这里 $A_1=\{x\,|-1\leqslant x\leqslant 1\}$.

值得注意的是，不是任意两个映射都能够复合，条件 $g(A_1)\subset D_f$ 是必要的.

例 9

设 $f:u\mapsto y=\lg u,D_f=\{u\mid u>0\}$，则 $R_f=\{y\,|-\infty<y<+\infty\}$；又设 $g:x\mapsto u=-x^2$，$D_g=\{x\,|-\infty<x<+\infty\}$，则 $R_g=\{u\mid u\leqslant 0\}$. 由于 $R_g\cap D_f=\varnothing$，因此 f 和 g 不能复合.

---

① 符号"$\exists$"是一个逻辑量词，用来表示"存在"，它是 Exist 首字母 E 的反写.

习 题 1.2

1.试指出下列映射哪些是单射,哪些是满射,哪些是双射;若是双射,则写出其逆映射:

(1) 设 $A = B = \mathbf{R}, f : x \mapsto x^2$ 为 A 到 B 的映射;

(2) 设 $A = \{ \odot(x,y) \mid \odot(x,y)$ 表示平面上以点 (x,y) 为圆心的圆 $\}, B = \{(x,y) \mid x \in \mathbf{R}, y \in \mathbf{R}\}$, $f : \odot(x,y) \mapsto (x,y)$ 为 A 到 B 的映射;

(3) 设 $A = B = \mathbf{Z}, f : x \mapsto 2x$ 为 A 到 B 的映射;

(4) 设 $A = B = \mathbf{R}, f : x \mapsto 3x - 1$ 为 A 到 B 的映射;

(5) 设 $A = \mathbf{R}, B = \{ y \mid 0 < y \leqslant 1 \}, f : x \mapsto y = \dfrac{1}{1 + x^2}$ 为 A 到 B 的映射;

(6) 设 $A = B = \{(x,y) \mid x \in \mathbf{R}, y \in \mathbf{R}\}, f : (x,y) \mapsto (-y,x)$ 为 A 到 B 的映射.

2.设 f, g 和 h 均为 $\mathbf{Z}$ 到 $\mathbf{Z}$ 的映射,

$$f : x \mapsto 3x, \quad g : x \mapsto 3x + 1, \quad h : x \mapsto 3x + 2,$$

试求复合映射 $f \circ g, g \circ f, g \circ h$ 和 $f \circ g \circ h$.

第三节 初 等 函 数

一、常量与变量

在观察自然现象和社会现象的过程中,人们经常会遇到各种各样的量,如时间、长度、温度、速度等,其中有的量在观察过程中没有变化,这种量称为**常量**,而另一些量在观察过程中会不断变化,这种量称为**变量**.例如,在做自由落体运动时,物体的速度和位置在不断变化,是变量,而物体的质量在整个过程中保持不变,是常量.又如,在一段时间内银行的资金运作过程中,借、贷资金的数额在不断变化,是变量,而利率不变,是常量.

我们知道,事物的变化是绝对的,而不变是相对的,因此常量的不变是相对于事物的某个发展阶段或某个研究范围而言的.有时在某些问题的研究中为达到简化的目的,也常常将变化很微小的量近似看作常量.例如,重力加速度就某一小范围地区来说可以看作常量,而对整个地球来说则是变量;利率在短期内是常量,而长期来说则是变量.

今后我们常常要研究变量以及变量之间的关系.习惯上,变量用字母 x, y, z 等表示,而常量用字母 a, b, c 等表示.

自然科学和社会科学的许多实际问题中,往往涉及多个变量,它们的变化相互联系,彼此依赖,遵从一定的规律.我们来看两个变量之间的简单情形.

例 1

　　圆的面积问题　　圆的面积 A 与它的半径 r 之间的依赖关系由公式 $A = \pi r^2$ 给定,其中 π 为圆周率.这里 r 和 A 为变量, r 不同则 A 也不同,且当 r 在区间 $[0, +\infty)$ 上取定一个数值时,便可确定 A 的相应数值.

例 2

　　自由落体问题　　在自由落体运动中,设物体下落时间为 t,下落距离为 s,假定开始下落的时

刻 $t=0$，则 s 与 t 之间的依赖关系由公式 $s=\dfrac{1}{2}gt^2$ 给定，其中 g 为重力加速度.这里 t 和 s 为变量，s 随着 t 的增加而增加.若物体着地的时刻为 $t=T$，则当时间 t 在闭区间 $[0,T]$ 上取定一个数值时，便可以确定距离 s 的相应数值.

例 3

商品销售问题　某商品在销售过程中，其单位价格为 P，则销售收入 y 与销售数量 x 之间的依赖关系为 $y=Px$.这里 x 和 y 是变量，y 随 x 的变化而变化.若该商品数量总共有 M，则当 x 在闭区间 $[0,M]$ 上取定一个数值时，便可确定 y 的相应数值.

还可以举出许许多多的例子.在上面的例子中抽去问题的具体意义，我们可以看到，两个变量之间的相互依赖和联系本质上表现为数集与数集之间的映射，称为"函数".

二、函数的概念

定义 1　　设非空实数集 $D\subset\mathbf{R}$，则称 D 到 $\mathbf{R}$ 的一个映射
$$f:D\to\mathbf{R}$$
为定义在 D 上的**函数**，其中 D 称为 f 的**定义域**，$\forall x\in D$，其像 $y=f(x)$ 称为 f 在 x 处的**函数值**，集合
$$W=\{y\mid y=f(x),x\in D\}$$
称为 f 的**值域**.

习惯上，为演算的方便起见，也常将函数记为
$$y=f(x),\quad x\in D,$$
并将 x 和 y 分别看作在 D 和 W 内取值的变量，x 称为**自变量**，y 称为**因变量**.

依定义 1，例 1 中圆的面积 A 与其半径 r 具有函数关系 $A=\pi r^2$，该函数的定义域为 $D=\{r\mid r\geqslant 0\}$，值域为 $W=\{A\mid A\geqslant 0\}$.

对于一个仅由数学式子表达的函数 $y=f(x)$，约定其定义域是指使得该数学式子成立的数 x 的全体.例如，若不考虑例 1 中函数所涉及的实际背景，则 $A=\pi r^2$ 的定义域为 $D=\{r\mid-\infty<r<+\infty\}$.

例 4

已知函数 $f(x)$ 的定义域为 $[0,1)$，求 $f(x+a)$ 及 $f\left(1-\dfrac{1}{\ln x}\right)$ 的定义域.

解　　要使 $f(x+a)$ 有意义，则需 $0\leqslant x+a<1$，从而
$$-a\leqslant x<1-a,$$
即 $f(x+a)$ 的定义域为 $[-a,1-a)$.

要使 $f\left(1-\dfrac{1}{\ln x}\right)$ 有意义，则需 $0\leqslant 1-\dfrac{1}{\ln x}<1$，从而
$$\mathrm{e}\leqslant x<+\infty,$$
即 $f\left(1-\dfrac{1}{\ln x}\right)$ 的定义域为 $[\mathrm{e},+\infty)$.

例 5

根据 2018 年 8 月最新颁布的《中华人民共和国个人所得税法》，居民应缴纳的个人所得税，将

依据个人综合所得按纳税年度合并计算.具体方案为:居民个人的综合所得,以每个纳税年度的收入额减除费用 6 万元以及专项扣除、专项附加扣除和依法确定的其他扣除后的余额,为应纳税所得额.而居民个人所得税的税率,根据应纳税所得额不同,采用 3% 至 45% 的超额累进税率.个人所得税税率如表 1-1 所示.

表 1-1

级数	每月应纳税所得额	税率 /%
1	不超过 3 000 元	3
2	超过 3 000 元至 12 000 元的部分	10
3	超过 12 000 元至 25 000 元的部分	20
4	超过 25 000 元至 35 000 元的部分	25
5	超过 35 000 元至 55 000 元的部分	30
6	超过 55 000 元至 80 000 元的部分	35
7	超过 80 000 元的部分	45

假设已计算好应纳税所得额,求应纳个税(单位:元)y 与应纳税所得额(单位:元)$x(0 \leqslant x \leqslant 25\,000$ 元$)$ 之间的函数关系.

解　依题意,当 $0 \leqslant x \leqslant 3\,000$ 时,有 $y = 0.03x$;

当 $3\,000 < x \leqslant 12\,000$ 时,有
$$y = 3\,000 \times 0.03 + (x - 3\,000) \times 0.10 = 90 + 0.1(x - 3\,000);$$

当 $12\,000 < x \leqslant 25\,000$ 时,有
$$y = 3\,000 \times 0.03 + 9\,000 \times 0.10 + (x - 12\,000) \times 0.20$$
$$= 990 + 0.2(x - 12\,000).$$

所以,所求函数为
$$y = \begin{cases} 0.03x, & 0 \leqslant x \leqslant 3\,000, \\ 0.1x - 210, & 3\,000 < x \leqslant 12\,000, \\ 0.2x - 1\,410, & 12\,000 < x \leqslant 25\,000. \end{cases}$$

例 5 给出的函数,其对应规则在不同范围内是由不同的数学式子分段表示的,这样的函数通常称为**分段函数**.如**绝对值函数**
$$y = |x| = \begin{cases} x, & x \geqslant 0, \\ -x, & x < 0 \end{cases}$$

和**符号函数**
$$y = \operatorname{sgn} x = \begin{cases} 1, & x > 0, \\ 0, & x = 0, \\ -1, & x < 0 \end{cases}$$

等都是分段函数.

除了数学式子之外,几何图形也是表达函数的主要方法之一.建立平面直角坐标系后,则称平面点集
$$C = \{(x, y) \mid y = f(x), x \in D\}$$
为 f 的**图形**(见图 1-5).通常 C 形成一条平面曲线.

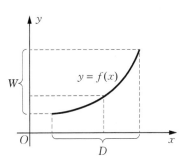

图 1-5

例 6

图 1-6 所示是美国道琼斯指数从 2013 年 4 月至 2014 年 3 月一年的曲线,它清楚地描述了道琼斯指数随时间变化的函数关系.

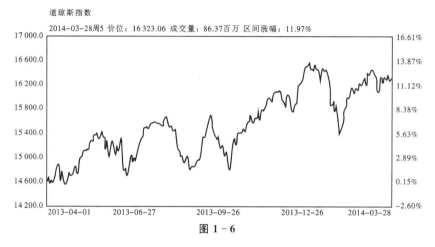

图 1-6

函数的这种几何表达比起用数学式子来表达要直观得多,以后我们常利用函数的图形对函数的性质从几何上做出解释.

定义 2 若函数 f 是其定义域 D 到值域 $f(D)$ 的双射,则称其逆映射 f^{-1} 为 f 的**反函数**.

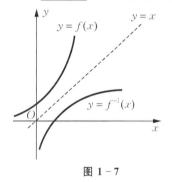

图 1-7

设函数 $y = f(x), x \in D$,则其反函数表示为 $x = f^{-1}(y), y \in f(D)$. 由于习惯上常用字母 x 表示自变量,用字母 y 表示因变量,因此约定 $y = f^{-1}(x), x \in f(D)$ 也表示 f 的反函数.

由于 $y = f(x)$ 和 $x = f^{-1}(y)$ 表示变量 x 和 y 之间的相互对应关系,因此在同一平面直角坐标系中它们是同一图形. 但若将 $x = f^{-1}(y)$ 的变量 x 和 y 对换成为 $y = f^{-1}(x)$ 之后,相当于将图形 $x = f^{-1}(y)$ 以直线 $y = x$ 为轴翻转 $180°$,因此在同一平面直角坐标系中, $y = f^{-1}(x)$ 的图形与 $y = f(x)$ 的图形是关于直线 $y = x$ 镜像对称的(见图 1-7).

例如,函数 $y = 2x + 1, x \in (-\infty, +\infty)$ 有反函数 $y = \dfrac{1}{2}(x-1), x \in (-\infty, +\infty)$;函数 $y = 10^x, x \in (-\infty, +\infty)$ 有反函数 $y = \lg x, x \in (0, +\infty)$.

又如,函数 $y = x^2, x \in [0, +\infty)$ 有反函数 $y = \sqrt{x}, x \in [0, +\infty)$;函数 $y = x^2, x \in (-\infty, 0]$ 有反函数 $y = -\sqrt{x}, x \in [0, +\infty)$;而函数 $y = x^2, x \in (-\infty, +\infty)$ 不存在反函数.

三、函数的运算

设有两个函数 f 和 g,定义域分别为 A 和 B. 若 $A = B$,且 $\forall x \in A$,都有 $f(x) = g(x)$,则称 f 与 g **相等**. 函数的定义域和对应规则是函数的两个基本要素,由函数相等的定义可知,只有对应规则和定义域都相同的函数才是相等的.

例如, $f(x) = 1, x \in \mathbf{R}$ 和 $g(x) = \sin^2 x + \cos^2 x, x \in \mathbf{R}$ 是两个相等的函数,而 $f(x) = 1, x \in \mathbf{R}$ 和 $g(x) = \dfrac{x}{x}, x \in \mathbf{R} \backslash \{0\}$ 却不是相同的函数.

设有两个函数 f 和 g,定义域分别为 A 和 B. 若 $A \cap B \neq \varnothing$,则可定义 f 和 g 的和、差、积、商

的运算如下:

$$(f+g)(x) = f(x) + g(x), \quad x \in A \cap B;$$
$$(f-g)(x) = f(x) - g(x), \quad x \in A \cap B;$$
$$(f \cdot g)(x) = f(x) \cdot g(x), \quad x \in A \cap B;$$
$$\left(\frac{f}{g}\right)(x) = \frac{f(x)}{g(x)}, \quad x \in (A \cap B)\setminus\{x \mid g(x) = 0\}.$$

例 7

设函数 $f(x) = \lg(1-x)$，$x \in (-\infty, 1)$，$g(x) = \sqrt{1-x^2}$，$x \in [-1, 1]$，则有

$$(f \pm g)(x) = \lg(1-x) \pm \sqrt{1-x^2}, \quad x \in [-1, 1);$$
$$(f \cdot g)(x) = \sqrt{1-x^2} \cdot \lg(1-x), \quad x \in [-1, 1);$$
$$\left(\frac{f}{g}\right)(x) = \frac{\lg(1-x)}{\sqrt{1-x^2}}, \quad x \in (-1, 1).$$

我们在第二节定义 3 介绍的映射的"复合"是函数的另一种运算:

$$(f \circ g)(x) = f(g(x)).$$

这里我们称 $(f \circ g)(x)$ 为 $y = f(u)$ 和 $u = g(x)$ 通过"复合"构成的**复合函数**，其中 u 称为**中间变量**.

例 8

设函数 $f(x) = \begin{cases} x+1, & x > 1, \\ x^2, & x \leqslant 1, \end{cases}$ $g(x) = 2x + 1$，求复合函数 $f(g(x))$ 和 $g(f(x))$.

解 函数 $f(x)$ 和 $g(x)$ 的定义域均为 $(-\infty, +\infty)$，故 $f(g(x))$ 和 $g(f(x))$ 存在. 由 $2x + 1 > 1$，有 $x > 0$；由 $2x + 1 \leqslant 1$，有 $x \leqslant 0$，故

$$f(g(x)) = \begin{cases} 2(x+1), & x > 0, \\ (2x+1)^2, & x \leqslant 0. \end{cases}$$

而

$$g(f(x)) = \begin{cases} 2x + 3, & x > 1, \\ 2x^2 + 1, & x \leqslant 1. \end{cases}$$

通过复合运算，我们一方面可以将几个简单函数复合成一个函数，另一方面也可把一个函数分拆成几个简单函数的复合.

四、初等函数

以下 6 类函数在中学数学里已有较详细的介绍，它们统称为**基本初等函数**.

1. 幂函数

$$y = x^a \quad (a \text{ 为常数}),$$

它的定义域和值域依 a 取值不同而异，但无论 a 取何值，幂函数总在区间 $(0, +\infty)$ 上有定义.

$a = 1, 2, 3, \frac{1}{2}$ 和 -1 所对应的幂函数是最常见的，它们的图形如图 1-8 所示.

2. 指数函数

$$y = a^x \quad (a \text{ 为常数且 } a > 0, a \neq 1),$$

它的定义域为 $(-\infty, +\infty)$，值域为 $(0, +\infty)$，图形如图 1-9 所示.

科学技术中常用到以无理数 $e = 2.718\ 281\ 8\cdots$ 为底的指数函数 $y = e^x$.

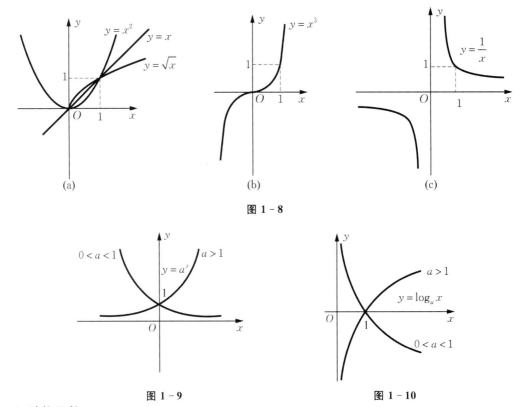

图 1 - 8

图 1 - 9　　　　　　　　　图 1 - 10

3. 对数函数

$$y = \log_a x \quad (a \text{ 为常数且 } a > 0, a \neq 1),$$

它是指数函数 $y = a^x$ 的反函数,定义域为 $(0, +\infty)$,值域为 $(-\infty, +\infty)$,图形如图 1 - 10 所示.

以 10 为底的对数函数称为**常用对数函数**,记为 $y = \lg x$;以 e 为底的对数函数称为**自然对数函数**,记为 $y = \ln x$.

4. 三角函数

常用的三角函数有:正弦函数 $y = \sin x$,余弦函数 $y = \cos x$,正切函数 $y = \tan x$ 和余切函数 $y = \cot x$,其自变量多以弧度为单位来表示.

函数 $y = \sin x$ 和 $y = \cos x$ 的定义域都是 $(-\infty, +\infty)$,值域都是 $[-1, 1]$,图形如图 1 - 11 所示.

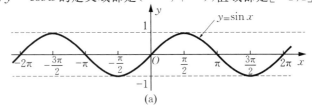

(a)

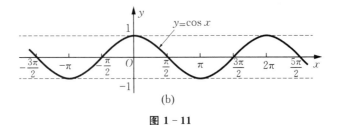

(b)

图 1 - 11

函数 $y = \tan x$ 的定义域为 $D = \left\{ x \mid x \in \mathbf{R}, x \neq (2k+1)\dfrac{\pi}{2}, k \in \mathbf{Z} \right\}$，函数 $y = \cot x$ 的定义域为 $D = \{ x \mid x \in \mathbf{R}, x \neq k\pi, k \in \mathbf{Z} \}$，它们的值域都是 $(-\infty, +\infty)$，图形如图 $1-12$ 所示.

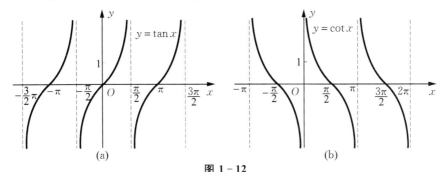

图 $1 - 12$

此外，还有两个三角函数，一个是正割函数 $y = \sec x = \dfrac{1}{\cos x}$，另一个是余割函数 $y = \csc x = \dfrac{1}{\sin x}$.

5. 反三角函数

顾名思义，反三角函数就是三角函数的反函数. 由于各三角函数在其各自的自然定义域上不是双射，因此不存在反函数. 但按前所述，我们可以将三角函数的定义域限制在某个区间上，使其在该区间上形成双射，于是便有反函数，称其为**反三角函数**.

反正弦函数　定义域限制在闭区间 $D_0 = \left[-\dfrac{\pi}{2}, \dfrac{\pi}{2} \right]$ 上的正弦函数 $y = \sin x$ 的反函数记作 $y = \arcsin x$，其定义域为 $[-1, 1]$，值域为 $\left[-\dfrac{\pi}{2}, \dfrac{\pi}{2} \right]$，称为反正弦函数的**主值**（见图 $1-13$）.

一般地，对任一整数 n，可进一步将函数 $y = \sin x$ 的定义域限制在闭区间 $D_n = \left[\left(n - \dfrac{1}{2} \right)\pi, \left(n + \dfrac{1}{2} \right)\pi \right]$ 上，其反函数可表示为

$$y = n\pi + (-1)^n \arcsin x,$$

它的定义域为 $[-1, 1]$，值域为 $\left[\left(n - \dfrac{1}{2} \right)\pi, \left(n + \dfrac{1}{2} \right)\pi \right]$. 习惯上，常将这无穷多支反正弦函数统一记作 $y = \operatorname{Arcsin} x$.

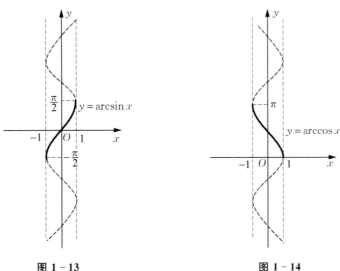

图 $1 - 13$　　　　　　　　　图 $1 - 14$

反余弦函数　类似地，余弦函数 $y = \cos x$ 的各支反余弦函数统一记为 $y = \mathrm{Arccos}\, x$，各支反余弦函数的定义域均为 $[-1,1]$，我们把其中值域为 $[0,\pi]$ 的那支称为反余弦函数的主值（见图 1-14），记为 $y = \arccos x$.

反正切函数和**反余切函数**　同样，正切函数 $y = \tan x$ 和余切函数 $y = \cot x$ 的各支反函数分别统一记为 $y = \mathrm{Arctan}\, x$ 和 $y = \mathrm{Arccot}\, x$，各支反函数的定义域均为 $(-\infty, +\infty)$.

反正切函数中值域为 $\left(-\dfrac{\pi}{2}, \dfrac{\pi}{2}\right)$ 的那支称为反正切函数的主值，记为 $y = \arctan x$；反余切函数中值域为 $(0, \pi)$ 的那支称为反余切函数的主值，记为 $y = \mathrm{arccot}\, x$（见图 1-15）.

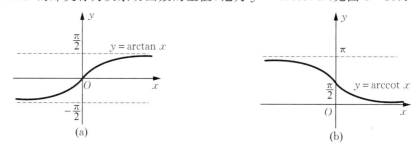

图 1-15

因为反三角函数的各支都可以通过其主值表示出来，所以今后提到反三角函数，一般均指它们的主值.

6. 常值函数

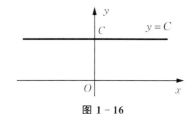

图 1-16

$$y = C \quad (C \text{ 为常数}),$$

其定义域为 $(-\infty, +\infty)$，图形为一水平直线（见图 1-16）.

我们把由上述 6 类基本初等函数经过有限次的四则运算（加、减、乘、除）和有限次的复合运算所构成的并可用一个算式表示的函数统称为**初等函数**.

例如，

$$y = \cos^2 \frac{x}{2}, \quad y = \ln(x + \sqrt{1 + x^2}\,),$$

$$y = \frac{1 + x + x^2}{\sqrt{1 - x^2}}, \quad y = \mathrm{e}^{\frac{1}{1-x}}, \quad y = \frac{1}{\sqrt{2\pi}}\mathrm{e}^{-\frac{x^2}{2}},$$

$$\mathrm{sh}\, x = \frac{\mathrm{e}^x - \mathrm{e}^{-x}}{2} \quad (\text{双曲正弦}),$$

$$\mathrm{ch}\, x = \frac{\mathrm{e}^x + \mathrm{e}^{-x}}{2} \quad (\text{双曲余弦}),$$

$$\mathrm{th}\, x = \frac{\mathrm{e}^x - \mathrm{e}^{-x}}{\mathrm{e}^x + \mathrm{e}^{-x}} \quad (\text{双曲正切})$$

等都是初等函数. 但也会有许多函数不是初等函数，例如，

$$y = \begin{cases} 1, & x > 0, \\ 0, & x = 0, \\ -1, & x < 0, \end{cases} \quad y = \begin{cases} 1, & x \text{ 为有理数}, \\ 0, & x \text{ 为无理数}, \end{cases} \quad y = [x]^{①}$$

---

① 该函数称为取整函数，符号"$[x]$"表示不超过 x 的最大整数. 例如，当 $x = 3.15$ 时，$y = 3$；当 $x = 0.76$ 时，$y = 0$；当 $x = -2.3$ 时，$y = -3$.

等都不是初等函数.

初等函数是一类基本的函数.一方面,现实世界当中的许多变量之间的关系都可以用初等函数来表达;另一方面,对其他类型函数的研究往往也要直接或间接地借助于初等函数来进行.因此,初等函数是我们这门课程的主要研究对象.

习 题 1.3

1.指出下列函数的定义域:

(1) $y = \dfrac{1}{2x^2 - x}$;

(2) $y = \sqrt{9 - x^2}$;

(3) $y = \dfrac{1}{1 - x^2} + \sqrt{x + 2}$;

(4) $y = \sqrt{\dfrac{1 - x}{1 + x}}$;

(5) $y = \arcsin(2x + 1)$;

(6) $y = \begin{cases} x^2, & -2 < x \leqslant 0, \\ 2^x, & 0 < x \leqslant 3; \end{cases}$

(7) $y = \sqrt{\lg \dfrac{5x - x^2}{4}}$;

(8) $y = \dfrac{1}{|x| - x}$.

2.求下列函数的反函数:

(1) $y = 2x + 1$;

(2) $y = \dfrac{1 - x}{1 + x}$;

(3) $y = 1 + \ln(x + 2)$;

(4) $y = \sqrt{1 - x^2} \quad (-1 \leqslant x \leqslant 0)$;

(5) $y = \begin{cases} -x + 1, & -1 \leqslant x < 0, \\ x, & 0 \leqslant x \leqslant 1. \end{cases}$

3.将下列函数复合成函数 $f(g(x))$,并指出其定义域和值域:

(1) $f(u) = u^2 - 2u, g(x) = x + 1$;

(2) $f(u) = \sqrt{u^2 + 1}, g(x) = \tan x$;

(3) $f(u) = \sqrt{u}, g(x) = x + \sqrt{x}$;

(4) $f(u) = \begin{cases} 2, & u \leqslant 0, \\ u^2, & u > 0, \end{cases} g(x) = \begin{cases} -x^2, & x \leqslant 0, \\ x^3, & x > 0. \end{cases}$

4.设函数 $f(x) = e^x, g(x) = x^2$,分别求复合函数 $f(g(x))$ 和 $g(f(x))$,并求其分别对应于给定自变量 $x = 1$ 和 $x = 2$ 的函数值.

5.指出下列函数是由哪些函数复合而成的:

(1) $y = \sqrt{3x - 1}$;

(2) $y = e^{\frac{1}{x}}$;

(3) $y = e^{\sin^3 x}$;

(4) $y = \sin^3 \ln(x + 1)$.

6.设函数 $f(x + 1) = x^2 + 2x - 1$,求 $f(x)$.

7.拟建一个容积为 V 的长方体水池,设它的底为正方形.若池底所用材料单位面积的造价是四周单位面积造价的 2 倍,试将总造价表示成底边长的函数,并指出其定义域.

8.一下水道的截面是矩形上加半圆的形状,如图所示,截面面积 S_0 为一常数,它取决于预先设计的排水量.试将该截面的周长 L 表示为底宽 x 的函数,并指出其定义域.

第8题图

9.2013 年底全国总人口为 $136\,072$ 万人,若按当年的年人口自然增长率 $4.92‰$ 计算,到 2020 年底,总人口将是多少?

第四节　函数的基本特性

函数常见的一些变化规律表现于它的基本特性,在中学数学里我们着重研究过函数的下列 4 种基本特性.

一、单调性

设函数 f 的定义域为 D,区间 $I \subset D$[①].若 $\forall x_1, x_2 \in I$,且 $x_1 < x_2$ 时,恒有
$$f(x_1) < f(x_2) \quad (\text{或 } f(x_1) > f(x_2)),$$
则称 f 在区间 I 上是**单调增加**(或**单调减少**)的[②].函数的单调增加和单调减少统称为**单调**,区间 I 称为 f 的**单调区间**.

例 1

函数 $y = \mathrm{e}^x$ 在区间 $(-\infty, +\infty)$ 上单调增加;函数 $y = x^2$ 则在区间 $(0, +\infty)$ 上单调增加,在区间 $(-\infty, 0)$ 上单调减少.

若函数单调增加,则其图形自左至右(沿 x 轴正方向)呈上升的情形;若函数单调减少,则其图形自左至右呈下降的情形(见图 1-17).

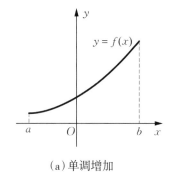
（a）单调增加

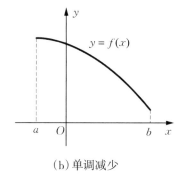
（b）单调减少

图 1-17

定理 1（反函数存在定理）　单调增加(减少)的函数必存在反函数,且其反函数也是单调增加(减少)的.

证　不妨设函数 $f: D \to f(D)$ 是单调增加的,则由单调增加的定义知,对于任意 $x_1, x_2 \in D$, $x_1 \neq x_2$,有 $f(x_1) \neq f(x_2)$.故函数 f 是双射,从而存在反函数 $f^{-1}: f(D) \to D$.

再证 f^{-1} 单调增加. $\forall y_1, y_2 \in f(D)$,若 $y_1 < y_2$,则必有 $x_1, x_2 \in D$,使 $f(x_1) = y_1, f(x_2) = y_2$,从而有 $f(x_1) < f(x_2)$;又因 f 是单调增加的,故有 $x_1 < x_2$,即 $f^{-1}(y_1) < f^{-1}(y_2)$,说明反函数 f^{-1} 也是单调增加的.

---

① 这里,区间 I 可以是开区间或闭区间,也可以是半开区间或无限区间.
② 若 $\forall x_1, x_2 \in I$,且 $x_1 < x_2$ 时,恒有 $f(x_1) \leqslant f(x_2)$(或 $f(x_1) \geqslant f(x_2)$),则称 f 在 I 上是不减(或不增)的. 这是广义的单调概念.

例 2

函数 $y = \mathrm{e}^x, x \in (-\infty, +\infty)$ 是单调增加的,于是它有反函数 $y = \ln x, x \in (0, +\infty)$,且该反函数也是单调增加的.

二、有界性

设函数 f 的定义域为 D,区间 $I \subset D$.若 $\exists$ 常数 $M > 0$,使得 $\forall x \in I$,恒有
$$|f(x)| \leqslant M,$$
则称 f 在 I 上是**有界的**;否则,称 f 在 I 上是**无界的**.

不等式 $|f(x)| \leqslant M$,即 $-M \leqslant f(x) \leqslant M$,这时常称 M 为 f 的一个**上界**,$-M$ 为 f 的一个**下界**.显然,函数 f 在区间 I 上有界的充要条件是它在 I 上既有上界,又有下界.

例 3

函数 $y = \sin x$ 在区间 $(-\infty, +\infty)$ 上有界,这是因为 $\forall x \in (-\infty, +\infty)$,恒有 $|\sin x| \leqslant 1$.

例 4

函数 $y = x^3$ 在闭区间 $[-2, 2]$ 上有界,这是因为 $\forall x \in [-2, 2]$,恒有 $|x^3| \leqslant 8$;但它在区间 $(-\infty, +\infty)$ 上无界.

例 5

函数 $y = \dfrac{1}{x}$ 在区间 $(1, +\infty)$ 上有界,这是因为 $\forall x \in (1, +\infty)$,恒有 $\left| \dfrac{1}{x} \right| < 1$;但它在开区间 $(0, 1)$ 内无界.

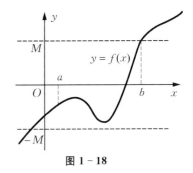

图 1 - 18

容易看出,一个函数若有界,则"界"往往并不唯一.例如,函数 $y = \sin x$ 在区间 $(-\infty, +\infty)$ 上有界,则数 1 是它的一个上界,数 -1 是它的一个下界.当然,任何一个大于 1 的数(例如 2 或 3 等)也都是它的上界,任何一个小于 -1 的数也都是它的下界.

从几何上看,若函数在 I 上有界,则能找到直线 $y = M$ 和 $y = -M$,使其对应于 I 上的一段图形全部位于这两条直线之间(见图 1 - 18).

三、奇偶性

设函数 f 的定义域 D 是关于原点对称的,即 $\forall x \in D$,有 $-x \in D$.若 $\forall x \in D$,恒有
$$f(-x) = f(x),$$
则称 f 为**偶函数**;若 $\forall x \in D$,恒有
$$f(-x) = -f(x),$$
则称 f 为**奇函数**.

例 6

$y = x^2$ 和 $y = \cos x$ 都是偶函数,$y = \dfrac{1}{x}$ 和 $y = \tan x$ 都是奇函数.而 $y = \mathrm{e}^x$ 和 $y = \ln x$ 既不是偶函数,也不是奇函数.

几何上,偶函数的图形是关于 y 轴对称的,而奇函数的图形则是关于原点对称的(见图 1 - 19).

对称性是奇偶函数的本质特征.

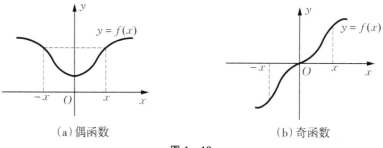

（a）偶函数　　　　　　　　　（b）奇函数

图 1 - 19

四、周期性

设函数 f 的定义域为 D.若 $\exists$ 常数 $T \neq 0$,使得 $\forall x \in D$,有 $x \pm T \in D$,且

$$f(x + T) = f(x),$$

则称 f 为**周期函数**,T 称为 f 的**周期**.

显然,若 T 为 f 的周期,则 $kT(k \in \mathbf{Z})$ 也都是 f 的周期.通常我们说周期函数的"周期"总是指它的**最小正周期**[①].

例 7

$y = \sin x$ 和 $y = \cos x$ 是以 2π 为周期的周期函数,$y = \tan x$ 和 $y = \cot x$ 是以 π 为周期的周期函数.而 $y = x^2$ 和 $y = \mathrm{e}^x$ 则不是周期函数.

周期函数的特征是其值每隔一个周期都是相同的,因此在该函数定义域内依次取长度为 T 的区间,则每个区间上的函数图形都具有相同的形状(见图 $1 - 20$).

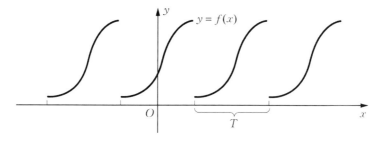

图 1 - 20

上述的单调性、有界性、奇偶性和周期性是函数变化的几个基本特性,还有一些特性我们将在以后陆续介绍.

习 题 1.4

1.判断下列函数的单调性:

(1) $y = 5x - 8$;　　　　　　　　　(2) $y = 2^{x-1}$;

---

① 并非所有的周期函数都有最小正周期.例如,狄利克雷函数 $y = \begin{cases} 1, & x \text{ 为有理数}, \\ 0, & x \text{ 为无理数}, \end{cases}$ 任何有理数都是它的周期,因而不存在最小正周期.

(3) $y = x + \ln x$;

(4) $y = 2 + \dfrac{8}{x}$.

2. 判断下列函数的有界性:

(1) $y = \dfrac{1}{1 + x^2}$;

(2) $y = \dfrac{x}{1 + x^2}$;

(3) $y = \sin \dfrac{1}{x}$;

(4) $y = x \cos x$.

3. 判断下列函数的奇偶性:

(1) $y = x^4 - 2x^2$;

(2) $y = x^2 - x$;

(3) $y = x \cos x$;

(4) $y = \sin x - \cos x$;

(5) $y = \dfrac{x \sin x}{2 + \cos x}$;

(6) $y = \ln \dfrac{1 + x}{1 - x}$;

(7) $y = \dfrac{1 - \mathrm{e}^{-x}}{1 + \mathrm{e}^{-x}}$.

4. 下列函数中哪些是周期函数?指出其中周期函数的周期:

(1) $y = \cos(\omega x + \theta)$ $(\omega > 0, \theta$ 为常数$)$;

(2) $y = \sin^2 x$;

(3) $y = \sin x + \dfrac{1}{2} \sin 2x + \dfrac{1}{3} \sin 3x$;

(4) $y = x \cos x$;

(5) $y = \sqrt{\tan x}$;

(6) $y = \sin \dfrac{1}{x}$.

第五节 经济学中常用函数举例

为解决现实世界中的实际问题,往往要揭示问题的数量关系,进行定量的分析和研究. 有些问题通过简化和抽象,其中的主要因素被量化为变量,于是利用函数便可以将这些变量间的依赖关系和内在规律表达出来,从而进一步运用适当的数学方法加以分析和解决.

在经济分析中,常常涉及诸如价格、成本、需求、收益和利润等经济变量,需要研究多个经济变量之间的相互影响和相互作用. 作为学习的第一步,我们先来了解限于两个变量间的一些经济函数.

一、需求与供给

1. 需求函数

在经济学中,某种商品的**市场需求**是指一定时期内消费者对一定价格的该商品愿意并且能够购买的数量,它的含义包括消费者既有购买的愿望,又有购买的支付能力.

经济活动的目的在于满足人们的需求,因此经济学的任务是研究市场需求及其相关因素. 影响需求的因素有许多,例如,商品自身的价格、消费者的偏好、消费者的货币收入、相关商品的价格,等等. 在需求的诸多影响因素中,该商品自身的价格是一个重要的因素. 若假定一段时期内影响需求的其他因素既定不变,而只考虑商品需求与其自身价格间的关系,则需求量 Q_D 可视为该商品价格 P 的函数,称为**需求函数**,记作 $Q_\mathrm{D} = f(P)$.

需求函数的图形称为**需求曲线**. 需求一般是价格 P 的单调减少函数,即价格提高,需求减少;价格降低,需求则会增加. 这种需求量与价格反方向变化的依存关系,称为**需求规律**. 引起商品需求和价格反方向变化的原因有两个:一是收入效应,价格的上升或下降会影响到消费者的实际收入,从而影响购买力. 例如,价格下降,意味着消费者的实际收入增加,从而可以增加对该商品的购买量,此外一些在原价格水平上的无力购买者,这时也会成为新的购买者而使购买量增加. 二是替代效应,一些商品（例如，猪肉和牛肉，玻璃杯和塑料杯等）之间在作用上可以彼此替代，于是当一种商品的价格提高时，消费者就可能改变购买计划，去购买另一种价格相对较低的替代商品以满足消费，使替代商品的需求增加而该商品本身的需求减少.

最简单的需求函数是线性函数，即

$$Q_D = a - bP \quad (a > 0, b > 0).$$

常见的需求函数还有

$$Q_D = a - bP^2 \quad (a > 0, b > 0),$$
$$Q_D = ae^{-kP} \quad (a > 0, k > 0),$$
$$Q_D = \frac{a}{P+c} - b \quad (a > 0, b > 0, c > 0)$$

等，它们都是初等函数.

需求函数 $Q_D = f(P)$ 的反函数，就是**价格函数**，即

$$P = f^{-1}(Q_D).$$

它也反映商品的需求与价格之间的关系.

2. 供给函数

供给是经济学中与需求相对应的概念. 需求是针对市场中的消费者而言的，而供给是针对市场中的生产销售者而言的. **供给**是指一定时期内，厂商在一定的价格水平上愿意并且能够提供的某种商品的数量. 同样，供给的概念也包含两层意思：一是厂商愿意提供；二是厂商有能力提供. 因此，供给不仅与生产中投入的成本与技术有关，而且与厂商对其商品价格及劳务价格的预测有关，供给函数在假定其他因素不变的条件下表达了市场上供应商品的价格 P 与相应供给量 Q_S 之间的关系

$$Q_S = g(P).$$

供给函数的图形称为**供给曲线**，一般是单调上升曲线，即当商品价格提高时，供给量就会增加；当商品价格降低时，供给量则会减少. 这种供给量随价格变化而同方向变化的规律，称为**供给规律**. 供给规律是由厂商追求利润最大化的目标所决定的. 在生产技术和生产要素价格以及其他因素既定的条件下，若某商品价格上升，厂商就愿意或可能将更多的生产资源转用来生产这种商品，以获得更多的利润，从而使该商品的供给量增加. 反之，厂商就会把生产资源转用于其他商品的生产，从而使该商品的供给量减少.

常见的供给函数有

$$Q_S = -d + cP \quad (c > 0, d > 0),$$
$$Q_S = -d + cP^2 \quad (c > 0, d > 0),$$
$$Q_S = ae^{kP} \quad (a > 0, k > 0),$$
$$Q_S = \frac{aP - b}{cP + d} \quad (a, b, c, d > 0)$$

等.

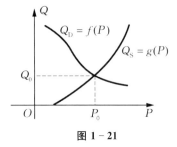

图 1-21

供给函数的反函数 $P = g^{-1}(Q_S)$ 也表示商品的价格与供给量之间的关系.

市场上的需求与供给密切相关. 对一种商品而言，若需求量等于供给量，则这种商品就达到了市场均衡. 将需求曲线和供给曲线画在同一坐标系中（见图 1-21），则两曲线交点的横坐标 P_0 便是供需平衡时的价格，称为**市场均衡价格**.

当市场价格高于市场均衡价格 P_0 时，将出现供过于求的现象；而

当市场价格低于市场均衡价格 P_0 时,将出现供不应求的现象.当市场均衡时,有

$$Q_D = Q_S = Q_0,$$

称 Q_0 为**市场均衡数量**.

例1

某批发商每次以 1 600 元 / 台的价格将 500 台电视机批发给零售商.在这个基础上,若零售商每次能多进 100 台,则批发价可相应降低 20 元 / 台,批发商最大批发量为每次 1 000 台.试将电视机批发价格表示为批发量的函数关系,并求零售商每次进 850 台时的批发价格.

解　由题意知,所求函数定义域为 $[500,1\,000]$.设零售商每次进 x 台电视机,电视机批发价格为 P 元,则 $x-500$ 为多进的数量,相应批发价减少 $\dfrac{20}{100}(x-500)$(元 / 台),因此所求函数为

$$P = 1\,600 - \frac{20}{100}(x-500) = 1\,700 - 0.2x(单位:元 / 台).$$

于是,当 $x=850$ 时,有 $P = 1\,700 - 0.2 \times 850 = 1\,530$,即零售商每次进 850 台电视机时的批发价格为 1 530 元 / 台.

二、生产与总成本

1. 生产函数

经济学中的**生产**是指将投入转变为产出的行为或活动,生产行为的主体称为**厂商**.厂商在生产过程中投入的生产要素包括土地、劳动、资本和企业家的才能等 4 类,而产出主要包括厂商经过生产过程所提供的实物产品(商品)或服务等.

人们在研究投入产出关系时发现,有时相同的投入会带来不同的产出,这显然与生产过程中的技术与效率有直接的关系.因此,经济学中定义的**生产函数**是指一定时期内和一定生产技术水平下,各种生产要素的投入量与最大可能的产出量之间的关系.生产函数的具体形式是由技术条件决定的,不同的时期,由于技术条件的改变,生产函数表达式是不同的.

在一定时期内,为便于分析生产过程的投入与产出,我们可假定其他生产要素的投入量固定不变,只考虑一种可变要素.例如,产出 Q 与劳动投入量 L 的生产函数为

$$Q = f(L).$$

对于投入产出,人们还关心所谓规模收益问题,即当投入量按一定比例增加后,产出增加的比例.设有投入 x 与产出 y 的生产函数

$$y = f(x) = kx^\alpha \quad (k,\alpha \text{ 为常数且 } \alpha > 0).$$

由于 $\forall c$,有

$$f(cx) = c^\alpha kx^\alpha = c^\alpha f(x),$$

可见当 $\alpha = 1$ 时,产出增加的比例与投入增加的比例相同,称为**规模收益不变**;当 $\alpha < 1$ 时,产出的增加不如投入的增加,称为**规模收益递减**;当 $\alpha > 1$ 时,产出的增加超过投入的增加,称为**规模收益递增**.

2. 总成本函数

简单地说,**总成本**是厂商为获得生产中需要的所有生产要素而支出的全部费用,它等于各种生产要素的价格与所需数量的乘积之总和.把厂商的生产成本 C 作为产品产量 Q 的函数加以研究,以确定厂商的货币形式投入与实物产出之间的关系,就形成了总成本函数.**总成本函数**一般可表示为

$$C = C(Q).$$

在短期内,一部分成本的支出是固定不变的,例如厂房费用、机器折旧、一般管理费用和行政管理人员工资等,它们不随产量的变化而变化,称为**固定成本**,记为 C_F;另一部分成本的支出则随产量的变化而变化,例如原材料、燃料、动力的支出,生产工人的工资等,称为**变动成本**,记为 C_V. 于是,总成本一般是固定成本与变动成本之和,即

$$C(Q) = C_F + C_V(Q).$$

总成本函数是产量 Q 的单调增加函数,总成本函数的图形称为**总成本曲线**,它也描述了厂商的投入与产出之间的关系.

通常,在总成本函数的研究中还要考虑**平均成本**,即

$$\overline{C}(Q) = \frac{C(Q)}{Q} = \frac{C_F}{Q} + \frac{C_V(Q)}{Q}.$$

它表示生产 Q 件产品时,单位产品的成本.

例 2

已知某产品的总成本函数（单位：元）为

$$C(Q) = 1\ 000 + \frac{1}{8}Q^2,$$

求生产 100 个该产品的总成本和平均成本.

解　依题意,$Q = 100$ 时的总成本（单位：元）为

$$C(100) = \left(1\ 000 + \frac{1}{8}Q^2\right)\bigg|_{Q=100} = 2\ 250,$$

平均成本（单位：元）为

$$\overline{C}(100) = \frac{C(Q)}{Q}\bigg|_{Q=100} = \frac{2\ 250}{100} = 22.5.$$

三、总收益与总利润

1. 总收益函数

总收益是厂商销售一定数量的产品所得到的全部货币收入,常记为 R. 若设 P 为某商品的价格,Q 为商品量（一般地,Q 对厂商来说就是销售量,对消费者来说就是需求量）,则**总收益函数**为

$$R = R(Q) = P(Q)Q,$$

其中 $P(Q)$ 为商品的价格函数. 而

$$\overline{R} = \frac{R(Q)}{Q} = P(Q)$$

为**平均收益函数**.

当厂商的销售量在市场对该商品的总销售量中所占份额很小时,其销售量的变化影响不了市场价格,则可把价格 P 视为常数而与 Q 无关.

2. 总利润函数

假定产品的产量等于销售量,即产销平衡. 对产量（或销售量）Q,若总成本函数为 $C(Q)$,总收益函数为 $R(Q)$,则**总利润函数**为

$$L(Q) = R(Q) - C(Q) = P(Q)Q - C_F - C_V(Q),$$

而平均利润函数为

$$\overline{L} = \frac{L(Q)}{Q}.$$

例 3

某公司生产一种电子产品,由市场调查知其需求函数(单位:只)为 $Q = 45\,000 - 900P$,总成本函数(单位:元)为 $C = 270\,000 + 10Q$.产量 Q 为多少时,可使总利润 L 最大?最大利润是多少?

解　由需求函数得价格函数为 $P = 50 - \dfrac{Q}{900}$,于是总收益函数为

$$R = P(Q)Q = 50Q - \frac{Q^2}{900},$$

总利润函数为

$$L = R(Q) - C(Q) = -\frac{1}{900}(Q - 18\,000)^2 + 90\,000.$$

因此,当产量 $Q = 18\,000$ 只时,可获最大利润,且最大利润为 $90\,000$ 元.

厂商的经济效益通常就表现在利润上,厂商生产的目的就是追求利润的最大化,因此总利润函数是经济理论中非常重要的概念.通过对产量、成本、利润三者内在联系的分析从而确定生产决策,经济学上称之为**量本利分析**.

由总利润函数的表达式可以看出:

(1) 当 $L = R - C > 0$ 时,为盈利生产,生产处于盈利状态;

(2) 当 $L = R - C < 0$ 时,为亏损生产,生产处于亏损状态;

(3) 当 $L = R - C = 0$ 时,为无盈利生产,使得 $L(Q) = 0$ 的产量 $Q = Q_0$ 称为**盈亏平衡点**(又称**保本点**).

习 题 1.5

1.设生产与销售某产品的总收益 R 是产量 x 的二次函数.经统计得知,当产量分别为 $0,2$ 和 4 时,总收益相应地为 $0,60$ 和 80,试确定 R 与 x 的函数关系.

2.工厂生产某产品,固定成本为 $1\,300$ 元,每增加 1 吨,成本增加 60 元,且每日最多可生产 100 吨该商品.试将每日产品的总成本 C 表示为日产量 x 的函数.

3.当某商品价格为 P 时,消费者对该商品的月需求量为
$$Q(P) = 12\,000 - 200P.$$

(1) 画出需求曲线;

(2) 将月销售额(消费者购买此商品的支出)表示为价格 P 的函数;

(3) 画出月销售额的图形,试解释其经济意义.

4.手机厂商的某款手机每台可卖 $1\,200$ 元,固定成本为 $500\,000$ 元,变动成本为每台 700 元.

(1) 该厂商需销售多少台手机才可保本(无盈亏)?

(2) 销售 860 台时,厂商盈利或亏损多少?

(3) 若要获得 $120\,000$ 元的利润,需要销售多少台手机?

5.某产品年产量为 x 台,每台售价 $4\,000$ 元.当年产量在 $1\,000$ 台以内时,可全部售出;当年产量超过 $1\,000$ 台时,经广告宣传后又可以再多出售 200 台,每台平均广告费为 40 元,生产再多,本年就售不出去了.试将本年的销售收入 R(扣除广告费用)表示为年产量 x 的函数.

6.某商品的需求函数与供给函数分别为
$$Q_D(P) = \frac{5\,600}{P} \quad \text{和} \quad Q_S(P) = P - 10.$$

(1) 找出均衡价格,并求此时的供给量与需求量;

(2) 在同一坐标系中画出需求曲线和供给曲线;

(3) 找出供给曲线过 P 轴的点,并解释其经济意义.

综合习题一

1.下列小题中的两个函数是否为同一函数?为什么?

(1) $y = \sqrt{x^2}, y = |x|$;

(2) $y = \ln x^2, y = 2\ln |x|$;

(3) $y = \dfrac{\sqrt{x-1}}{\sqrt{x-2}}, y = \sqrt{\dfrac{x-1}{x-2}}$;

(4) $y = e^{\ln 2x}, y = 2x$;

(5) $y = x, y = \sin(\arcsin x)$.

2.指出下列函数的定义域:

(1) $y = \dfrac{x}{\sin x}$;

(2) $y = \arcsin(1-x) + \dfrac{1}{2}\lg \dfrac{1+x}{1-x}$;

(3) $y = \lg(1 - \lg x)$;

(4) $f(\varphi(x))$,其中 $f(x) = \begin{cases} -x^2, & x \geqslant 0, \\ -e^x, & x < 0, \end{cases} \varphi(x) = \ln x$.

3.判断下列函数哪些是奇函数,哪些是偶函数:

(1) $y = \ln(x + \sqrt{1+x^2})$;

(2) $y = x^3 + |\sin x|$;

(3) $y = \arctan(\sin x)$;

(4) $y = \dfrac{e^x - e^{-x}}{e^x + e^{-x}}$.

4.求下列函数的反函数:

(1) $y = \sqrt[3]{x - \sqrt{1+x^2}} + \sqrt[3]{x + \sqrt{1+x^2}}$;

(2) $y = \begin{cases} x, & x < 1, \\ x^3, & 1 \leqslant x \leqslant 2, \\ 3^x, & x > 2. \end{cases}$

5.下列函数中哪些是周期函数?对于周期函数,指出其周期:

(1) $y = 2 + \sin \pi x$;

(2) $y = |\sin x|$;

(3) $y = \sin \pi x + \cos \pi x$;

(4) $y = \sin x \cos \dfrac{\pi x}{2}$.

6.设函数 $f(x)$ 的定义域为 $[0,1]$,试求下列函数的定义域:

(1) $f(x^2)$;   (2) $f(\sin x)$;   (3) $f(x+a) + f(x-a), a > 0$.

7.求下列小题中的函数 $f(x)$:

(1) $f\left(x + \dfrac{1}{x}\right) = x^2 + \dfrac{1}{x^2}, x \neq 0$;

(2) $f(\sin^2 x) = \cos 2x + \tan^2 x, 0 < x < 1$;

(3) $af(x) + bf\left(\dfrac{1}{x}\right) = e^x, x \neq 0, a^2 \neq b^2$.

8.设函数 $f(x) = \dfrac{1}{1-x^2}$,求 $f(f(x))$ 和 $f\left(\dfrac{1}{f(x)}\right)$.

9.设函数 $f(x) = \begin{cases} 0, & |x| > 1, \\ 1, & |x| \leqslant 1, \end{cases}$ 求 $f(f(x))$.

10.设存在常数 a, b $(a < b)$,使得 $\forall x$,有函数 $f(x)$ 满足
$$f(a-x) = f(a+x) \quad \text{及} \quad f(b-x) = f(b+x).$$
证明:$f(x)$ 是以 $T = 2(b-a)$ 为周期的函数.

11.设 $f(x)$ 为定义在对称区间 $(-l, l)$ 内的奇函数,证明:若函数 $f(x)$ 在 $(-l, 0)$ 内单调增加,则 $f(x)$ 在 $(0, l)$ 内也单调增加.

12. 设 $f(x)$ 为定义在 $(-\infty, +\infty)$ 上的任意函数,考察函数 $f(x) + f(-x)$ 和 $f(x) - f(-x)$ 的奇偶性,并证明 $f(x)$ 必可表示为一个奇函数与一个偶函数之和.

13. 证明:函数 $y = \dfrac{x^2}{1+x^2}$ 有界.

14. 由函数 $y = \sin x$ 的图形作下列函数的图形:

(1) $y = \sin 2x$;   (2) $y = 2\sin x$;   (3) $y = 1 - 2\sin 2x$.

15. 由函数 $y = \ln x$ 的图形作下列函数的图形:

(1) $y = 2\ln x$;   (2) $y = \ln \sqrt{x}$;   (3) $y = \ln \dfrac{1}{x}$.

16. 有一边长为 a 的正方形铁皮,将其四角各剪去一个边长为 x 的小正方形,然后将它折成一个无盖的铁皮盒,求它的容积 V 与高 x 的函数关系.

17. 现行邮政基本资费规定,国内由本埠寄往外埠的普通信函,首重 100 g 内,每重 20 g 的邮资为 1.2 元(不足 20 g 按 20 g 计算);续重 101~2 000 g 内,每重 100 g 的邮资为 2 元(不足 100 g 按 100 g 计算),试建立邮资 y(元)与信函重量 x(g) 的函数关系.

18. 某种机器出厂价为 450 000 元,使用后它的价值按年降价率 $\dfrac{1}{3}$ 的标准贬值,试求此机器的价值 y(元)与使用时间 t(年) 的函数关系.

19. 某酒店现有高级客房 60 套,目前房价每天每套 200 元则全部客满.该酒店每天的固定成本支出为 2 000 元,租出的客房每天每套变动成本支出为 40 元.若提高房价,预计房价每提高 5 元,则将有 1 套客房会空出.试求该酒店每天所获利润 y(元)与空置客房套数 x(套)的函数关系,并确定每套客房如何定价,才能获得最大利润.这时最大利润是多少?

20. 每印一本杂志的成本为 1.22 元,每售出一本杂志仅有 1.20 元收入,但销售量超过 15 000 本时,还能获得超过部分收入的 10% 作为广告费收入.试问:至少销售多少本杂志才能保本?销售量达到多少时,才能获利 1 000 元?

第二章

极限与连续

在第一章中,我们讨论的函数概念从数量上反映了客观事物相互依存的关系.本章将讨论函数变化趋势问题:当自变量按某种方式变化时,相应的因变量的变化趋势.我们首先将从特殊函数 $x_n = f(n)$ 入手,考察当 n 无限增大时,x_n 的变化情况,然后研究一般函数 $y = f(x)$ 当自变量 x 按某种方式变化时,$f(x)$ 的变化情况.本章是微积分的基础.

第一节　数列的极限

一、数列的概念

按一定顺序排列的无穷多个数

$$x_1, x_2, \cdots, x_n, \cdots$$

称为一个**无穷数列**,简称**数列**,记为 $\{x_n\}$,其中每一个数称为它的一个**项**,n 称为**项数**.因为第 n 项 x_n 往往用来描述该数列的规律,所以常称为**通项**或**一般项**.

显然,数列 $\{x_n\}$ 与项数集 $\{n\}$ 存在着对应关系,故数列总可以看作自变量取正整数 n 的一个函数

$$x_n = f(n), \quad n = 1, 2, \cdots,$$

称为**整标函数**.

作为一类函数,数列便也有单调性和有界性概念.

单调数列是指对于数列 $\{x_n\}$,满足

$$x_1 < x_2 < \cdots < x_n < \cdots \quad (\text{称为单调增加}),$$

或

$$x_1 > x_2 > \cdots > x_n > \cdots \quad (\text{称为单调减少}).$$

例如,$2, 4, \cdots, 2^n, \cdots$ 是单调增加数列,而 $\dfrac{1}{2}, \dfrac{1}{4}, \cdots, \dfrac{1}{2^n}, \cdots$ 是单调减少数列.

有界数列是指对于数列 $\{x_n\}$,存在 $M > 0$,使得对一切 x_n 均满足

$$|x_n| \leqslant M, \quad n = 1, 2, \cdots.$$

例如,$\dfrac{1}{2}, \dfrac{1}{4}, \cdots, \dfrac{1}{2^n}, \cdots$ 和 $1, -1, 1, -1, \cdots, (-1)^{n-1}, \cdots$ 都是有界数列.

对于一个数列 $\{x_n\}$,若在保持原有顺序的情况下,从中任取无穷多项构成一个新数列,则称

该数列为原数列 $\{x_n\}$ 的一个**子数列**.子数列通常记为 $\{x_{n_k}\}$,其中 n_k 的下标 k 是子数列的项数.

例如,$x_2,x_4,\cdots,x_{2k},\cdots$ 和 $x_1,x_3,\cdots,x_{2k-1},\cdots$ 是数列 $\{x_n\}$ 的两个子数列.

二、数列极限的定义

观察以下数列:

(1) $\dfrac{1}{2},\dfrac{1}{2^2},\cdots,\dfrac{1}{2^n},\cdots$;

(2) $1,-1,\cdots,(-1)^{n-1},\cdots$;

(3) $2,\dfrac{3}{2},\cdots,\dfrac{n+1}{n},\cdots$;

(4) $1,4,\cdots,n^2,\cdots$.

容易发现,当 n 在正整数集中变化时,其通项 x_n 具有不同的变化规律.数列(1)的通项为 $x_n=\dfrac{1}{2^n}$,当 n 无限增大时,$\dfrac{1}{2^n}$ 会无限趋近于 0;数列(2)的通项为 $x_n=(-1)^{n-1}$,当 n 无限增大时,$(-1)^{n-1}$ 不是向某个确定的数趋近,而是在 -1 与 1 之间来回振荡;数列(3)的通项为 $x_n=\dfrac{n+1}{n}$,当 n 无限增大时,$\dfrac{n+1}{n}$ 会无限趋近于 1;数列(4)的通项为 $x_n=n^2$,当 n 无限增大时,n^2 也无限增大.

研究数列的变化,我们特别关心当该数列 $\{x_n\}$ 的自变量 n 无限增大时,其通项 x_n 是否会无限趋近于某个确定的常数 A.

定义1 若数列 $\{x_n\}$ 当 n 在正整数集上变化且无限增大时,通项 x_n 无限趋近于一个确定的常数 A,则称 A 为数列 $\{x_n\}$ 的**极限**,记为

$$\lim_{n\to\infty}x_n=A \quad \text{或} \quad x_n\to A \quad (n\to\infty).$$

这时也称数列 $\{x_n\}$ **收敛**于 A;否则,称数列 $\{x_n\}$ **发散**.

由定义 1 知,$\lim\limits_{n\to\infty}\dfrac{1}{2^n}=0$;$\lim\limits_{n\to\infty}(-1)^{n-1}$ 不存在;$\lim\limits_{n\to\infty}\dfrac{n+1}{n}=1$;$\lim\limits_{n\to\infty}n^2$ 不存在.

定义 1 仅描述性地定义了数列 $\{x_n\}$ 的变化趋势,但 n"无限增大"和通项 x_n"无限趋近于一个确定的常数 A"在数学上却并不严谨.因此,为准确定义"极限"概念,我们引进两数 a,b 之差的绝对值 $|b-a|$(a 与 b 之间的距离)来刻画 a 与 b 之间的接近程度.

对于数列 $\left\{\dfrac{n+1}{n}\right\}$,由定义 1 知,$x_n=\dfrac{n+1}{n},A=1$,于是 $|x_n-A|=\dfrac{1}{n}$.显然,n 越大,x_n 越趋近于数值 1.例如,若给定正数 $\dfrac{1}{100}$,欲使 $\dfrac{1}{n}<\dfrac{1}{100}$,只要 $n>100$,即该数列从第 101 项起,后面的每一项都满足 $|x_n-1|<\dfrac{1}{100}(n=101,102,\cdots)$;若给定正数 $\dfrac{1}{1\,000}$,欲使 $\dfrac{1}{n}<\dfrac{1}{1\,000}$,只要 $n>1\,000$,即该数列从第 1 001 项起,后面的每一项都满足 $|x_n-1|<\dfrac{1}{1\,000}$ $(n=1\,001,1\,002,\cdots)$;若给定更小的正数 ε,欲使 $\dfrac{1}{n}<\varepsilon$,只要 $n>\dfrac{1}{\varepsilon}$,即该数列从第 $N=\left[\dfrac{1}{\varepsilon}\right]$ 项起,后面的每一项都满足 $|x_n-1|<\varepsilon$.对于任意的正数 ε,上述 $|x_n-1|<\varepsilon$ 便是 x_n 无限趋近于 1 的意思.

由 $|x_n-1|=\dfrac{1}{n}<\varepsilon$ 知,正数 ε 是用来描述 x_n 与 1 的接近程度的,因此为了说明 x_n 与数值

1 的无限接近,正数 ε 必须是一个任意给定的要多么小就能有多么小的正数. 另外,对任意给定的正数 ε,总存在正整数 N,这个 N 一般是依赖于 ε 的.

定义 2　设有数列 $\{x_n\}$,如果 $\forall \varepsilon > 0$(无论多么小),$\exists$ 正整数 N,当 $n > N$ 时,总有
$$| x_n - A | < \varepsilon$$
成立(其中 A 为某常数),则称 A 是数列 $\{x_n\}$ 的**极限**,或者称数列 $\{x_n\}$ **收敛**于 A,记为
$$\lim_{n\to\infty} x_n = A \quad 或 \quad x_n \to A \quad (n \to \infty).$$
否则,称数列 $\{x_n\}$ **发散**.

由定义 2 可知,在数轴上,当 $n > N$ 时,数列中的点 $x_{N+1}, x_{N+2}, \cdots$ 都会落在以 A 为中心、以 ε 为半径的邻域 $U(A, \varepsilon)$ 内,而只有有限个(至多只有 N 个)点落在该邻域以外.

例 1

用定义证明: $\lim\limits_{n\to\infty}(\sqrt{n+1} - \sqrt{n}) = 0$.

证　$| x_n - A | = | \sqrt{n+1} - \sqrt{n} - 0 | = \dfrac{1}{\sqrt{n+1} + \sqrt{n}} < \dfrac{1}{\sqrt{n}}$.

$\forall \varepsilon > 0$,由 $\dfrac{1}{\sqrt{n}} < \varepsilon$,得 $n > \dfrac{1}{\varepsilon^2}$,于是取 $N = \left[\dfrac{1}{\varepsilon^2}\right]$,当 $n > N$ 时,有
$$| \sqrt{n+1} - \sqrt{n} - 0 | < \varepsilon.$$
故 $\lim\limits_{n\to\infty}(\sqrt{n+1} - \sqrt{n}) = 0$.

例 2

对于公比为 q 的等比数列
$$1, q, q^2, \cdots, q^{n-1}, \cdots,$$
证明:当 $| q | < 1$ 时,有 $\lim\limits_{n\to\infty} q^{n-1} = 0$.

证　$| x_n - A | = | q^{n-1} - 0 | = | q |^{n-1}$. $\forall \varepsilon > 0$,由 $| q |^{n-1} < \varepsilon$,得 $n > 1 + \dfrac{\ln \varepsilon}{\ln | q |}$,于是取
$N = \left[1 + \dfrac{\ln \varepsilon}{\ln | q |}\right]$,当 $n > N$ 时,有
$$| q^{n-1} - 0 | < \varepsilon.$$
故 $\lim\limits_{n\to\infty} q^{n-1} = 0$.

例 3

证明: $\lim\limits_{n\to\infty} x_n = C$,其中 $x_n = C, C$ 为常数.

证　$x_n = C$,具体写出来就是 $C, C, \cdots, C, \cdots$. 因为
$$| x_n - A | = | C - C | = 0,$$
所以 $\forall \varepsilon > 0$,当 $n = 1, 2, \cdots$ 时,都有 $| C - C | = 0 < \varepsilon$. 故 $\lim\limits_{n\to\infty} x_n = \lim\limits_{n\to\infty} C = C$.

三、收敛数列的性质

定理 1（唯一性）　若数列收敛,则其极限是唯一的.

证　用反证法. 假设收敛数列 $\{x_n\}$ 有两个极限 A 和 B,即 $\lim\limits_{n\to\infty} x_n = A$ 且 $\lim\limits_{n\to\infty} x_n = B, A \neq B$. 不妨

设 $A>B$,取 $\varepsilon=\dfrac{A-B}{2}$. 由 $\lim\limits_{n\to\infty}x_n=A$ 知,对上述 ε,$\exists$ 正整数 N_1,使得当 $n>N_1$ 时,有 $|x_n-A|<$

$\dfrac{A-B}{2}$,即

$$\frac{A+B}{2}<x_n<\frac{3A-B}{2}. \tag{2-1}$$

又由 $\lim\limits_{n\to\infty}x_n=B$ 知,对上述 ε,$\exists$ 正整数 N_2,使得当 $n>N_2$ 时,有 $|x_n-B|<\dfrac{A-B}{2}$,即

$$\frac{3B-A}{2}<x_n<\frac{A+B}{2}. \tag{2-2}$$

取 $N=\max\{N_1,N_2\}$,则当 $n>N$ 时,式(2-1)及式(2-2)同时成立,从而推出 $x_n>\dfrac{A+B}{2}$

与 $x_n<\dfrac{A+B}{2}$,矛盾,即定理得证.

定理 2（有界性） 若数列收敛,则该数列一定有界.

证 设 $\{x_n\}$ 收敛于 A. 由 $\lim\limits_{n\to\infty}x_n=A$ 知,对 $\varepsilon=1$,$\exists$ 正整数 N,使得当 $n>N$ 时,有
$$|x_n-A|<1,$$
从而
$$|x_n|=|x_n-A+A|\leqslant|x_n-A|+|A|<1+|A|.$$

取 $M=\max\{x_1,x_2,\cdots,x_N,1+|A|\}$,则对所有项 x_n,都有
$$|x_n|\leqslant M,$$
即数列 $\{x_n\}$ 是有界的.

定理 2 的逆命题并不成立. 例如,数列 $\{(-1)^n\}$ 有界,但 $\lim\limits_{n\to\infty}(-1)^n$ 不存在,因此数列 $\{(-1)^n\}$ 不收敛.

定理 3（保号性） 若 $\lim\limits_{n\to\infty}x_n=A$,且 $A>0$(或 $A<0$),则必存在正整数 N,当 $n>N$ 时,恒有 $x_n>0$(或 $x_n<0$).

证 设 $A>0$. 取 $\varepsilon=\dfrac{A}{2}$,由 $\lim\limits_{n\to\infty}x_n=A$ 知,$\exists$ 正整数 N,使得当 $n>N$ 时,有
$$|x_n-A|<\frac{A}{2},\quad\text{即}\quad 0<\frac{A}{2}<x_n<\frac{3A}{2}.$$

定理 3 表明,若数列的极限为正(或负),则该数列会从某一项开始以后所有的项也为正(或负).根据定理 3,还可得到下面的推论.

推论 1 若 $x_n\geqslant0$(或 $x_n\leqslant0$),且 $\lim\limits_{n\to\infty}x_n=A$,则有 $A\geqslant0$(或 $A\leqslant0$).

定理 4 若数列 $\{x_n\}$ 收敛,且极限是 A,则其任一子数列 $\{x_{n_k}\}$ 也收敛,且其极限也是 A.

证 因 $\lim\limits_{n\to\infty}x_n=A$,故对于任意 $\varepsilon>0$,存在正整数 N,使得当 $n>N$ 时,有 $|x_n-A|<\varepsilon$ 成立. 又因子数列 $\{x_{n_k}\}$ 中的第 k 项 x_{n_k} 是原数列的第 n_k 项,显然 $n_k\geqslant k$. 取 $K=N$,则当 $k>K$ 时,有 $n_k>n_K=n_N\geqslant N$,于是 $|x_{n_k}-A|<\varepsilon$. 故 $\lim\limits_{k\to\infty}x_{n_k}=A$.

四、数列极限的四则运算法则

定理 5 设 $\lim\limits_{n\to\infty}x_n=A$,$\lim\limits_{n\to\infty}y_n=B$,则

（1）$\lim\limits_{n\to\infty}(x_n \pm y_n) = \lim\limits_{n\to\infty}x_n \pm \lim\limits_{n\to\infty}y_n = A \pm B.$

（2）$\lim\limits_{n\to\infty}(x_n \cdot y_n) = \lim\limits_{n\to\infty}x_n \cdot \lim\limits_{n\to\infty}y_n = A \cdot B.$

特别地，当 $x_n = k$（常数）时，有

$$\lim\limits_{n\to\infty}ky_n = k\lim\limits_{n\to\infty}y_n = kB.$$

（3）$\lim\limits_{n\to\infty}\dfrac{x_n}{y_n} = \dfrac{\lim\limits_{n\to\infty}x_n}{\lim\limits_{n\to\infty}y_n} = \dfrac{A}{B}\ (B \neq 0).$

证　只证（1）. $\forall \varepsilon > 0$，由 $\lim\limits_{n\to\infty}x_n = A$ 知，$\exists$ 正整数 N_1，使得当 $n > N_1$ 时，有

$$|x_n - A| < \frac{\varepsilon}{2}.$$

又由 $\lim\limits_{n\to\infty}y_n = B$ 知，对上述 ε，$\exists$ 正整数 N_2，使得当 $n > N_2$ 时，有

$$|y_n - B| < \frac{\varepsilon}{2}.$$

若取 $N = \max\{N_1, N_2\}$，则当 $n > N$ 时，就有

$$|(x_n \pm y_n) - (A \pm B)| \leqslant |x_n - A| + |y_n - B| < \frac{\varepsilon}{2} + \frac{\varepsilon}{2} = \varepsilon,$$

即 $\lim\limits_{n\to\infty}(x_n \pm y_n) = \lim\limits_{n\to\infty}x_n \pm \lim\limits_{n\to\infty}y_n = A \pm B.$

例 4

求极限 $\lim\limits_{n\to\infty}\left(\dfrac{1}{n^2} + \dfrac{2}{n^2} + \cdots + \dfrac{n}{n^2}\right).$

解　由于括号内的项数随着 n 的无限增大也在无限增大，因此计算时不能用和的极限运算法则. 正确的解法是应该先将括号内的式子化简，再求极限，即

$$\lim\limits_{n\to\infty}\left(\frac{1}{n^2} + \frac{2}{n^2} + \cdots + \frac{n}{n^2}\right) = \lim\limits_{n\to\infty}\frac{1 + 2 + \cdots + n}{n^2} = \lim\limits_{n\to\infty}\frac{\dfrac{n(n+1)}{2}}{n^2} = \frac{1}{2}.$$

例 5

求极限 $\lim\limits_{n\to\infty}\left(\dfrac{1}{4} + \dfrac{1}{28} + \cdots + \dfrac{1}{9n^2 - 3n - 2}\right).$

解　$\lim\limits_{n\to\infty}\left(\dfrac{1}{4} + \dfrac{1}{28} + \cdots + \dfrac{1}{9n^2 - 3n - 2}\right)$

$$= \lim\limits_{n\to\infty}\left[\frac{1}{1 \times 4} + \frac{1}{4 \times 7} + \cdots + \frac{1}{(3n-2)(3n+1)}\right]$$

$$= \lim\limits_{n\to\infty}\frac{1}{3}\left(1 - \frac{1}{4} + \frac{1}{4} - \frac{1}{7} + \cdots + \frac{1}{3n-2} - \frac{1}{3n+1}\right)$$

$$= \lim\limits_{n\to\infty}\frac{1}{3}\left(1 - \frac{1}{3n+1}\right) = \frac{1}{3}\lim\limits_{n\to\infty}\left[1 - \frac{1}{n\left(3 + \dfrac{1}{n}\right)}\right]$$

$$= \frac{1}{3}.$$

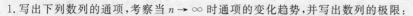

习题 2.1

1.写出下列数列的通项,考察当 $n \to \infty$ 时通项的变化趋势,并写出数列的极限:

(1) $0, \frac{1}{3}, \frac{2}{4}, \frac{3}{5}, \cdots, \frac{n-2}{n}, \cdots$;   (2) $\cos \pi, \cos 2\pi, \cdots, \cos n\pi, \cdots$;

(3) $\frac{1}{2}, -\frac{1}{4}, \cdots, (-1)^{n+1} \frac{1}{2^n}, \cdots$;   (4) $1, \frac{1}{2}, 3, \frac{1}{4}, \cdots, 2n-1, \frac{1}{2n}, \cdots$.

2.证明:数列 $\left\{ 4 + \frac{1}{n} \right\}$ 以 4 为极限.

3.说明数列 $\left\{ \cos \frac{n\pi}{2} \right\}$ 是发散的.

4.回答以下问题,并举例说明:

(1) 若 $\forall \varepsilon > 0$,都有无穷多个 n,使得 $|x_n - A| < \varepsilon$,则 $\{x_n\}$ 一定收敛于 A 吗?

(2) 发散数列一定是无界数列吗?

(3) 单调数列一定是收敛数列吗?

5.求下列数列的极限:

(1) $x_n = \sum_{k=1}^{n} \left(\frac{1}{2} \right)^k, n = 1, 2, \cdots$;

(2) $x_1 = 1, x_2 = -1, x_n = \sum_{k=3}^{n} \frac{1}{k(k+1)}, n = 3, 4, \cdots$;

(3) $x_n = \frac{4^n - 3^{n+1}}{2^{2n+1} + 3^n}, n = 1, 2, \cdots$.

第二节　函数的极限

本节将讨论一般函数 $f(x)$ 的极限问题.

一、函数极限的定义

讨论函数 $f(x)$ 的极限就是考察自变量 x 在其变化过程中,相应的函数值的变化趋势.自变量的变化过程可分为两种情形:一种是自变量 x 无限趋近于有限值 x_0(简记为 $x \to x_0$);另一种是自变量 x 的绝对值 $|x|$ 无限增大(简记为 $x \to \infty$).

1.当 $x \to x_0$ 时函数 $f(x)$ 的极限

观察函数 $f(x) = \frac{x^2 - 1}{x - 1}$,当 x 无限趋近 $1(x \to 1, x \neq 1)$ 时,我们会发现相应的函数值无限趋近于数值 2,并且注意到,这一变化趋势与在 $x = 1$ 这一点处函数是否有定义无关.

与描述数列的极限类似,一般地,函数 $f(x)$ 无限趋近于 A,我们仍用 $|f(x) - A| < \varepsilon$ 来刻画,而 $x \to x_0$ 但 $x \neq x_0$,则可以用 $0 < |x - x_0| < \delta$ 来表达,其中 δ 也是一个很小的正数,它与 ε 有关.于是,给出下面的定义.

定义1　设函数 $f(x)$ 在点 x_0 的某去心邻域内有定义,A 为一确定的常数.若 $\forall \varepsilon > 0, \exists \delta > 0$,当 $0 < |x - x_0| < \delta$ 时,有

$$|f(x) - A| < \varepsilon,$$

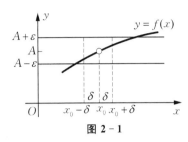

图 2-1

则称常数 A 为函数 $f(x)$ 当 x 趋近于 x_0 时的**极限**，记为
$$\lim_{x \to x_0} f(x) = A \quad 或 \quad f(x) \to A \quad (x \to x_0).$$

由定义 1 知，若当 $x \to x_0$ 时函数 $f(x)$ 有极限 A，则对于任意给定的无论多么小的正数 ε，总存在一个去心邻域 $\mathring{U}(x_0, \delta)$，在这个去心邻域内，函数 $f(x)$ 的图形总会被夹在两条直线 $y = A - \varepsilon$ 及 $y = A + \varepsilon$ 之间（见图 2-1）.

例 1

用定义证明：$\lim\limits_{x \to x_0} C = C$（$C$ 为常数）.

证 $|f(x) - A| = |C - C| = 0 < \varepsilon.$

$\forall \varepsilon > 0$，取 $\delta = \varepsilon$，当 $0 < |x - x_0| < \delta$ 时，有
$$|f(x) - A| = |C - C| = 0 < \varepsilon.$$

故 $\lim\limits_{x \to x_0} C = C$.

例 2

用定义证明：$\lim\limits_{x \to 1} \dfrac{x^2 - 1}{x - 1} = 2$.

证 $|f(x) - A| = \left| \dfrac{x^2 - 1}{x - 1} - 2 \right| = |x - 1| \quad (x \neq 1).$

$\forall \varepsilon > 0$，由 $|f(x) - A| < \varepsilon$，得 $0 < |x - 1| < \varepsilon$，于是可取 $\delta = \varepsilon$，当 $0 < |x - 1| < \delta$ 时，有
$$\left| \dfrac{x^2 - 1}{x - 1} - 2 \right| < \varepsilon.$$

故 $\lim\limits_{x \to 1} \dfrac{x^2 - 1}{x - 1} = 2$.

例 3

用定义证明：$\lim\limits_{x \to x_0} \sin x = \sin x_0$.

证 注意到 $|\sin x| \leqslant |x|$ 和 $|\cos x| \leqslant 1$，而
$$|\sin x - \sin x_0| = \left| 2\cos \dfrac{x + x_0}{2} \sin \dfrac{x - x_0}{2} \right| \leqslant 2 \left| \sin \dfrac{x - x_0}{2} \right|$$
$$\leqslant 2 \left| \dfrac{x - x_0}{2} \right| = |x - x_0|.$$

于是，对于任意 $\varepsilon > 0$，取 $\delta = \varepsilon$，则当 $0 < |x - x_0| < \delta$ 时，有
$$|\sin x - \sin x_0| < \varepsilon, \quad 即 \quad \lim_{x \to x_0} \sin x = \sin x_0.$$

例 4

用定义证明：$\lim\limits_{x \to 2} \dfrac{4 - x^2}{x^2 - 3x + 2} = -4$.

证 因为
$$\left| \dfrac{4 - x^2}{x^2 - 3x + 2} - (-4) \right| = \dfrac{3|x - 2|}{|x - 1|},$$

取 $\delta_1 = \dfrac{1}{2}$，令 $0 < |x - 2| < \dfrac{1}{2}$，则

$$|x-1| = |1+(x-2)| \geqslant 1 - |x-2| > \frac{1}{2}.$$

于是,当 $0 < |x-2| < \frac{1}{2}$ 时,有

$$\frac{3|x-2|}{|x-1|} < 6|x-2|.$$

$\forall \varepsilon > 0$,由 $6|x-2| < \varepsilon$,得

$$|x-2| < \frac{\varepsilon}{6},$$

于是取 $\delta = \min\left\{\frac{1}{2}, \frac{\varepsilon}{6}\right\}$,当 $0 < |x-2| < \delta$ 时,有

$$\left| \frac{4-x^2}{x^2-3x+2} - (-4) \right| < \varepsilon,$$

即 $\lim\limits_{x \to 2} \dfrac{4-x^2}{x^2-3x+2} = -4$.

在上述当 $x \to x_0$ 时函数 $f(x)$ 的极限概念中,$x \to x_0$ 的变化过程是 x 既从 x_0 的左侧也从 x_0 的右侧趋近于 x_0 的,但有时只能或只需考虑仅在左侧或仅在右侧的变化. 对此,给出以下的左极限及右极限的定义.

定义 2 设函数 $f(x)$ 在点 x_0 的某去心左邻域内有定义. 如果 $\forall \varepsilon > 0$,$\exists \delta > 0$,使得当 $x_0 - \delta < x < x_0$ 时,有 $|f(x) - A| < \varepsilon$,则称 A 为函数 $f(x)$ 当 $x \to x_0$ 时的**左极限**,记为

$$\lim\limits_{x \to x_0^-} f(x) = A \quad \text{或} \quad f(x_0 - 0) = A.$$

定义 3 设函数 $f(x)$ 在点 x_0 的某去心右邻域内有定义. 如果 $\forall \varepsilon > 0$,$\exists \delta > 0$,使得当 $x_0 < x < x_0 + \delta$ 时,有 $|f(x) - A| < \varepsilon$,则称 A 为函数 $f(x)$ 当 $x \to x_0$ 时的**右极限**,记为

$$\lim\limits_{x \to x_0^+} f(x) = A \quad \text{或} \quad f(x_0 + 0) = A.$$

左极限和右极限统称为**单侧极限**,而定义 1 中的极限则是双侧的极限.

结合定义 1,2,3 可知,函数 $f(x)$ 当 $x \to x_0$ 时极限存在的充要条件是 $f(x)$ 在点 x_0 处的左、右极限都存在并且相等,即 $\lim\limits_{x \to x_0} f(x) = A$ 的充要条件是

$$\lim\limits_{x \to x_0^-} f(x) = \lim\limits_{x \to x_0^+} f(x) = A.$$

例 5

讨论函数 $f(x) = \dfrac{|x|}{x}$ 在点 $x = 0$ 处的极限.

解 因为

$$\lim\limits_{x \to 0^-} f(x) = \lim\limits_{x \to 0^-} \frac{-x}{x} = -1, \quad \lim\limits_{x \to 0^+} f(x) = \lim\limits_{x \to 0^+} \frac{x}{x} = 1,$$

即 $f(x)$ 在点 $x = 0$ 处的左、右极限不相等,所以函数 $f(x)$ 在点 $x = 0$ 处的极限不存在.

2. 当 $x \to \infty$ 时函数 $f(x)$ 的极限

对于函数 $f(x)$,当 x 的绝对值 $|x|$ 无限增大时,如果相应的函数值无限趋近于某个确定的数值 A,则称 A 为函数 $f(x)$ 当 $x \to \infty$ 时的极限. 以下是其分析性定义.

定义 4 设函数 $f(x)$ 当 $|x|$ 大于某一正数时有定义. 若 $\forall \varepsilon > 0$,$\exists X > 0$,使得当 $|x| > X$ 时,有

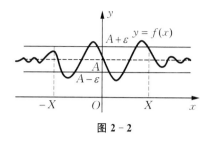

图 2 - 2

$$|f(x) - A| < \varepsilon,$$

则称 A 为函数 $f(x)$ 当 $x \to \infty$ 时的极限,记为

$$\lim_{x \to \infty} f(x) = A \quad \text{或} \quad f(x) \to A \quad (x \to \infty).$$

由定义 4 可知,若当 $x \to \infty$ 时函数 $f(x)$ 有极限 A,则对于任意给定的不论多么小的正数 ε,总存在一个正数 X,在 $|x| > X$ 的变化范围内,函数 $f(x)$ 的图形会被夹在两条直线 $y = A - \varepsilon$ 及 $y = A + \varepsilon$ 之间(见图 2 - 2).

例 6

用定义证明: $\lim\limits_{x \to \infty} \dfrac{x+1}{x} = 1$.

证 $\quad |f(x) - A| = \left| \dfrac{x+1}{x} - 1 \right| = \left| \dfrac{1}{x} \right|$.

$\forall \varepsilon > 0$,由 $\left| \dfrac{1}{x} \right| < \varepsilon$,得 $|x| > \dfrac{1}{\varepsilon}$,于是可取 $X = \dfrac{1}{\varepsilon}$,当 $|x| > X$ 时,有

$$\left| \dfrac{x+1}{x} - 1 \right| < \varepsilon.$$

故 $\lim\limits_{x \to \infty} \dfrac{x+1}{x} = 1$.

如果 $x > 0$ 且 $|x|$ 无限增大(记为 $x \to +\infty$),那么只要将定义 4 中的 $|x| > X$ 改为 $x > X$,就得到 $\lim\limits_{x \to +\infty} f(x) = A$ 的定义.同样,如果 $x < 0$ 且 $|x|$ 无限增大(记为 $x \to -\infty$),那么只要将定义 4 中的 $|x| > X$ 改为 $x < -X$,就得到 $\lim\limits_{x \to -\infty} f(x) = A$ 的定义.

与 $x \to x_0$ 的情形类似,极限 $\lim\limits_{x \to \infty} f(x)$ 存在的充要条件是 $\lim\limits_{x \to -\infty} f(x)$ 及 $\lim\limits_{x \to +\infty} f(x)$ 都存在并且相等.

二、函数极限的性质

将收敛数列的一些性质加以推广,便可得到函数极限相应的性质. 它们均可以根据极限定义,用类似于收敛数列性质的证明方法加以证明. 我们这里仅就其中几个给出证明. 由于函数极限依自变量的不同变化过程有各种形式,下面定理仅以 $\lim\limits_{x \to x_0} f(x)$ 的形式进行叙述. 至于其他形式的极限的性质及其证明,只要做相应的修改即可得到.

定理 1(唯一性) 如果 $\lim\limits_{x \to x_0} f(x) = A$,则 A 是唯一的.

定理 2(局部有界性) 如果 $\lim\limits_{x \to x_0} f(x) = A$,则 $\exists \delta > 0$,使得函数 $f(x)$ 在点 x_0 的去心邻域 $\mathring{U}(x_0, \delta)$ 内有界.

证 由于 $\lim\limits_{x \to x_0} f(x) = A$,则对于取定的 $\varepsilon = \dfrac{|A|}{2}$,总存在一个 $\delta > 0$,使得当 $0 < |x - x_0| < \delta$ 时,有

$$|f(x) - A| < \varepsilon = \dfrac{|A|}{2},$$

即

$$A - \dfrac{|A|}{2} < f(x) < A + \dfrac{|A|}{2}.$$

取 $M = \max\left\{ \left| A - \dfrac{|A|}{2} \right|, \left| A + \dfrac{|A|}{2} \right| \right\}$，于是

$$| f(x) | \leqslant M,$$

因此函数 $f(x)$ 在去心邻域 $\mathring{U}(x_0, \delta)$ 内有界.

定理 3（局部保号性） 如果 $\lim\limits_{x \to x_0} f(x) = A$，且 $A > 0$（或 $A < 0$），则存在点 x_0 的某去心邻域，当 x 在该邻域内时，有 $f(x) > 0$（或 $f(x) < 0$）.

证 设 $A > 0$. 由于 $\lim\limits_{x \to x_0} f(x) = A$，则对于取定的正数 $\varepsilon \leqslant A$，总存在一个 $\delta > 0$，当 $0 < | x - x_0 | < \delta$ 时，有

$$| f(x) - A | < \varepsilon,$$

即

$$A - \varepsilon < f(x) < A + \varepsilon.$$

因 $A - \varepsilon \geqslant 0$，故 $f(x) > 0$.

类似地可证明 $A < 0$ 的情形.

推论 1 如果在点 x_0 的某去心邻域内，$f(x) \geqslant 0$（或 $f(x) \leqslant 0$），且 $\lim\limits_{x \to x_0} f(x) = A$，则 $A \geqslant 0$（或 $A \leqslant 0$）.

证 设 $f(x) \geqslant 0$. 用反证法.

假设 $A < 0$，则由定理 3 知，存在点 x_0 的某去心邻域，在该邻域内，$f(x) < 0$. 这与 $f(x) \geqslant 0$ 相矛盾，所以 $A \geqslant 0$.

类似地可证明 $f(x) \leqslant 0$ 的情形.

推论 2（局部保向性） 设函数 $f(x)$ 和 $g(x)$ 在点 x_0 的某去心邻域内有定义，且 $f(x) \leqslant g(x)$. 如果 $\lim\limits_{x \to x_0} f(x) = A$，$\lim\limits_{x \to x_0} g(x) = B$，则 $A \leqslant B$.

证 令 $h(x) = f(x) - g(x)$，利用推论 1 即可得证.

三、函数极限的运算法则

下面的所有结论，我们仅以 $x \to x_0$ 时的极限形式加以叙述，实际上它们适用于其他的极限形式，包括数列的情形.

1. 函数极限的四则运算法则

定理 4 设 $\lim\limits_{x \to x_0} f(x) = A$，$\lim\limits_{x \to x_0} g(x) = B$，则

(1) $\lim\limits_{x \to x_0} (f(x) \pm g(x)) = \lim\limits_{x \to x_0} f(x) \pm \lim\limits_{x \to x_0} g(x) = A \pm B$；

(2) $\lim\limits_{x \to x_0} (f(x) \cdot g(x)) = \lim\limits_{x \to x_0} f(x) \cdot \lim\limits_{x \to x_0} g(x) = A \cdot B$；

(3) $\lim\limits_{x \to x_0} \dfrac{f(x)}{g(x)} = \dfrac{\lim\limits_{x \to x_0} f(x)}{\lim\limits_{x \to x_0} g(x)} = \dfrac{A}{B} \quad (B \neq 0)$.

证 只证 (1). $\forall \varepsilon > 0$，由 $\lim\limits_{x \to x_0} f(x) = A$ 知，$\exists \delta_1 > 0$，使得当 $0 < | x - x_0 | < \delta_1$ 时，有

$$| f(x) - A | < \frac{\varepsilon}{2}.$$

又由 $\lim\limits_{x \to x_0} g(x) = B$ 知，对上述 ε，$\exists \delta_2 > 0$，使得当 $0 < | x - x_0 | < \delta_2$ 时，有

$$| g(x) - B | < \frac{\varepsilon}{2}.$$

若取 $\delta = \min\{\delta_1, \delta_2\}$，则当 $0 < |x - x_0| < \delta$ 时，必恒有

$$|(f(x) \pm g(x)) - (A \pm B)| \leqslant |f(x) - A| + |g(x) - B| < \frac{\varepsilon}{2} + \frac{\varepsilon}{2} = \varepsilon,$$

即 $\lim\limits_{x \to x_0}(f(x) \pm g(x)) = \lim\limits_{x \to x_0} f(x) \pm \lim\limits_{x \to x_0} g(x) = A \pm B.$

推论 1　　$\lim\limits_{x \to x_0} kf(x) = k \lim\limits_{x \to x_0} f(x)$　　（k 为常数）．

推论 2　　如果 $\lim\limits_{x \to x_0} f(x)$ 存在，且 n 为正整数，则

$$\lim\limits_{x \to x_0}(f(x))^n = (\lim\limits_{x \to x_0} f(x))^n.$$

2. 复合函数的极限运算法则

定理 5　　设由函数 $y = f(u), u = g(x)$ 复合而成函数 $y = f(g(x))$．若 $\lim\limits_{x \to x_0} g(x) = u_0$，且在点 x_0 的某去心邻域内，$g(x) \neq u_0$，又 $\lim\limits_{u \to u_0} f(u) = A$，则

$$\lim\limits_{x \to x_0} f(g(x)) = \lim\limits_{u \to u_0} f(u) = A.$$

证明从略．

例 7

求 $\lim\limits_{x \to 3} \dfrac{x^2 - 9}{x - 3}$．

解　　由于 $x \to 3$ 时，分母的极限为 0，故此极限不能直接用商的运算法则．由于当 $x \to 3$ 时，$x \neq 3$，因此在分式中约去非零因子 $x - 3$，于是

$$\lim\limits_{x \to 3} \frac{x^2 - 9}{x - 3} = \lim\limits_{x \to 3} \frac{(x - 3)(x + 3)}{x - 3} = \lim\limits_{x \to 3}(x + 3) = 6.$$

例 8

求 $\lim\limits_{x \to \infty} \dfrac{3x^3 + 4x^2 + 1}{5x^3 + 2x^2 + 3}$．

解　　当 $x \to \infty$ 时，分子及分母都趋近于无穷大，故该极限不能直接用商的运算法则．可先用分子、分母中 x 的最高次幂同除分子及分母后再求极限，于是

$$\lim\limits_{x \to \infty} \frac{3x^3 + 4x^2 + 1}{5x^3 + 2x^2 + 3} = \lim\limits_{x \to \infty} \frac{3 + \dfrac{4}{x} + \dfrac{1}{x^3}}{5 + \dfrac{2}{x} + \dfrac{3}{x^3}} = \frac{3}{5}.$$

例 9

求 $\lim\limits_{x \to +\infty}(\sqrt{x^2 + x} - x)$．

解　　由于当 $x \to +\infty$ 时，括号内两个函数都趋近于无穷大，故不能直接用差的极限法则．应先进行恒等变形再求极限，则有

$$\lim\limits_{x \to +\infty}(\sqrt{x^2 + x} - x) = \lim\limits_{x \to +\infty} \frac{(\sqrt{x^2 + x} - x)(\sqrt{x^2 + x} + x)}{\sqrt{x^2 + x} + x} = \lim\limits_{x \to +\infty} \frac{x}{\sqrt{x^2 + x} + x}$$

$$= \lim\limits_{x \to +\infty} \frac{1}{\sqrt{1 + \dfrac{1}{x}} + 1} = \frac{1}{2}.$$

习 题 2.2

1.若函数 $f(x)$ 在点 $x=x_0$ 处的极限不存在,则 $|f(x)|$ 在点 $x=x_0$ 处的极限也不存在,对吗?

2.若函数 $|f(x)|$ 在点 $x=x_0$ 处的极限存在,则 $f(x)$ 在点 $x=x_0$ 处的极限也存在,对吗?

3.证明: $\lim\limits_{x\to\frac{\pi}{2}}\sin x=\sin\frac{\pi}{2}$.

4.讨论函数

$$f(x)=\begin{cases}1+x, & x<-1,\\ 0, & -1\leqslant x<0,\\ 2+x, & x\geqslant 0\end{cases}$$

在点 $x=-1,x=0$ 处的极限.

5.求下列函数(或数列)的极限:

(1) $\lim\limits_{n\to\infty}\dfrac{3n^3+n^2+4}{5n^3-2n+1}$;

(2) $\lim\limits_{n\to\infty}\dfrac{1+\frac{1}{2}+\cdots+\frac{1}{2^n}}{1+\frac{1}{3}+\cdots+\frac{1}{3^n}}$;

(3) $\lim\limits_{x\to 1}\left(\dfrac{1}{x-1}-\dfrac{2}{x^2-1}\right)$;

(4) $\lim\limits_{x\to 1}\dfrac{\sqrt{1+x}-\sqrt{3-x}}{1-x^2}$;

(5) $\lim\limits_{x\to\infty}\dfrac{x^2-x+6}{x^3-x-1}$;

(6) $\lim\limits_{x\to\infty}\dfrac{(4x+1)^{30}(9x+2)^{20}}{(6x-1)^{50}}$;

(7) $\lim\limits_{x\to 0}\dfrac{(a+x)^3-a^3}{x}$;

(8) $\lim\limits_{x\to 1}\dfrac{x+x^2+\cdots+x^n-n}{x-1}$.

6.证明:极限 $\lim\limits_{x\to\infty}\dfrac{e^x-e^{-x}}{e^x+e^{-x}}$ 不存在.

第三节 无穷小量与无穷大量

一、无穷小量

1. 无穷小量的定义

在微积分中,无穷小量是一个十分重要的概念,许多问题的研究都可归结为对无穷小量的研究.

定义 1 如果当 $x\to x_0$ (或 $x\to\infty$)时,函数 $f(x)$ 的极限为零,则称函数 $f(x)$ 为当 $x\to x_0$ (或 $x\to\infty$)时的**无穷小量**,简称**无穷小**.

运用极限的 ε - $\delta(X)$ 的描述方法可以得到无穷小量的等价定义.

定义 2 设函数 $f(x)$ 在点 x_0 的某去心邻域内有定义(或 $|x|$ 大于某一正数时有定义).如果 $\forall\varepsilon>0$,总存在 $\delta>0$ (或 $X>0$),使得当 $0<|x-x_0|<\delta$ (或 $|x|>X$)时,有

$$|f(x)|<\varepsilon,$$

则称函数 $f(x)$ 为当 $x\to x_0$ (或 $x\to\infty$)时的**无穷小量**.

例如,由 $\lim\limits_{x\to 0}x^3=0,\lim\limits_{x\to 0^+}\sqrt{x}=0,\lim\limits_{x\to\frac{\pi}{2}}\cos x=0,\lim\limits_{n\to\infty}\dfrac{1}{n}=0$ 知, $x^3,\sqrt{x},\cos x$ 和 $\dfrac{1}{n}$ 都是相应极限过程中的无穷小量.我们指出,不能脱离自变量的变化过程谈无穷小量.例如, x^3 是当 $x\to 0$ 时的

无穷小量,而当 $x \to 2$ 时它却不是无穷小量了. 此外,也不能将无穷小量与很小的数(如 10^{-10} 等)混为一谈.

由于符合定义,将数 0 看作常值函数时,它是任一自变量变化过程中的无穷小量.

2. 无穷小量与函数极限的关系

定理 1 $\lim\limits_{\substack{x \to x_0 \\ (x \to \infty)}} f(x) = A$ 的充要条件是 $f(x) = A + \alpha (A$ 为常数$)$,其中 $\lim\limits_{\substack{x \to x_0 \\ (x \to \infty)}} \alpha = 0$.

证   设 $\lim\limits_{x \to x_0} f(x) = A$,则 $\forall \varepsilon > 0, \exists \delta > 0$,使得当 $0 < |x - x_0| < \delta$ 时,有

$$|f(x) - A| < \varepsilon.$$

令 $f(x) - A = \alpha$,则 $|\alpha| < \varepsilon$,即 α 是当 $x \to x_0$ 时的无穷小量,且

$$f(x) = A + \alpha.$$

反之,设函数 $f(x) = A + \alpha (A$ 为常数$)$,其中 $\lim\limits_{x \to x_0} \alpha = 0$,于是

$$|f(x) - A| = |\alpha|.$$

由于 α 是当 $x \to x_0$ 时的无穷小量,因此 $\forall \varepsilon > 0, \exists \delta > 0$,当 $0 < |x - x_0| < \delta$ 时,有 $|\alpha| < \varepsilon$,即

$$|f(x) - A| < \varepsilon.$$

故 $\lim\limits_{x \to x_0} f(x) = A$.

3. 无穷小量的性质

定理 2   有限个无穷小量的代数和是无穷小量.

证   考虑两个无穷小量之和,就 $x \to x_0$ 的情形给予证明.

设 $\alpha(x)$ 及 $\beta(x)$ 是当 $x \to x_0$ 时的两个无穷小量,即有 $\lim\limits_{x \to x_0} \alpha(x) = 0$ 及 $\lim\limits_{x \to x_0} \beta(x) = 0$. 于是,$\forall \varepsilon > 0, \exists \delta_1 > 0$,当 $0 < |x - x_0| < \delta_1$ 时,有

$$|\alpha(x)| < \frac{\varepsilon}{2}.$$

对上述 $\varepsilon, \exists \delta_2 > 0$,当 $0 < |x - x_0| < \delta_2$ 时,有

$$|\beta(x)| < \frac{\varepsilon}{2}.$$

取 $\delta = \min\{\delta_1, \delta_2\}$,则当 $0 < |x - x_0| < \delta$ 时,有

$$|\alpha(x) + \beta(x)| \leqslant |\alpha(x)| + |\beta(x)| < \varepsilon.$$

故 $\alpha(x) + \beta(x)$ 是当 $x \to x_0$ 时的无穷小量.

定理 3   有界变量与无穷小量的乘积是无穷小量.

定理 4   有限个无穷小量的乘积还是无穷小量.

定理 3 和定理 4 的证明留给读者.

例 1 ———————————————————

求 $\lim\limits_{x \to 0} x^3 \sin \dfrac{1}{x}$.

解   当 $x \to 0$ 时,x^3 是无穷小量,而 $\lim\limits_{x \to 0} \sin \dfrac{1}{x}$ 不存在,因此不能用乘积的极限运算法则. 但 $\left| \sin \dfrac{1}{x} \right| \leqslant 1$,据无穷小量的性质,得

$$\lim_{x \to 0} x^3 \sin \frac{1}{x} = 0.$$

二、无穷大量

1. 无穷大量的定义

对于函数 $\frac{1}{x}$，当 $x \to 0$ 时，其绝对值会无限增大，这样的变量就是所谓的无穷大量.

定义 3 设函数 $f(x)$ 在点 x_0 的某去心邻域内有定义（或 $|x|$ 大于某一正数时有定义）. 如果 $\forall M > 0$（无论它多么大），$\exists \delta > 0$（或 $X > 0$），使得当 $0 < |x - x_0| < \delta$（或 $|x| > X$）时，总有

$$|f(x)| > M,$$

则称函数 $f(x)$ 为当 $x \to x_0$（或 $x \to \infty$）时的**无穷大量**，简称无穷大，记为

$$\lim_{x \to x_0} f(x) = \infty \quad (\text{或} \lim_{x \to \infty} f(x) = \infty).$$

如果在定义 3 中将 $|f(x)| > M$ 换成 $f(x) > M$（或 $f(x) < -M$），即有正无穷大（或负无穷大）的定义，记为

$$\lim_{\substack{x \to x_0 \\ (x \to \infty)}} f(x) = +\infty \quad (\text{或} \lim_{\substack{x \to x_0 \\ (x \to \infty)}} f(x) = -\infty).$$

2. 无穷大量与无穷小量的关系

定理 5 若 $\lim_{\substack{x \to x_0 \\ (x \to \infty)}} f(x) = \infty$，则 $\lim_{\substack{x \to x_0 \\ (x \to \infty)}} \frac{1}{f(x)} = 0$；反之，若 $\lim_{\substack{x \to x_0 \\ (x \to \infty)}} f(x) = 0$ 且 $f(x) \neq 0$，则 $\lim_{\substack{x \to x_0 \\ (x \to \infty)}} \frac{1}{f(x)} = \infty$.

证明从略.

例 2

求 $\lim\limits_{x \to -2} \left(\dfrac{12}{x^3 + 8} - \dfrac{1}{x + 2} \right)$.

解 当 $x \to -2$ 时，$\dfrac{12}{x^3 + 8}$ 及 $\dfrac{1}{x + 2}$ 都是无穷大量，所以不能用差的极限运算法则. 应先进行恒等变形再求极限，于是

$$\lim_{x \to -2} \left(\frac{12}{x^3 + 8} - \frac{1}{x + 2} \right) = \lim_{x \to -2} \frac{4 - x}{x^2 - 2x + 4} = \frac{1}{2}.$$

例 3

求 $\lim\limits_{x \to \infty} \dfrac{3x^4 + 2x + 1}{5x^3 + 2x^2 + 3}$.

解 先用 x^4 同除分子及分母再求极限，则有

$$\lim_{x \to \infty} \frac{3x^4 + 2x + 1}{5x^3 + 2x^2 + 3} = \lim_{x \to \infty} \frac{3 + \dfrac{2}{x^3} + \dfrac{1}{x^4}}{\dfrac{5}{x} + \dfrac{2}{x^2} + \dfrac{3}{x^4}}.$$

因为 $\lim\limits_{x \to \infty} \dfrac{\dfrac{5}{x} + \dfrac{2}{x^2} + \dfrac{3}{x^4}}{3 + \dfrac{2}{x^3} + \dfrac{1}{x^4}} = 0$，所以

$$\lim_{x \to \infty} \frac{3x^4 + 2x + 1}{5x^3 + 2x^2 + 3} = \infty.$$

一般地，若 $a_n \neq 0, b_m \neq 0 (m, n$ 为正整数)，则有

$$\lim_{x \to \infty} \frac{a_n x^n + a_{n-1} x^{n-1} + \cdots + a_1 x + a_0}{b_m x^m + b_{m-1} x^{m-1} + \cdots + b_1 x + b_0} = \begin{cases} \dfrac{a_n}{b_m}, & m = n, \\ 0, & m > n, \\ \infty, & m < n. \end{cases}$$

例 4

已知极限 $\lim\limits_{x \to \infty} \left(\dfrac{x^2}{x+1} - ax - b \right) = 0$，求常数 a, b.

解　由于

$$\lim_{x \to \infty} \left(\frac{x^2}{x+1} - ax - b \right) = \lim_{x \to \infty} \frac{(1-a)x^2 - (a+b)x - b}{x+1} = 0,$$

从而必有

$$\begin{cases} 1 - a = 0, \\ a + b = 0, \end{cases} \quad 即 \quad \begin{cases} a = 1, \\ b = -1. \end{cases}$$

三、无穷小量的比较

在自变量的同一变化过程中的无穷小量趋近于零的速度并不一定相同. 例如，当 $x \to 0$ 时，x^3 比 x^2 趋近于零的速度快. 在数学上，用两个无穷小量比值的极限来衡量这两个无穷小量趋近于零的快慢速度，称为**无穷小量的比较**.

在自变量的同一变化过程中，两个无穷小量的代数和或者乘积仍是无穷小量，但两个无穷小量的商却不一定是无穷小量. 例如，当 $x \to 1$ 时，$x^2 - 1$ 及 $x - 1$ 都是无穷小量，但 $\dfrac{x^2 - 1}{x - 1}$ 已不是无穷小量 $\left($ 因为 $\lim\limits_{x \to 1} \dfrac{x^2 - 1}{x - 1} = 2 \right)$.

当 $x \to 0$ 时，$x, x^2, 3x$ 都是无穷小量，对这 3 个同一变化过程中的无穷小量，有

$$\lim_{x \to 0} \frac{x^2}{3x} = 0, \quad \lim_{x \to 0} \frac{3x}{x} = 3, \quad \lim_{x \to 0} \frac{3x}{x^2} = \infty.$$

上述 3 种结果反映了不同的无穷小量趋近于零的快慢速度.

下面用记号"$\lim f(x)$"来表示自变量在 $x \to x_0$ 或 $x \to \infty$ 的变化过程中函数的极限.

定义 4　设 α 和 β 都是在自变量的同一变化过程中($x \to x_0$ 或 $x \to \infty$) 的无穷小量.

(1) 如果 $\lim \dfrac{\beta}{\alpha} = 0$，则称 β 是比 α **高阶的无穷小量**，记作 $\beta = o(\alpha)$；

(2) 如果 $\lim \dfrac{\beta}{\alpha} = \infty$，则称 β 是比 α **低阶的无穷小量**；

(3) 如果 $\lim \dfrac{\beta}{\alpha} = C (C \neq 0)$，则称 β 与 α 是**同阶无穷小量**，记作 $\beta = O(\alpha)$；

(4) 如果 $\lim \dfrac{\beta}{\alpha} = 1$，则称 β 与 α 是**等价无穷小量**，记作 $\beta \sim \alpha$；

(5) 如果 $\lim \dfrac{\beta}{\alpha^k} = C \neq 0 (k > 0)$，则称 β 是 α 的 k **阶无穷小量**，记作 $\beta = O(\alpha^k)$.

由定义 4 知,当 $x \to 0$ 时,x^2 是比 $3x$ 高阶的无穷小量,$3x$ 是比 x^2 低阶的无穷小量,$3x$ 与 x 是同阶无穷小量.

定理 6 β 与 α 是等价无穷小量的充要条件是 $\beta = \alpha + o(\alpha)$.

证 设 $\beta \sim \alpha$. 由 $\lim \dfrac{\beta}{\alpha} = 1$ 得

$$\lim \frac{\beta - \alpha}{\alpha} = \lim \left(\frac{\beta}{\alpha} - 1 \right) = 0,$$

因此 $\beta - \alpha$ 是比 α 高阶的无穷小量,即 $\beta - \alpha = o(\alpha)$. 故 $\beta = \alpha + o(\alpha)$.

反之,设 $\beta = \alpha + o(\alpha)$,则

$$\lim \frac{\beta}{\alpha} = \lim \frac{\alpha + o(\alpha)}{\alpha} = \lim \left(1 + \frac{o(\alpha)}{\alpha} \right) = 1.$$

故 $\beta \sim \alpha$.

定理 7 设 $\alpha \sim \alpha'$,$\beta \sim \beta'$,且 $\lim \dfrac{\beta'}{\alpha'}$ 存在,则

$$\lim \frac{\beta}{\alpha} = \lim \frac{\beta'}{\alpha'}.$$

证 $\lim \dfrac{\beta}{\alpha} = \lim \left(\dfrac{\beta}{\beta'} \cdot \dfrac{\beta'}{\alpha'} \cdot \dfrac{\alpha'}{\alpha} \right) = \lim \dfrac{\beta}{\beta'} \cdot \lim \dfrac{\beta'}{\alpha'} \cdot \lim \dfrac{\alpha'}{\alpha} = \lim \dfrac{\beta'}{\alpha'}$.

定理 7 表明,求两个无穷小量的乘积及商的极限时,分子及分母都可用相应的等价无穷小量来代替. 这在某些时候可使一些复杂极限的计算得以简化.

例 5

当 $x \to 0$ 时,试比较 $\dfrac{1}{1-x} - 1 - x$ 与 x^2 的阶的高低,并写出它们之间的关系式.

解 因为

$$\lim_{x \to 0} \frac{\dfrac{1}{1-x} - 1 - x}{x^2} = \lim_{x \to 0} \frac{x^2}{x^2(1-x)} = 1,$$

所以当 $x \to 0$ 时,$\dfrac{1}{1-x} - 1 - x$ 与 x^2 是等价无穷小量,即 $\dfrac{1}{1-x} - 1 - x \sim x^2$.

由定理 6 得,当 $x \to 0$ 时,有

$$\frac{1}{1-x} - 1 - x = x^2 + o(x^2).$$

例 6

求 $\lim\limits_{x \to 0} \dfrac{\dfrac{1}{1-x} - 1 - x}{2x^2 \cos x}$.

解 由例 5 知,当 $x \to 0$ 时,$\dfrac{1}{1-x} - 1 - x \sim x^2$,从而由定理 7 得

$$\lim_{x \to 0} \frac{\dfrac{1}{1-x} - 1 - x}{2x^2 \cos x} = \lim_{x \to 0} \frac{x^2}{2x^2 \cos x} = \frac{1}{2}.$$

1.下列函数在自变量怎样变化时是无穷大量或是无穷小量？

(1) $y = \dfrac{1}{(x-1)^2}$；

(2) $y = \tan x$；

(3) $y = e^{-x}$；

(4) $y = e^{-\frac{1}{x}}$；

(5) $y = \ln(x+2)$.

2.比较下列无穷小量的阶：

(1) 当 $x \to 0$ 时，$x^2 - x^3$ 与 $2x - x^2$；

(2) 当 $x \to 1$ 时，$1 - \sqrt[3]{x}$ 与 $1 - x$.

3.求下列函数的极限：

(1) $\lim\limits_{x \to \infty}(\sqrt{x^2 + x} - x)$；

(2) $\lim\limits_{x \to -\infty}(x^2 + x\sqrt{x^2+2})$；

(3) $\lim\limits_{x \to -1} \dfrac{x + x^3 + x^5 + x^7 + 4}{x+1}$；

(4) $\lim\limits_{x \to 1} \dfrac{x^{n+1} - (n+1)x + n}{(x-1)^2}$ （n 为正整数）.

4.已知极限 $\lim\limits_{x \to \infty}\left(\dfrac{x^2 + x + 1}{x - 1} - ax - b\right) = 0$，求常数 a, b 的值.

第四节　极限存在准则与两个重要极限

一、极限存在准则

准则 I　夹逼定理

定理1　　如果数列 $\{x_n\}, \{y_n\}$ 和 $\{z_n\}$ 满足下列条件：

(1) $y_n \leqslant x_n \leqslant z_n (n = 1, 2, \cdots)$,

(2) $\lim\limits_{n \to \infty} y_n = \lim\limits_{n \to \infty} z_n = A$,

那么数列 $\{x_n\}$ 的极限存在，且 $\lim\limits_{n \to \infty} x_n = A$.

证　因为 $\lim\limits_{n \to \infty} y_n = \lim\limits_{n \to \infty} z_n = A$，则 $\forall \varepsilon > 0$，$\exists$ 正整数 N_1，当 $n > N_1$ 时，有 $|y_n - A| < \varepsilon$. 对上述 ε，$\exists$ 正整数 N_2，当 $n > N_2$ 时，有 $|z_n - A| < \varepsilon$.

取 $N = \max\{N_1, N_2\}$，则当 $n > N$ 时，有
$$A - \varepsilon < y_n \leqslant x_n \leqslant z_n < A + \varepsilon,$$
即 $|x_n - A| < \varepsilon$. 所以
$$\lim\limits_{n \to \infty} x_n = A.$$

定理1可以推广到函数的情形.

定理2　　如果函数 $f(x), g(x)$ 和 $h(x)$ 对于点 x_0 的某去心邻域内（或 $|x| > X$）的一切 x 满足下列条件：

(1) $g(x) \leqslant f(x) \leqslant h(x)$,

(2) $\lim\limits_{\substack{x \to x_0 \\ (x \to \infty)}} g(x) = \lim\limits_{\substack{x \to x_0 \\ (x \to \infty)}} h(x) = A$,

那么函数 $f(x)$ 的极限存在，且 $\lim\limits_{\substack{x \to x_0 \\ (x \to \infty)}} f(x) = A$.

证明与定理 1 类似.

准则 Ⅱ 单调有界原理

定理 3 单调增加且有上界的数列必有极限;单调减少且有下界的数列必有极限.

证明从略.

例 1

求 $\lim\limits_{n\to\infty}\sqrt[n]{a_1^n+a_2^n+\cdots+a_k^n}$（这里 $a_1,a_2,\cdots,a_k$ 都是大于零的常数, k 是正整数）.

解 记 $a=\max\{a_1,a_2,\cdots,a_k\}$,则有

$$\sqrt[n]{a^n}\leqslant\sqrt[n]{a_1^n+a_2^n+\cdots+a_k^n}\leqslant\sqrt[n]{ka^n}=a\sqrt[n]{k}.$$

而 $\lim\limits_{n\to\infty}\sqrt[n]{k}=1,\lim\limits_{n\to\infty}\sqrt[n]{a^n}=a$,因此

$$\lim_{n\to\infty}\sqrt[n]{a_1^n+a_2^n+\cdots+a_k^n}=a=\max\{a_1,a_2,\cdots,a_k\}.$$

例 2

证明:数列 $\left\{\left(1+\dfrac{1}{n}\right)^n\right\}$ 的极限存在.

证 记 $x_n=\left(1+\dfrac{1}{n}\right)^n$.由二项公式得

$$x_n=C_n^0+C_n^1\frac{1}{n}+C_n^2\frac{1}{n^2}+C_n^3\frac{1}{n^3}+\cdots+C_n^n\frac{1}{n^n}$$

$$=1+1+\frac{1}{2!}\left(1-\frac{1}{n}\right)+\frac{1}{3!}\left(1-\frac{1}{n}\right)\left(1-\frac{2}{n}\right)+\cdots$$

$$+\frac{1}{n!}\left(1-\frac{1}{n}\right)\left(1-\frac{2}{n}\right)\cdots\left(1-\frac{n-1}{n}\right),$$

$$x_{n+1}=1+1+\frac{1}{2!}\left(1-\frac{1}{n+1}\right)+\frac{1}{3!}\left(1-\frac{1}{n+1}\right)\left(1-\frac{2}{n+1}\right)+\cdots$$

$$+\frac{1}{n!}\left(1-\frac{1}{n+1}\right)\left(1-\frac{2}{n+1}\right)\cdots\left(1-\frac{n-1}{n+1}\right)$$

$$+\frac{1}{(n+1)!}\left(1-\frac{1}{n+1}\right)\left(1-\frac{2}{n+1}\right)\cdots\left(1-\frac{n}{n+1}\right).$$

比较 x_n 与 x_{n+1} 后发现,除前两项外, x_n 的每一项都小于 x_{n+1} 的对应项,且 x_{n+1} 还多了一项大于零的最后一项,因此 $x_n<x_{n+1}$,即 $\{x_n\}$ 是一个单调增加的数列.

又因

$$x_n=1+1+\frac{1}{2!}\left(1-\frac{1}{n}\right)+\frac{1}{3!}\left(1-\frac{1}{n}\right)\left(1-\frac{2}{n}\right)+\cdots$$

$$+\frac{1}{n!}\left(1-\frac{1}{n}\right)\left(1-\frac{2}{n}\right)\cdots\left(1-\frac{n-1}{n}\right)$$

$$<1+1+\frac{1}{2!}+\frac{1}{3!}+\cdots+\frac{1}{n!}$$

$$<1+1+\frac{1}{2}+\frac{1}{2^2}+\cdots+\frac{1}{2^{n-1}}（注意到 n!\geqslant 2^{n-1}）$$

$$=1+\frac{1-\left(\frac{1}{2}\right)^n}{1-\frac{1}{2}}=3-\frac{1}{2^{n-1}}<3,$$

即数列 $\{x_n\}$ 有上界.

由准则 Ⅱ 知，数列 $\left\{\left(1+\dfrac{1}{n}\right)^n\right\}$ 是收敛的.

例 3

已知 $x_1 = \sqrt{2}$，$x_{n+1} = \sqrt{2+x_n}\,(n=1,2,\cdots)$，求 $\lim\limits_{n\to\infty} x_n$.

解 已知 $x_1 = \sqrt{2} < 2$，设 $n = k$ 时，$x_k < 2$，于是
$$x_{k+1} = \sqrt{2+x_k} < \sqrt{2+2} = 2.$$

由数学归纳法知，$x_n < 2\,(n=1,2,\cdots)$.

又因
$$x_{n+1} - x_n = \sqrt{2+x_n} - x_n = \frac{(2-x_n)(1+x_n)}{\sqrt{2+x_n}+x_n} > 0,$$

即 $x_{n+1} > x_n$，故 $\lim\limits_{n\to\infty} x_n$ 存在.

设 $\lim\limits_{n\to\infty} x_n = A$，则由 $x_{n+1} = \sqrt{2+x_n}$ 得 $A = \sqrt{2+A}$，从而
$$A_1 = 2, \quad A_2 = -1(\text{舍去}).$$

故 $\lim\limits_{n\to\infty} x_n = 2$.

二、两个重要极限

1. $\lim\limits_{x\to 0} \dfrac{\sin x}{x} = 1$

函数 $\dfrac{\sin x}{x}$ 对 $x \neq 0$ 的一切 x 都有定义，又 $\dfrac{\sin(-x)}{-x} = \dfrac{\sin x}{x}$，故只需讨论 $x > 0$ 的情况.

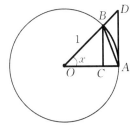

图 2-3

在图 2-3 所示的单位圆中，$\angle AOB = x\left(0 < x < \dfrac{\pi}{2}\right)$，点 A 处的切线交 OB 的延长线于点 D，$BC \perp OA$，则
$$BC = \sin x, \quad AD = \tan x.$$

易见，$\triangle AOB$ 的面积 $<$ 扇形 AOB 的面积 $<$ $\triangle AOD$ 的面积，所以
$$\frac{1}{2} \cdot 1 \cdot \sin x < \frac{1}{2} \cdot 1 \cdot x < \frac{1}{2} \cdot 1 \cdot \tan x.$$

由于当 $0 < x < \dfrac{\pi}{2}$ 时，有 $\sin x > 0$，于是
$$1 < \frac{x}{\sin x} < \frac{1}{\cos x},$$

从而
$$\cos x < \frac{\sin x}{x} < 1.$$

由夹逼准则得
$$\lim_{x\to 0} \frac{\sin x}{x} = 1.$$

2. $\lim\limits_{x\to\infty} \left(1+\dfrac{1}{x}\right)^x = e$

由例 2 可知，数列 $\left\{\left(1+\dfrac{1}{n}\right)^n\right\}$ 的极限存在，通常用 e 来表示，即

$$\lim_{n\to\infty}\left(1+\frac{1}{n}\right)^n = \mathrm{e}.$$

可以证明,当 $x\to-\infty$ 或 $x\to+\infty$ 时,函数 $\left(1+\frac{1}{x}\right)^x$ 的极限都存在且等于 e,即

$$\lim_{x\to\infty}\left(1+\frac{1}{x}\right)^x = \mathrm{e}.$$

这里 $\mathrm{e} = 2.718\,281\,828\cdots$.

对于重要极限 $\lim\limits_{x\to\infty}\left(1+\frac{1}{x}\right)^x = \mathrm{e}$,如果令 $t = \frac{1}{x}$,则当 $x\to\infty$ 时,$t\to 0$,于是可得这个重要极限的另外一种形式

$$\lim_{t\to 0}(1+t)^{\frac{1}{t}} = \mathrm{e}.$$

在运用两个重要极限时,可将自变量 x 换成任意函数:第一个重要极限,自变量 x 换成无穷小量 $\varphi(x)$,第二个重要极限,自变量 x 换成无穷大量 $g(x)$,有

$$\lim_{\varphi(x)\to 0}\frac{\sin\varphi(x)}{\varphi(x)} = 1, \qquad \lim_{g(x)\to\infty}\left(1+\frac{1}{g(x)}\right)^{g(x)} = \mathrm{e}.$$

例 4

试问:当 $x\to 0$ 时,$1-\cos x$ 是 x 的多少阶无穷小量?

解 因为

$$\lim_{x\to 0}\frac{1-\cos x}{x^2} = \lim_{x\to 0}\frac{2\sin^2\frac{x}{2}}{x^2} = \frac{1}{2}\lim_{x\to 0}\frac{\left(\sin\frac{x}{2}\right)^2}{\left(\frac{x}{2}\right)^2} = \frac{1}{2}\lim_{x\to 0}\left(\frac{\sin\frac{x}{2}}{\frac{x}{2}}\right)^2 = \frac{1}{2},$$

所以当 $x\to 0$ 时,$1-\cos x$ 是 x 的二阶无穷小量.

例 5

求 $\lim\limits_{x\to 0}\dfrac{\arctan x}{x}$.

解 令 $\arctan x = y$,则 $x = \tan y$,且当 $x\to 0$ 时,$y\to 0$,于是

$$\lim_{x\to 0}\frac{\arctan x}{x} = \lim_{y\to 0}\frac{y}{\tan y} = \lim_{y\to 0}\frac{y\cos y}{\sin y} = \frac{\lim\limits_{y\to 0}\cos y}{\lim\limits_{y\to 0}\dfrac{\sin y}{y}} = 1.$$

例 6

求 $\lim\limits_{x\to 0}\sqrt[x]{1-2x}$.

解 $\lim\limits_{x\to 0}\sqrt[x]{1-2x} = \lim\limits_{x\to 0}\left\{\left[1+(-2x)\right]^{\frac{1}{x}}\right\} = \lim\limits_{x\to 0}\left\{\left[1+(-2x)\right]^{\frac{1}{-2x}}\right\}^{-2} = \mathrm{e}^{-2}.$

例 7

用第二个重要极限解析连续复利问题.

设 A 为本金,年利率为 r,则一年后的本利和为 $A(1+r)$.假设一年计息 n 期,则每期利率为 $\frac{r}{n}$,一年后的本利和为 $A_0\left(1+\frac{r}{n}\right)^n$,$t$ 年后的本利和为 $A_0\left(1+\frac{r}{n}\right)^{nt}$.

连续复利就是计息的时间间隔任意小（瞬时计息），前期的利息纳入本期的本金进行重复计息，即 $n \to \infty$. 于是，按连续复利计息，t 年后的本利和为

$$\lim_{n \to \infty} A_0 \left(1 + \frac{r}{n}\right)^{nt} = A_0 \lim_{n \to \infty} \left(1 + \frac{r}{n}\right)^{nt} = A_0 \mathrm{e}^{rt}.$$

设 A_0 为初始本金（称为现在值），年利率为 r，按连续复利计息，t 年后的本利和记作 A_t（称为未来值）.

已知现在值 A_0，求未来值 A_t，有复利公式 $A_t = A_0 \mathrm{e}^{rt}$.

已知未来值 A_t，求现在值 A_0，有贴现公式 $A_0 = A_t \mathrm{e}^{-rt}$.

在贴现公式中，年利率 r 称为**贴现率**.

习题 2.4

1. 证明：$\lim\limits_{n \to \infty} \dfrac{n!}{n^n} = 0$.

2. 设数列 $\{x_n\}$ 满足 $0 < x_1 < \dfrac{1}{2}$，$x_{n+1} = x_n(1 - 2x_n)(n = 1, 2, \cdots)$，证明：

$$\lim_{n \to \infty} x_n = 0.$$

3. 利用夹逼定理，求下列极限：

(1) $\lim\limits_{n \to \infty} \left(\dfrac{1}{\sqrt{n^2 + 1}} + \dfrac{1}{\sqrt{n^2 + 2}} + \cdots + \dfrac{1}{\sqrt{n^2 + n}}\right)$；

(2) $\lim\limits_{n \to \infty} \sqrt[n]{1 + x^n} \quad (x \geqslant 0)$.

4. 求下列函数的极限：

(1) $\lim\limits_{x \to 0} \dfrac{\sin 4x}{\sin 2x}$；

(2) $\lim\limits_{x \to 0} (x \cot 2x)$；

(3) $\lim\limits_{x \to 0} \dfrac{x}{\arcsin 3x}$；

(4) $\lim\limits_{x \to \infty} \left(x \sin \dfrac{2}{x}\right)$；

(5) $\lim\limits_{x \to \pi} \dfrac{\pi - x}{\sin x}$；

(6) $\lim\limits_{x \to 0^+} \dfrac{1 - \cos x}{x}$；

(7) $\lim\limits_{x \to 0} \dfrac{\tan x - \sin x}{x^3}$；

(8) $\lim\limits_{x \to \frac{\pi}{2}} (1 + \cos x)^{4 \sec x}$；

(9) $\lim\limits_{x \to \infty} \left(\dfrac{x^2}{x^2 - 1}\right)^{x^2}$；

(10) $\lim\limits_{x \to \infty} \left(\dfrac{x^2 - 1}{x^2 + 1}\right)^{\frac{x+1}{x-1}}$.

5. 某保险公司开展养老保险业务，当存入 R_0 元时，t 年后可得养老金（单位：元）$R(t) = R_0 \mathrm{e}^{at}(a > 0)$. 设银行存款的年利率为 r，按连续复利计息，t 年后的养老金现在价值是多少？

6. 设有一定量的酒，若现在（$t = 0$）出售，售价为 A 元，若储藏一段时期（不计储藏费），可高价出售. 已知酒的未来售价 y 是时间 t 的函数，即 $y = A \mathrm{e}^{\sqrt{t}}$. 又设资金的贴现率为 r，按连续复利计息，求销售收益的现在值.

第五节　函数的连续性

一、函数的连续性

在实际问题中，许多变量的变化是连续不断的. 例如变化着的气温，当时间的改变很微小时，

气温的变化也很微小. 这就是变量的连续性.

1. 变量的增量

设有变量 u. u 从初值 u_0 变到终值 u_1, 称终值与初值的差 $u_1 - u_0$ 为变量 u 在 u_0 处的**增量**, 记作 Δu, 即

$$\Delta u = u_1 - u_0.$$

增量 Δu 可以是正的, 也可以是负的, 还可以是零.

设函数 $y = f(x)$ 在点 x_0 的某个邻域内有定义, 当自变量 x 在该邻域内从 x_0 变到 $x_0 + \Delta x$ 时, 因变量 y 相应地从 $f(x_0)$ 变到 $f(x_0 + \Delta x)$, 于是 y 的增量为

$$\Delta y = f(x_0 + \Delta x) - f(x_0).$$

2. 函数 $y = f(x)$ 在点 x_0 处的连续性

定义 1 设函数 $y = f(x)$ 在点 x_0 的某个邻域内有定义. 如果

$$\lim_{\Delta x \to 0} \Delta y = 0,$$

则称函数 $y = f(x)$ **在点 x_0 处连续**, 点 x_0 称为函数 $f(x)$ 的**连续点**.

令 $x = x_0 + \Delta x$. 当 $\Delta x \to 0$ 时, 有 $x \to x_0$, 于是由

$$\lim_{\Delta x \to 0} \Delta y = \lim_{\Delta x \to 0} (f(x_0 + \Delta x) - f(x_0)) = \lim_{x \to x_0} (f(x) - f(x_0)) = \lim_{x \to x_0} f(x) - f(x_0) = 0,$$

得 $\lim_{x \to x_0} f(x) = f(x_0)$.

定义 2 设函数 $y = f(x)$ 在点 x_0 的某个邻域内有定义. 如果函数 $f(x)$ 在点 x_0 处的极限存在, 且等于该函数在点 x_0 处的函数值 $f(x_0)$, 即

$$\lim_{x \to x_0} f(x) = f(x_0),$$

则称函数 $f(x)$ **在点 x_0 处连续**.

因为 $\lim_{x \to x_0} x = x_0$, 所以当 $f(x)$ 在点 x_0 处连续时, 有

$$\lim_{x \to x_0} f(x) = f(\lim_{x \to x_0} x).$$

由上述定义可知, 如果函数 $f(x)$ 在点 x_0 处连续, 那么求函数 $f(x)$ 在点 x_0 处的极限时, 极限符号与函数符号可以交换位置, 求函数 $f(x)$ 在点 x_0 处的极限即是求函数在该点处的函数值.

3. 函数 $y = f(x)$ 在区间内的连续性

如果函数 $f(x)$ 在开区间 (a, b) 内每一点都连续, 则称**函数 $f(x)$ 在开区间 (a, b) 内连续**, 记为 $f(x) \in C((a, b))$.

如果 $\lim_{x \to x_0^-} f(x) = f(x_0)$, 则称函数 $f(x)$ 在点 x_0 处**左连续**;

如果 $\lim_{x \to x_0^+} f(x) = f(x_0)$, 则称函数 $f(x)$ 在点 x_0 处**右连续**.

如果函数 $f(x)$ 在开区间 (a, b) 内连续, 且在左端点 a 处右连续, 在右端点 b 处左连续, 则称**函数 $f(x)$ 在闭区间 $[a, b]$ 上连续**, 记为 $f(x) \in C([a, b])$.

例 1

证明: 函数 $y = \sin x$ 在区间 $(-\infty, +\infty)$ 上是连续的.

证 $\forall x_0 \in (-\infty, +\infty)$, 设自变量 x 在点 x_0 处的增量为 Δx, 则 y 有增量 Δy, 且

$$\Delta y = \sin(x_0 + \Delta x) - \sin x_0 = 2\sin \frac{\Delta x}{2} \cdot \cos\left(x_0 + \frac{\Delta x}{2}\right).$$

由于 $\lim\limits_{\Delta x \to 0} \sin \dfrac{\Delta x}{2} = 0$，$\left| \cos \left(x_0 + \dfrac{\Delta x}{2} \right) \right| \leqslant 1$，则有

$$\lim_{\Delta x \to 0} \Delta y = 0,$$

即函数 $y = \sin x$ 在点 x_0 处连续．又因 x_0 的任意性，故函数 $y = \sin x$ 在区间 $(-\infty, +\infty)$ 上是连续的．

类似地，可以证明函数 $y = \cos x$ 在区间 $(-\infty, +\infty)$ 上是连续的．

二、函数的间断点

如果函数 $f(x)$ 在点 x_0 处不连续，则称点 x_0 为函数 $f(x)$ 的**间断点**．通常将间断点分成两类：左极限与右极限都存在的间断点称为**第一类间断点**；不是第一类间断点的任何间断点都称为**第二类间断点**．

在第一类间断点中，左极限与右极限相等者称为**可去间断点**；左极限与右极限不相等者称为**跳跃间断点**．

例 2

讨论下列函数在指定点处的间断性：

(1) $f(x) = \dfrac{x^2 - 1}{x - 1}$，在点 $x = 1$ 处；

(2) $f(x) = \dfrac{|x|}{x}$，在点 $x = 0$ 处；

(3) $f(x) = \tan x$，在点 $x = \dfrac{\pi}{2}$ 处；

(4) $f(x) = \sin \dfrac{1}{x}$，在点 $x = 0$ 处．

解 （1）因为函数 $f(x)$ 在点 $x = 1$ 处无定义，所以函数 $f(x)$ 在点 $x = 1$ 处不连续，即点 $x = 1$ 是间断点．又因 $\lim\limits_{x \to 1} \dfrac{x^2 - 1}{x - 1} = 2$，故点 $x = 1$ 是可去间断点．

如果在点 $x = 1$ 处补充函数定义，则可得另一个函数

$$g(x) = \begin{cases} \dfrac{x^2 - 1}{x - 1}, & x \neq 1, \\ 2, & x = 1. \end{cases}$$

易见，函数 $g(x)$ 在点 $x = 1$ 处是连续的．

（2）因为函数 $f(x)$ 在点 $x = 0$ 处无定义，所以函数 $f(x)$ 在点 $x = 0$ 处间断．又因

$$\lim_{x \to 0^-} \frac{|x|}{x} = \lim_{x \to 0^-} \frac{-x}{x} = -1, \quad \lim_{x \to 0^+} \frac{|x|}{x} = \lim_{x \to 0^+} \frac{x}{x} = 1,$$

故点 $x = 0$ 是跳跃间断点．

（3）由于函数 $f(x)$ 在点 $x = \dfrac{\pi}{2}$ 处无定义，因此点 $x = \dfrac{\pi}{2}$ 是它的间断点．又因为 $\lim\limits_{x \to \frac{\pi}{2}} \tan x = \infty$，所以点 $x = \dfrac{\pi}{2}$ 是第二类间断点．此种第二类间断点称为**无穷间断点**．

（4）因为函数 $f(x)$ 在点 $x = 0$ 处无定义，所以点 $x = 0$ 是它的间断点．又因为当 $x \to 0$ 时，$\sin \dfrac{1}{x}$ 的值在 -1 与 1 之间无限变动，即 $\lim\limits_{x \to 0} \sin \dfrac{1}{x}$ 不存在，所以点 $x = 0$ 是第二类间断点．此种第二

类间断点称为**振荡间断点**.

三、连续函数的运算

1. 函数的和、差、积、商的连续性

由连续函数的定义和极限的运算法则,可得连续函数的下列运算法则.

定理 1 若函数 $f(x),g(x)$ 都在点 x_0 处连续,则 $f(x) \pm g(x),f(x) \cdot g(x)$ 及 $\dfrac{f(x)}{g(x)}(g(x_0) \neq 0)$ 都在点 x_0 处连续.

证明从略.

由例 1 知,$\sin x$ 和 $\cos x$ 都在区间 $(-\infty, +\infty)$ 上连续,由定理 1 可得 $\tan x$ 及 $\cot x$ 在它们的定义域内连续.

2. 反函数与复合函数的连续性

定理 2 如果函数 $y = f(x)$ 在区间 I_x 上单调增加(或单调减少)且连续,则它的反函数 $x = \varphi(y)$ 也在对应的区间 $I_y = \{y \mid y = f(x), x \in I_x\}$ 上单调增加(或单调减少)且连续.

证明从略.

因为函数 $y = \sin x$ 在闭区间 $\left[-\dfrac{\pi}{2}, \dfrac{\pi}{2}\right]$ 上单调增加且连续,所以它的反函数 $y = \arcsin x$ 在闭区间 $[-1,1]$ 上也单调增加且连续.

类似地,函数 $y = \arccos x$ 在闭区间 $[-1,1]$ 上单调减少且连续;函数 $y = \arctan x$ 在区间 $(-\infty, +\infty)$ 上单调增加且连续;函数 $y = \text{arccot} \, x$ 在区间 $(-\infty, +\infty)$ 上单调减少且连续.

定理 3 如果函数 $u = g(x)$ 在点 x_0 处连续且 $u_0 = g(x_0)$,而函数 $y = f(u)$ 在点 u_0 处连续,那么复合函数 $y = f(g(x))$ 在点 x_0 处连续.

证明从略.

对于复合函数的极限,定理 3 中的条件可变弱些,以下给出定理 4.

定理 4 如果 $\lim\limits_{x \to x_0} g(x) = A$,且 $y = f(u)$ 在点 $u = A$ 处连续,则

$$\lim_{x \to x_0} f(g(x)) = f(A).$$

证明从略.

在定理 4 的条件下,求复合函数 $f(g(x))$ 的极限时,函数符号 f 与极限符号 $\lim$ 可以交换位置,即

$$\lim_{x \to x_0} f(g(x)) = f\left(\lim_{x \to x_0} g(x)\right).$$

例 3

求 $\lim\limits_{x \to 3} \sin \dfrac{x-3}{x^2-9}$.

解 函数 $y = \sin \dfrac{x-3}{x^2-9}$ 是由函数 $y = \sin u, u = \dfrac{x-3}{x^2-9}$ 复合而成的. 因 $\lim\limits_{x \to 3} \dfrac{x-3}{x^2-9} = \dfrac{1}{6}$,$y = \sin u$ 在点 $u = \dfrac{1}{6}$ 处连续,故

$$\lim_{x \to 3} \sin \frac{x-3}{x^2-9} = \sin\left(\lim_{x \to 3} \frac{x-3}{x^2-9}\right) = \sin \frac{1}{6}.$$

四、初等函数的连续性

由函数极限的定义及函数的连续性可得，**基本初等函数在其定义域内连续**.

根据初等函数的定义以及基本初等函数的连续性与定理 1,2,3 可得，**一切初等函数在其定义区间内是连续的**.

由初等函数的连续性知，如果 $f(x)$ 是初等函数，且 x_0 是函数 $f(x)$ 的定义区间内的点，则求函数 $f(x)$ 在点 x_0 处的极限就是求 $f(x)$ 在点 x_0 处的函数值.

例 4

求 $\lim\limits_{x \to \infty}\left(\dfrac{3x^2+1}{3x^2-4}\right)^{x^2}$.

解　$\lim\limits_{x \to \infty}\left(\dfrac{3x^2+1}{3x^2-4}\right)^{x^2} = \lim\limits_{x \to \infty}\left(\dfrac{3x^2-4+5}{3x^2-4}\right)^{x^2} = \lim\limits_{x \to \infty}\left[\left(1+\dfrac{5}{3x^2-4}\right)^{\frac{3x^2-4}{5}}\right]^{\frac{5x^2}{3x^2-4}}$

$= \mathrm{e}^{\lim\limits_{x \to \infty}\frac{5x^2}{3x^2-4}} = \mathrm{e}^{\frac{5}{3}}$.

例 5

求 $\lim\limits_{x \to 0}\dfrac{x}{2^x-1}$.

解　令 $2^x-1=t$，则 $x=\log_2(1+t)$，且当 $x \to 0$ 时，$t \to 0$. 于是

$$\lim\limits_{x \to 0}\dfrac{x}{2^x-1} = \lim\limits_{t \to 0}\dfrac{\log_2(1+t)}{t} = \log_2\left(\lim\limits_{t \to 0}(1+t)^{\frac{1}{t}}\right) = \log_2 \mathrm{e}.$$

例 6

求 $\lim\limits_{x \to 0}\dfrac{\ln(1+x)}{x}$.

解　$\lim\limits_{x \to 0}\dfrac{\ln(1+x)}{x} = \lim\limits_{x \to 0}\ln(1+x)^{\frac{1}{x}} = \ln\left(\lim\limits_{x \to 0}(1+x)^{\frac{1}{x}}\right) = \ln \mathrm{e} = 1$.

例 7

求 $\lim\limits_{x \to 0}\dfrac{\mathrm{e}^x-1}{x}$.

解　令 $\mathrm{e}^x-1=y$，则

$$\lim\limits_{x \to 0}\dfrac{\mathrm{e}^x-1}{x} = \lim\limits_{y \to 0}\dfrac{y}{\ln(1+y)} = \lim\limits_{y \to 0}\dfrac{1}{\ln(1+y)^{\frac{1}{y}}} = \dfrac{1}{\ln \mathrm{e}} = 1.$$

当 $x \to 0$ 时，$\sin x \sim x$，$\tan x \sim x$，$\arctan x \sim x$，$\arcsin x \sim x$，$1-\cos x \sim \dfrac{1}{2}x^2$，$\ln(1+x) \sim x$，

$\mathrm{e}^x-1 \sim x$，$\sqrt[n]{1+x}-1 \sim \dfrac{x}{n}$ $(n=2,3,\cdots)$.

例 8

求 $\lim\limits_{x \to 0}\dfrac{\tan x-\sin x}{\ln(1+x^3)}$.

解　$\lim\limits_{x \to 0}\dfrac{\tan x-\sin x}{\ln(1+x^3)} = \lim\limits_{x \to 0}\dfrac{\tan x(1-\cos x)}{x^3} = \lim\limits_{x \to 0}\dfrac{x \cdot \dfrac{x^2}{2}}{x^3} = \dfrac{1}{2}$.

1.讨论下列函数在指定点处的连续性.若不连续,试指出是哪一类间断点:

(1) $f(x) = \begin{cases} \dfrac{\sin x}{x}, & x \neq 0, \\ 0, & x = 0, \end{cases}$ 在点 $x = 0$ 处;

(2) $f(x) = \dfrac{|x-2|}{x-2}$,在点 $x = 2$ 处;

(3) $f(x) = e^{-\frac{1}{x^2}}$,在点 $x = 0$ 处;

(4) $f(x) = 3^{\frac{1}{x-1}}$,在点 $x = 1$ 处;

(5) $f(x) = \dfrac{2^{\frac{1}{x}} - 1}{2^{\frac{1}{x}} + 1}$,在点 $x = 0$ 处;

(6) $f(x) = \arctan \dfrac{1}{x}$,在点 $x = 0$ 处.

2.求函数

$$f(x) = \frac{x^3 + 3x^2 - x - 3}{x^2 + x - 6}$$

的连续区间,并求 $\lim\limits_{x \to -3} f(x)$ 及 $\lim\limits_{x \to 2} f(x)$.

3.求下列极限:

(1) $\lim\limits_{x \to 0} \dfrac{\sqrt[m]{(1+x)^n} - 1}{x}$;

(2) $\lim\limits_{x \to 0} \arccos \dfrac{\sqrt{1+x} - 1}{\sin x}$;

(3) $\lim\limits_{x \to a} \tan \dfrac{\pi x}{2a} \ln \left(2 - \dfrac{x}{a}\right)$;

(4) $\lim\limits_{x \to \infty} x(\sqrt{x^2 + 3} - \sqrt{x^2 - 3})$.

4.试确定 a, b 的值,使得函数 $f(x) = \dfrac{e^x - b}{(x-a)(x-1)}$ 有无穷间断点 $x = 0$,或有可去间断点 $x = 1$.

第六节 闭区间上连续函数的性质

闭区间上的连续函数具有下列几个重要性质.

一、最大值和最小值定理

定理1 若函数 $f(x)$ 在闭区间 $[a,b]$ 上连续,则至少存在一点 $\xi_1 \in [a,b]$,使得 $f(\xi_1) \geqslant f(x)$,即 $f(\xi_1)$ 是 $f(x)$ 在 $[a,b]$ 上的最大值,且至少存在一点 $\xi_2 \in [a,b]$,使得 $f(\xi_2) \leqslant f(x)$,即 $f(\xi_2)$ 是 $f(x)$ 在 $[a,b]$ 上的最小值 (见图 2-4).

证明从略.

定理1也可简要叙述为:闭区间上的连续函数必在该区间上有最大值和最小值.

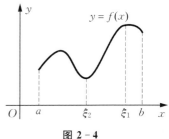

图 2-4

如果函数在开区间 (a,b) 内连续,或在闭区间 $[a,b]$ 上有间断点,那么函数在该区间上就不一定有最大值或最小值.例如,函数 $y = x$ 在开区间 (a,b) 内是连续的,但它在开区间 (a,b) 内既无最大值,也无最小值.

定理 2　若函数 $f(x)$ 在闭区间 $[a,b]$ 上连续,则 $f(x)$ 在 $[a,b]$ 上必有界.

证　由定理 1 知,函数 $f(x)$ 在闭区间 $[a,b]$ 上必有最大值 M 及最小值 m,即 $m \leqslant f(x) \leqslant M$, $x \in [a,b]$,因此, $f(x)$ 在 $[a,b]$ 上有界.

二、介值定理

如果存在点 x_0,使得 $f(x_0) = 0$,则称点 x_0 为函数 $f(x)$ 的**零点**.

定理 3（零点存在定理）　设函数 $f(x)$ 在闭区间 $[a,b]$ 上连续,且 $f(a)$ 与 $f(b)$ 异号,则至少存在一点 $\xi \in (a,b)$,使得

$$f(\xi) = 0.$$

证明从略.

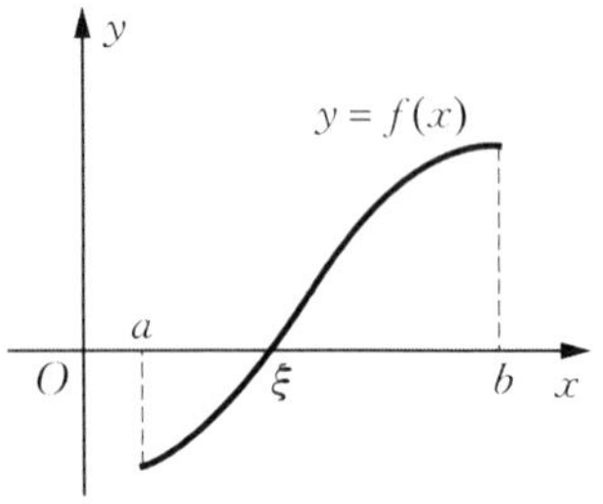

定理 3 表明,如果连续曲线弧 $y = f(x)$ 的两个端点位在 x 轴的不同侧,那么这段曲线弧与 x 轴至少有一个交点(见图 2-5).

定理 3 常用来判别方程 $f(x) = 0$ 在某区间内是否有根.

定理 4（介值定理）　设函数 $f(x)$ 在闭区间 $[a,b]$ 上连续,且 $f(a) = A, f(b) = B$,则对于 A 与 B 之间的任意一个数 C,至少存在一点 $\xi \in (a,b)$,使得

$$f(\xi) = C.$$

图 2-5

证　令 $g(x) = f(x) - C$,则函数 $g(x)$ 在闭区间 $[a,b]$ 上连续.因为 C 是介于 A 与 B 之间的数,所以 $g(a)$ 与 $g(b)$ 异号.由零点存在定理知,至少存在一点 $\xi \in (a,b)$,使得

$$g(\xi) = 0,$$

即 $f(\xi) = C.$

定理 4 表明,连续曲线弧 $y = f(x)$ 与水平直线 $y = C$ 至少相交于一点(见图 2-6).

推论 1　闭区间上的连续函数必取得介于最大值 M 与最小值 m 之间包含 M 与 m 的任何值.

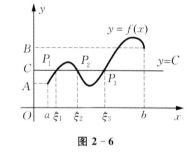

图 2-6

例 1

证明:方程 $x^3 - 4x^2 + 1 = 0$ 在区间 $(0,1)$ 内至少有一个根.

证　令 $f(x) = x^3 - 4x^2 + 1$.因为函数 $f(x)$ 在闭区间 $[0,1]$ 上连续,且

$$f(0) = 1 > 0, \quad f(1) = -2 < 0,$$

所以由零点存在定理知,至少存在一点 $x_0 \in (0,1)$,使得

$$f(x_0) = 0,$$

即方程 $x^3 - 4x^2 + 1 = 0$ 在区间 $(0,1)$ 内至少有一个根.

习题 2.6

1. 设函数 $f(x)$ 在闭区间 $[0,1]$ 上连续,且 $f(1) = 0, f\left(\frac{1}{2}\right) = 1$,试证:存在 $\xi \in \left(\frac{1}{2}, 1\right)$,使得 $f(\xi) = \xi$.

2. 证明:方程 $x^5 - 3x = 1$ 至少有一个根介于 1 和 2 之间.

3. 证明:方程 $x = a\sin x + b(a > 0, b > 0)$ 至少有一个正根,并且它不超过 $a + b$.

4. 证明:若函数 $f(x)$ 在区间 $(-\infty, +\infty)$ 上连续,且 $\lim\limits_{x \to \infty} f(x)$ 存在,则函数 $f(x)$ 必在区间 $(-\infty, +\infty)$ 上有界.

综合习题二

1.用极限的定义证明:$\lim\limits_{x \to 3} \dfrac{x^2 - x - 6}{x - 3} = 5$.

2.设函数

$$f(x) = \begin{cases} x\sin\dfrac{1}{x}, & x > 0, \\ a + x^2, & x \leqslant 0. \end{cases}$$

要使函数 $f(x)$ 在区间 $(-\infty, +\infty)$ 上连续,求常数 a 的值.

3.设函数

$$f(x) = \begin{cases} \mathrm{e}^{\frac{1}{x-1}}, & x > 0, \\ \ln(1 + x), & -1 < x \leqslant 0, \end{cases}$$

求 $\lim\limits_{x \to 0} f(x)$.

4.求下列极限:

(1) $\lim\limits_{x \to \infty} \left(\dfrac{2x + 3}{2x + 1} \right)^{x+1}$;

(2) $\lim\limits_{x \to 0} \dfrac{\tan x - \sin x}{x^2 \sin x}$;

(3) $\lim\limits_{x \to 0} \dfrac{\sqrt{1 - \cos x}}{\tan x}$;

(4) $\lim\limits_{x \to 0} \dfrac{1 - \cos(1 - \cos 2x)}{x^4}$;

(5) $\lim\limits_{x \to \frac{\pi}{4}} \left(\tan 2x \cdot \tan\left(\dfrac{\pi}{4} - x \right) \right)$;

(6) $\lim\limits_{n \to \infty} \sqrt[n]{1^n + 2^n + 3^n + 4^n}$;

(7) $\lim\limits_{n \to \infty} \left(\dfrac{1}{n^2 + n + 1} + \dfrac{2}{n^2 + n + 2} + \cdots + \dfrac{n}{n^2 + n + n} \right)$.

5.设 $x_1 = 10, x_{n+1} = \sqrt{6 + x_n}\,(n = 1, 2, \cdots)$,试证数列 $\{x_n\}$ 的极限存在,并求此极限.

6.设 $\lim\limits_{x \to \infty} \left(\dfrac{x + 2a}{x - a} \right)^x = 8$,求常数 a 的值.

7.已知 $\lim\limits_{x \to \infty} \left[\dfrac{x^2 + 1}{x + 1} - (ax + b) \right] = 0$,求常数 a 和 b 的值.

8.当 $x \to 0$ 时,无穷小量 $\sqrt{a + x^3} - \sqrt{a}\,(a > 0)$ 是 x 的多少阶无穷小量?

9.设函数 $f(x)$ 在点 $x = 0$ 处连续,且 $f(0) = 0$.已知 $|g(x)| \leqslant |f(x)|$,试证:函数 $g(x)$ 在点 $x = 0$ 处也连续.

10.证明:奇次多项式

$$P(x) = a_0 x^{2n+1} + a_1 x^{2n} + \cdots + a_{2n+1} \quad (a_0 \neq 0)$$

至少存在一个实根.

11.设 $f(x) = \lim\limits_{n \to \infty} \dfrac{x^{2n-1} + ax^2 + bx}{x^{2n} + 1}$ 为连续函数,试确定常数 a 和 b 的值.

12.证明:方程 $x^3 - 9x - 1 = 0$ 恰有三个实根.

13.说明函数 $f(x) = x\cos x$ 在区间 $(-\infty, +\infty)$ 上无界,且当 $x \to \infty$ 时,$f(x)$ 不是无穷大量.

第 三 章

函数的导数与微分

微分学是微积分的重要组成部分,它的基本概念是导数与微分,其中导数反映了函数相对于自变量的变化快慢的程度,而微分则给出了当自变量有微小变化时,函数值变化的近似值.本章主要讨论函数的导数与微分的概念以及它们的计算方法.

第一节　导数的概念

一、引例

首先讨论速度问题和切线斜率问题.

1. 瞬时速度

设某质点沿直线做变速运动,其**路程函数**(或称**运动方程**)为 $s = s(t)$,求该质点在 t_0 时刻的速度 $v(t_0)$.

由物理学知识知,质点做匀速直线运动时,质点在任何相等时间内的位移都相等,位移与时间的比值为匀速直线运动的速度.如果质点做非匀速直线运动,那么在相等时间内质点的位移不一定相等.

设质点在 t_0 时刻的位置为 $s(t_0)$,当 t 从 t_0 变到 $t_0 + \Delta t$ 时,质点运动到位置 $s(t_0 + \Delta t)$,在时间间隔 Δt 内质点的位移为 $\Delta s = s(t_0 + \Delta t) - s(t_0)$,平均速度为

$$\bar{v} = \frac{\Delta s}{\Delta t}.$$

如果所考虑的时间间隔 Δt 很小,在此时间间隔内速度变化很小,则质点的运动就可以近似看作匀速运动,且 Δt 越小,平均速度 $\bar{v}$ 就越能反映质点在 t_0 时刻的速度(称其为**瞬时速度**).当 $\Delta t \to 0$ 时,$\bar{v}$ 就无限接近 t_0 时刻的速度,即

$$v(t_0) = \lim_{\Delta t \to 0} \bar{v} = \lim_{\Delta t \to 0} \frac{\Delta s}{\Delta t}.$$

也就是说,质点做变速直线运动的瞬时速度是路程函数的增量与时间增量之比的极限.

2. 曲线的切线斜率

设曲线 L 是函数 $y = f(x)$ 的图形.已知 $M(x_0, f(x_0))$ 是曲线 L 上的一点,在点 M 外另取曲线 L 上一点 $N(x_0 + \Delta x, y_0 + \Delta y)$(见图 3-1),于是割线 MN 的斜率为

$$\tan \theta = \frac{\Delta y}{\Delta x} = \frac{f(x_0 + \Delta x) - f(x_0)}{\Delta x},$$

其中 θ 为割线 MN 的倾斜角.

当点 N 沿着曲线 L 趋向于点 $M(\Delta x \to 0)$ 时,割线 MN 绕点 M 转动趋向于极限位置 MT,称直线 MT 为曲线 L 在点 M 处的**切线**,切线 MT 的倾斜角为 α. 当 $\Delta x \to 0$ 时,有 $\theta \to \alpha$,从而 $\tan\theta \to \tan\alpha$. 如果极限 $\lim\limits_{\Delta x \to 0} \dfrac{\Delta y}{\Delta x}$ 存在,设为 k,即

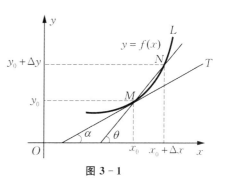

图 3-1

$$k = \tan\alpha = \lim_{\theta \to \alpha}\tan\theta = \lim_{\Delta x \to 0}\frac{\Delta y}{\Delta x},$$

那么切线斜率 k 就是割线斜率的极限.

二、导数的定义

在很多实际问题中需要讨论各种具有不同意义的变量的变化"快慢"问题,在数学上就是函数变化率问题. 因变量 y 的增量 Δy 与自变量 x 的增量 Δx 之比 $\dfrac{\Delta y}{\Delta x}$ 是函数 $y = f(x)$ 在以 x_0 和 $x_0 + \Delta x$ 为端点的区间上的平均变化率,而 $\lim\limits_{\Delta x \to 0}\dfrac{\Delta y}{\Delta x}$ 是函数 $y = f(x)$ 在点 x_0 处的(瞬时)变化率,它反映了因变量随自变量的变化而变化的快慢程度.

引例中讨论的速度问题及切线斜率问题都可以归结为:函数 $y = f(x)$ 在点 x_0 处的因变量增量与自变量增量的比值的极限,即

$$\lim_{\Delta x \to 0}\frac{\Delta y}{\Delta x} = \lim_{\Delta x \to 0}\frac{f(x_0 + \Delta x) - f(x_0)}{\Delta x}.$$

以下给出函数 $f(x)$ 在点 x_0 处导数的定义.

定义 1 设函数 $y = f(x)$ 在点 x_0 的某个邻域内有定义,当自变量 x 在点 x_0 处取得增量 Δx(点 $x_0 + \Delta x$ 仍在该邻域内),相应地函数 y 取得增量 $\Delta y = f(x_0 + \Delta x) - f(x_0)$. 如果极限

$$\lim_{\Delta x \to 0}\frac{\Delta y}{\Delta x} = \lim_{\Delta x \to 0}\frac{f(x_0 + \Delta x) - f(x_0)}{\Delta x} \tag{3-1}$$

存在,则称函数 $f(x)$ 在点 x_0 处**可导**,称该极限值为函数 $f(x)$ 在点 x_0 处的**导数**,记作

$$y'\Big|_{x = x_0}, \quad f'(x_0), \quad \frac{\mathrm{d}y}{\mathrm{d}x}\Big|_{x = x_0} \quad \text{或} \quad \frac{\mathrm{d}f(x)}{\mathrm{d}x}\Big|_{x = x_0}.$$

如果极限 $\lim\limits_{\Delta x \to 0}\dfrac{\Delta y}{\Delta x}$ 不存在,则称函数 $f(x)$ 在点 x_0 处**不可导**.

导数的定义式也可写成以下形式:

$$f'(x_0) = \lim_{h \to 0}\frac{f(x_0 + h) - f(x_0)}{h}, \tag{3-2}$$

$$f'(x_0) = \lim_{x \to x_0}\frac{f(x) - f(x_0)}{x - x_0}. \tag{3-3}$$

如果函数 $f(x)$ 在开区间 (a, b) 内的每点处都可导,则称函数 $f(x)$ 在开区间 (a, b) 内可导. 这时,$\forall x \in (a, b)$,都对应着 $f(x)$ 的一个确定的导数值,于是就构成了一个新的函数,称这个新函数为 $f(x)$ 的导函数,记作

$$y', \quad f'(x), \quad \frac{\mathrm{d}y}{\mathrm{d}x} \quad \text{或} \quad \frac{\mathrm{d}f(x)}{\mathrm{d}x}.$$

将式(3-1)或式(3-2)中的 x_0 换成 x，即得导函数的定义式

$$f'(x) = \lim_{\Delta x \to 0} \frac{f(x + \Delta x) - f(x)}{\Delta x},\qquad(3-4)$$

$$f'(x) = \lim_{h \to 0} \frac{f(x + h) - f(x)}{h}.\qquad(3-5)$$

显然，函数 $f(x)$ 在点 x_0 处的导数 $f'(x_0)$ 就是导函数 $f'(x)$ 在点 x_0 处的函数值，即

$$f'(x_0) = f'(x) \Big|_{x=x_0}.$$

导函数 $f'(x)$ 简称**导数**，$f'(x_0)$ 是函数 $f(x)$ 在点 x_0 处的导数或导数 $f'(x)$ 在点 x_0 处的值.
下面给出根据导数的定义求函数的导数的三个步骤：

(1) 求增量：给自变量 x 以增量 Δx，相应地可得因变量的增量 Δy；

(2) 求比值 $\dfrac{\Delta y}{\Delta x}$；

(3) 求极限 $\lim\limits_{\Delta x \to 0} \dfrac{\Delta y}{\Delta x}$.

例 1

求函数 $y = C(C$ 为常数$)$ 的导数.

解　由于无论 x 取什么值，总有 $y = C$，则

$$\lim_{\Delta x \to 0} \frac{\Delta y}{\Delta x} = \lim_{\Delta x \to 0} \frac{C - C}{\Delta x} = 0,$$

因此 $(C)' = 0$.

例 2

求函数 $f(x) = \sqrt{x}$ 的导数.

解　因为

$$\lim_{\Delta x \to 0} \frac{f(x + \Delta x) - f(x)}{\Delta x} = \lim_{\Delta x \to 0} \frac{\sqrt{x + \Delta x} - \sqrt{x}}{\Delta x} = \lim_{\Delta x \to 0} \frac{1}{\sqrt{x + \Delta x} + \sqrt{x}} = \frac{1}{2\sqrt{x}},$$

所以 $(\sqrt{x})' = \dfrac{1}{2\sqrt{x}}$.

一般地，对于幂函数 $f(x) = x^a (\alpha$ 为实数$)$，有公式

$$(x^a)' = \alpha x^{a-1}.$$

该公式的证明将在以后的讨论中给出.

例 3

求函数 $f(x) = \sin x$ 的导数.

解　因为

$$\lim_{\Delta x \to 0} \frac{f(x + \Delta x) - f(x)}{\Delta x} = \lim_{\Delta x \to 0} \frac{\sin(x + \Delta x) - \sin x}{\Delta x} = \lim_{\Delta x \to 0} \frac{2\cos\left(x + \dfrac{\Delta x}{2}\right)\sin\dfrac{\Delta x}{2}}{\Delta x}$$

$$= \lim_{\Delta x \to 0} \cos\left(x + \frac{\Delta x}{2}\right)\frac{\sin\dfrac{\Delta x}{2}}{\dfrac{\Delta x}{2}} = \cos x,$$

所以
$$(\sin x)' = \cos x.$$

类似地,可求得
$$(\cos x)' = -\sin x.$$

例 4

求函数 $f(x) = \log_a x\,(a > 0\ 且\ a \neq 1)$ 的导数.

解 因为
$$\lim_{\Delta x \to 0} \frac{f(x+\Delta x)-f(x)}{\Delta x} = \lim_{\Delta x \to 0} \frac{\log_a(x+\Delta x)-\log_a x}{\Delta x} = \lim_{\Delta x \to 0}\left(\frac{1}{\Delta x}\cdot \log_a\left(1+\frac{\Delta x}{x}\right)\right)$$
$$= \frac{1}{x}\cdot\lim_{\Delta x \to 0}\left(\frac{x}{\Delta x}\cdot\log_a\left(1+\frac{\Delta x}{x}\right)\right) = \frac{1}{x}\log_a e = \frac{1}{x\ln a},$$

所以
$$(\log_a x)' = \frac{1}{x\ln a}.$$

特别地,当 $a = e$ 时,有
$$(\ln x)' = \frac{1}{x}.$$

例 5

求函数 $f(x) = a^x\,(a > 0\ 且\ a \neq 1)$ 的导数.

解 $\lim_{\Delta x \to 0} \frac{f(x+\Delta x)-f(x)}{\Delta x} = \lim_{\Delta x \to 0}\frac{a^{x+\Delta x}-a^x}{\Delta x} = \lim_{\Delta x \to 0}\frac{a^x(a^{\Delta x}-1)}{\Delta x} = a^x\lim_{\Delta x \to 0}\frac{a^{\Delta x}-1}{\Delta x}.$

令 $a^{\Delta x} - 1 = y$,则 $\Delta x = \log_a(y+1)$,且当 $\Delta x \to 0$ 时,$y \to 0$. 于是
$$\lim_{\Delta x \to 0}\frac{a^{\Delta x}-1}{\Delta x} = \lim_{y \to 0}\frac{y}{\log_a(y+1)} = \lim_{y \to 0}\frac{1}{\log_a(y+1)^{\frac{1}{y}}} = \frac{1}{\log_a e} = \ln a,$$

故
$$(a^x)' = a^x\ln a.$$

特别地,当 $a = e$ 时,有
$$(e^x)' = e^x.$$

例 6

求函数 $f(x) = |x|$ 在点 $x = 0$ 处的导数.

解 因为
$$\lim_{\Delta x \to 0}\frac{f(0+\Delta x)-f(0)}{\Delta x} = \lim_{\Delta x \to 0}\frac{|\Delta x|}{\Delta x},$$

所以
$$\lim_{\Delta x \to 0^-}\frac{|\Delta x|}{\Delta x} = \lim_{\Delta x \to 0^-}\frac{-\Delta x}{\Delta x} = -1, \quad \lim_{\Delta x \to 0^+}\frac{|\Delta x|}{\Delta x} = \lim_{\Delta x \to 0^+}\frac{\Delta x}{\Delta x} = 1,$$

从而 $\lim_{\Delta x \to 0}\frac{|\Delta x|}{\Delta x}$ 不存在,即函数 $f(x) = |x|$ 在点 $x = 0$ 处不可导.

根据函数 $f(x)$ 在点 x_0 处的导数定义知
$$f'(x_0) = \lim_{\Delta x \to 0}\frac{f(x_0+\Delta x)-f(x_0)}{\Delta x},$$

而极限存在的充要条件是单侧极限存在且相等,因此函数 $f(x)$ 在点 x_0 处可导的充要条件是左、右极限

$$\lim_{\Delta x \to 0^-} \frac{f(x_0 + \Delta x) - f(x_0)}{\Delta x} \quad 及 \quad \lim_{\Delta x \to 0^+} \frac{f(x_0 + \Delta x) - f(x_0)}{\Delta x}$$

都存在且相等. 这两个极限分别称为函数 $f(x)$ 在点 x_0 处的**左导数**和**右导数**,分别记作 $f'_-(x_0)$ 及 $f'_+(x_0)$,即

$$f'_-(x_0) = \lim_{\Delta x \to 0^-} \frac{f(x_0 + \Delta x) - f(x_0)}{\Delta x},$$

$$f'_+(x_0) = \lim_{\Delta x \to 0^+} \frac{f(x_0 + \Delta x) - f(x_0)}{\Delta x}.$$

这就是说,函数 $f(x)$ 在点 x_0 处可导的充要条件是左导数 $f'_-(x_0)$ 和右导数 $f'_+(x_0)$ 都存在且相等.

如果函数 $f(x)$ 在开区间 (a,b) 内可导,且 $f'_+(a)$ 及 $f'_-(b)$ 都存在,那么称函数 $f(x)$ 在闭区间 $[a,b]$ 上可导.

三、导数的几何意义

从引例的图 3-1 可知,割线 MN 的斜率为 $\frac{\Delta y}{\Delta x} = \tan \theta$. 当 $\Delta x \to 0$ 时,割线 MN 的极限位置是切线 MT,于是割线 MN 的斜率的极限就是切线 MT 的斜率,即

$$\lim_{\Delta x \to 0} \frac{\Delta y}{\Delta x} = \lim_{\theta \to \alpha} \tan \theta = \tan \alpha = k = f'(x_0).$$

因此,导数的几何意义为:函数 $y = f(x)$ 在点 x_0 处的导数 $f'(x_0)$ 表示曲线 $y = f(x)$ 在点 $M(x_0, f(x_0))$ 处的切线斜率.

例 7

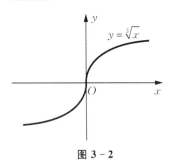

图 3-2

求函数 $y = f(x) = \sqrt[3]{x}$ 在点 $x = 0$ 处的导数.

解　因

$$\lim_{\Delta x \to 0} \frac{f(0 + \Delta x) - f(0)}{\Delta x} = \lim_{\Delta x \to 0} \frac{\sqrt[3]{\Delta x}}{\Delta x} = \lim_{\Delta x \to 0} \frac{1}{\sqrt[3]{(\Delta x)^2}}$$

$$= +\infty,$$

则 $y'\big|_{x=0} = +\infty$. 这说明曲线 $y = \sqrt[3]{x}$ 在原点 $(0,0)$ 处具有垂直于 x 轴的切线 $x = 0$（见图 3-2）.

如果函数 $y = f(x)$ 在点 x_0 处的导数 $f'(x_0) = +\infty$（或 $-\infty$）,即 $\alpha = \frac{\pi}{2}$（或 $-\frac{\pi}{2}$）,那么函数 $y = f(x)$ 对应的曲线在点 $M(x_0, f(x_0))$ 处具有垂直于 x 轴的切线 $x = x_0$.

根据导数的几何意义及直线的点斜式方程可得,曲线 $y = f(x)$ 在点 $(x_0, f(x_0))$ 处的切线方程为

$$y - f(x_0) = f'(x_0)(x - x_0).$$

当 $f'(x_0) \neq 0$ 时,法线的斜率为 $-\dfrac{1}{f'(x_0)}$,于是曲线 $y = f(x)$ 在点 $(x_0, f(x_0))$ 处的法线方程为

$$y - f(x_0) = -\frac{1}{f'(x_0)}(x - x_0).$$

例 8

求曲线 $y = \sqrt{x}$ 在点 $(1,1)$ 处的切线方程和法线方程.

解 由导数的几何意义知,所求切线的斜率为

$$k_1 = y' \Big|_{x=1} = \frac{1}{2\sqrt{x}} \Big|_{x=1} = \frac{1}{2},$$

所求法线的斜率为

$$k_2 = -\frac{1}{k_1} = -2.$$

于是,所求的切线方程为

$$y - 1 = \frac{1}{2}(x-1), \quad \text{即} \quad 2y - x - 1 = 0,$$

所求的法线方程为

$$y - 1 = -2(x-1), \quad \text{即} \quad y + 2x - 3 = 0.$$

四、函数的可导性与连续性的关系

如果函数 $y = f(x)$ 在点 x_0 处可导,即 $\lim\limits_{\Delta x \to 0} \dfrac{\Delta y}{\Delta x}$ 存在,且 $\lim\limits_{\Delta x \to 0} \dfrac{\Delta y}{\Delta x} = f'(x_0)$,则有 $\dfrac{\Delta y}{\Delta x} = f'(x_0) + \alpha$,其中 $\lim\limits_{\Delta x \to 0} \alpha = 0$. 于是

$$\Delta y = f'(x_0)\Delta x + \alpha \Delta x,$$

从而

$$\lim_{\Delta x \to 0} \Delta y = 0,$$

即函数 $y = f(x)$ 在点 x_0 处连续.

如果函数 $y = f(x)$ 在点 x_0 处可导,则函数在点 x_0 处必连续. 反之,如果函数在点 x_0 处连续,函数在点 x_0 处不一定可导. 这说明,函数连续是函数可导的必要条件,但不是充分条件.

例 9

考察函数 $f(x) = |x|$ 在点 $x = 0$ 处的连续性与可导性.

解 由函数连续性的定义知,函数 $f(x)$ 在点 $x = 0$ 处连续. 但函数 $f(x)$ 在点 $x = 0$ 处的左、右导数分别为

$$f'_-(0) = \lim_{\Delta x \to 0^-} \frac{|\Delta x|}{\Delta x} = -1, \quad f'_+(0) = \lim_{\Delta x \to 0^+} \frac{|\Delta x|}{\Delta x} = 1.$$

因为 $f'_-(0) \neq f'_+(0)$,所以 $f'(0)$ 不存在,即函数 $f(x)$ 在点 $x = 0$ 处不可导.

习 题 3.1

1. 设函数 $f(x) = 10x^2$,试按定义求 $f'(-1)$.

2. 在抛物线 $y = x^2$ 上取横坐标为 $x_1 = 1$ 及 $x_2 = 3$ 的两点,作过这两点的割线,该抛物线上哪一点处的切线平行于这条割线?

3. 讨论下列函数在点 $x = 0$ 处的连续性与可导性:

(1) $y = |\sin x|$;

(2) $y = \begin{cases} x\sin\dfrac{1}{x}, & x \neq 0, \\ 0, & x = 0. \end{cases}$

4.已知函数

$$f(x) = \begin{cases} \sin x, & x < 0, \\ \sqrt{x}, & x \geqslant 0, \end{cases}$$

求 $f'(0)$.

5.求曲线 $y = \sqrt{x}$ 在点 $(4,2)$ 处的切线方程和法线方程.

6.已知函数 $f(x)$ 在点 x_0 处可导,试利用导数的定义确定下列小题中的系数 k:

(1) $\lim\limits_{x \to x_0} \dfrac{f(x) - f(x_0)}{x - x_0} = k f'(x_0)$;

(2) $\lim\limits_{h \to 0} \dfrac{f(x_0 - 2h) - f(x_0)}{h} = k f'(x_0)$;

(3) $\lim\limits_{\Delta x \to 0} \dfrac{f(x_0 + a\Delta x) - f(x_0 - a\Delta x)}{\Delta x} = k f'(x_0)$　（a 为常数）.

第二节　导数的运算法则

由导数的定义可以求得一些简单函数的导数,但对于较复杂的函数,直接用定义求它们的导数往往很困难. 为此,本节及下节将讨论函数求导的基本法则和基本初等函数的导数公式. 利用导数的运算法则和求导公式即可解决初等函数的求导问题.

一、函数的和、差的求导法则

已知 $u(x)$ 及 $v(x)$ 均为可导函数,设函数 $f(x) = u(x) + v(x)$,由导数的定义有

$$\begin{aligned}
f'(x) &= \lim_{\Delta x \to 0} \frac{f(x + \Delta x) - f(x)}{\Delta x} \\
&= \lim_{\Delta x \to 0} \frac{(u(x + \Delta x) + v(x + \Delta x)) - (u(x) + v(x))}{\Delta x} \\
&= \lim_{\Delta x \to 0} \frac{(u(x + \Delta x) - u(x)) + (v(x + \Delta x) - v(x))}{\Delta x} \\
&= u'(x) + v'(x).
\end{aligned}$$

这说明,函数 $f(x) = u(x) + v(x)$ 在点 x 处可导,且

$$(u(x) + v(x))' = u'(x) + v'(x).$$

上式可简写为

$$(u + v)' = u' + v'.$$

类似地,可得

$$(u - v)' = u' - v'.$$

函数的和、差的求导法则:两个可导函数的和(差)的导数等于这两个函数导数的和(差).

这个法则可以推广到任意有限项的情形,即

$$(u_1 \pm u_2 \pm \cdots \pm u_n)' = u'_1 \pm u'_2 \pm \cdots \pm u'_n.$$

例 1

求函数 $y = \sqrt{x} - \sin x + \log_2 x - \cos \dfrac{\pi}{4}$ 的导数.

解 $y' = (\sqrt{x})' - (\sin x)' + (\log_2 x)' - \left(\cos \dfrac{\pi}{4}\right)'$

$\qquad = \dfrac{1}{2\sqrt{x}} - \cos x + \dfrac{1}{x \ln 2} - 0$

$\qquad = \dfrac{1}{2\sqrt{x}} + \dfrac{1}{x \ln 2} - \cos x.$

二、函数的积的求导法则

已知 $u(x)$ 及 $v(x)$ 均为可导函数,设函数 $f(x) = u(x)v(x)$,由导数的定义有

$$f'(x) = \lim_{\Delta x \to 0} \frac{f(x + \Delta x) - f(x)}{\Delta x}$$

$$= \lim_{\Delta x \to 0} \frac{u(x + \Delta x)v(x + \Delta x) - u(x)v(x)}{\Delta x}$$

$$= \lim_{\Delta x \to 0} \frac{(u(x + \Delta x) - u(x))v(x + \Delta x) + u(x)(v(x + \Delta x) - v(x))}{\Delta x}$$

$$= \lim_{\Delta x \to 0} \frac{(u(x + \Delta x) - u(x))v(x + \Delta x)}{\Delta x} + \lim_{\Delta x \to 0} \frac{u(x)(v(x + \Delta x) - v(x))}{\Delta x}.$$

由函数 $v(x)$ 可导知 $v(x)$ 必连续,故 $\lim\limits_{\Delta x \to 0} v(x + \Delta x) = v(x)$,于是

$$f'(x) = u'(x)v(x) + u(x)v'(x),$$

即

$$(u(x)v(x))' = u'(x)v(x) + u(x)v'(x).$$

上式可简写为

$$(uv)' = u'v + uv'.$$

函数的积的求导法则:两个可导函数的积的导数等于第一个因子的导数与第二个因子的乘积,再加上第一个因子与第二个因子的导数的乘积.

特别地,如果 $v = C(C$ 为常数),则

$$(Cu)' = Cu'.$$

这个法则可以推广到任意有限个可导函数的积的情形,例如

$$(uvw)' = u'vw + uv'w + uvw'.$$

例 2

已知函数 $f(x) = 8\sqrt{x} \cdot \ln x$,求 $f'(1)$.

解 因

$$f'(x) = (8\sqrt{x} \cdot \ln x)' = 8((\sqrt{x})' \ln x + \sqrt{x}(\ln x)') = 8\left(\frac{\ln x}{2\sqrt{x}} + \frac{\sqrt{x}}{x}\right),$$

故 $f'(1) = 8.$

三、函数的商的求导法则

已知 $u(x)$ 及 $v(x)$ 均为可导函数,且 $v(x) \neq 0$,设函数 $f(x) = \dfrac{u(x)}{v(x)}$,由导数的定义有

$$f'(x) = \lim_{\Delta x \to 0} \frac{f(x+\Delta x) - f(x)}{\Delta x} = \lim_{\Delta x \to 0} \frac{\dfrac{u(x+\Delta x)}{v(x+\Delta x)} - \dfrac{u(x)}{v(x)}}{\Delta x}$$

$$= \lim_{\Delta x \to 0} \frac{u(x+\Delta x)v(x) - v(x+\Delta x)u(x)}{v(x)v(x+\Delta x)\Delta x}$$

$$= \lim_{\Delta x \to 0} \frac{(u(x+\Delta x)v(x) - u(x)v(x)) + (u(x)v(x) - v(x+\Delta x)u(x))}{v(x)v(x+\Delta x)\Delta x}$$

$$= \lim_{\Delta x \to 0} \frac{(u(x+\Delta x) - u(x))v(x)}{v(x)v(x+\Delta x)\Delta x} - \lim_{\Delta x \to 0} \frac{u(x)(v(x+\Delta x) - v(x))}{v(x)v(x+\Delta x)\Delta x}$$

$$= \frac{u'(x)v(x) - u(x)v'(x)}{(v(x))^2},$$

即

$$\left(\frac{u(x)}{v(x)}\right)' = \frac{u'(x)v(x) - u(x)v'(x)}{v^2(x)} \quad (v(x) \neq 0).$$

上式可简写为

$$\left(\frac{u}{v}\right)' = \frac{u'v - uv'}{v^2} \quad (v \neq 0).$$

函数的商的求导法则：两个可导函数的商的导数等于分子的导数与分母的乘积减去分母的导数与分子的乘积，再除以分母的平方.

例 3

求函数 $y = \tan x$ 的导数.

解 $y' = (\tan x)' = \left(\dfrac{\sin x}{\cos x}\right)' = \dfrac{(\sin x)'\cos x - \sin x(\cos x)'}{\cos^2 x}$

$$= \frac{\cos^2 x + \sin^2 x}{\cos^2 x} = \frac{1}{\cos^2 x} = \sec^2 x,$$

即

$$(\tan x)' = \sec^2 x.$$

类似地，可求得

$$(\cot x)' = -\csc^2 x.$$

例 4

求函数 $y = \sec x$ 的导数.

解 $y' = (\sec x)' = \left(\dfrac{1}{\cos x}\right)' = \dfrac{1'\cos x - 1(\cos x)'}{\cos^2 x} = \dfrac{\sin x}{\cos^2 x} = \sec x\tan x,$

即

$$(\sec x)' = \sec x\tan x.$$

类似地，可求得

$$(\csc x)' = -\csc x\cot x.$$

四、复合函数的求导法则

对于复合函数，给出下面的链式求导法则.

设函数 $y = f(u)$ 在点 u 处可导，且函数 $u = g(x)$ 在点 x 处可导，则复合函数 $y = f(g(x))$ 在

点 x 处可导,且

$$\frac{\mathrm{d}y}{\mathrm{d}x} = \frac{\mathrm{d}y}{\mathrm{d}u} \cdot \frac{\mathrm{d}u}{\mathrm{d}x}.$$

上式也可记作

$$y_x' = f'(u)g'(x) \quad \text{或} \quad y_x' = y_u'u_x'.$$

证 设 x 有增量 Δx,相应地,u 有增量 Δu,从而 y 有增量 Δy.

因函数 $y = f(u)$ 在点 u 处可导,故

$$\lim_{\Delta u \to 0} \frac{\Delta y}{\Delta u} = \frac{\mathrm{d}y}{\mathrm{d}u} \quad (\Delta u \neq 0).$$

据函数极限与无穷小量的关系,有

$$\frac{\Delta y}{\Delta u} = \frac{\mathrm{d}y}{\mathrm{d}u} + \alpha,$$

其中 $\lim\limits_{\Delta u \to 0} \alpha = 0$.

当 $\Delta u \neq 0$ 时,$\Delta y = \dfrac{\mathrm{d}y}{\mathrm{d}u}\Delta u + \alpha\Delta u$.

当 $\Delta u = 0$ 时,$\Delta y = f(u + \Delta u) - f(u) = 0, f'(u)\Delta u + \alpha\Delta u = 0$. 于是,无论 $\Delta u \neq 0$,还是 $\Delta u = 0$,都有

$$\Delta y = \frac{\mathrm{d}y}{\mathrm{d}u}\Delta u + \alpha\Delta u,$$

从而

$$\frac{\Delta y}{\Delta x} = \frac{\mathrm{d}y}{\mathrm{d}u} \cdot \frac{\Delta u}{\Delta x} + \alpha\frac{\Delta u}{\Delta x}.$$

又由于函数 $u = g(x)$ 在点 x 处可导,$u = g(x)$ 在点 x 处必连续,则当 $\Delta x \to 0$ 时,有 $\Delta u \to 0$. 因此

$$\lim_{\Delta x \to 0} \frac{\Delta y}{\Delta x} = \frac{\mathrm{d}y}{\mathrm{d}u} \cdot \lim_{\Delta x \to 0} \frac{\Delta u}{\Delta x} + \lim_{\Delta x \to 0} \alpha \cdot \lim_{\Delta x \to 0} \frac{\Delta u}{\Delta x}$$

$$= \frac{\mathrm{d}y}{\mathrm{d}u} \cdot \frac{\mathrm{d}u}{\mathrm{d}x} + \lim_{\Delta u \to 0} \alpha \cdot \frac{\mathrm{d}u}{\mathrm{d}x} = \frac{\mathrm{d}y}{\mathrm{d}u} \cdot \frac{\mathrm{d}u}{\mathrm{d}x},$$

即

$$\frac{\mathrm{d}y}{\mathrm{d}x} = \frac{\mathrm{d}y}{\mathrm{d}u} \cdot \frac{\mathrm{d}u}{\mathrm{d}x}.$$

复合函数的链式求导法则可以推广到多个中间变量的情形. 例如,设函数 $y = f(u)$,$u = g(v)$,$v = h(x)$ 均可导,则复合函数 $y = f(g(h(x)))$ 也可导,且

$$\frac{\mathrm{d}y}{\mathrm{d}x} = \frac{\mathrm{d}y}{\mathrm{d}u} \cdot \frac{\mathrm{d}u}{\mathrm{d}v} \cdot \frac{\mathrm{d}v}{\mathrm{d}x}.$$

从上述求导法则可以看出,应用复合函数求导法则时,首先要分析所给函数的复合层次及中间变量,然后用复合函数的链式求导法则计算该函数的导数.

例 5

求函数 $y = \sin\dfrac{1}{x}$ 的导数.

解 函数 $y = \sin\dfrac{1}{x}$ 是由函数 $y = \sin u$,$u = \dfrac{1}{x}$ 复合而成的. 因为

$$y_u' = \cos u, \quad u_x' = -\frac{1}{x^2},$$

所以

$$y'_x = y'_u u'_x = \cos u \cdot \left(-\frac{1}{x^2}\right) = -\frac{1}{x^2}\cos\frac{1}{x}.$$

例 6

求函数 $y = \ln\cos^2\sqrt{x}$ 的导数.

解　函数 $y = \ln\cos^2\sqrt{x}$ 是由函数 $y = \ln u, u = v^2, v = \cos w, w = \sqrt{x}$ 复合而成的. 因为

$$y'_u = \frac{1}{u}, \quad u'_v = 2v, \quad v'_w = -\sin w, \quad w'_x = \frac{1}{2\sqrt{x}},$$

所以

$$y'_x = y'_u \cdot u'_v \cdot v'_w \cdot w'_x = \frac{1}{u} \cdot 2v \cdot (-\sin w) \cdot \frac{1}{2\sqrt{x}}$$

$$= \frac{1}{\cos^2\sqrt{x}} \cdot 2\cos\sqrt{x} \cdot (-\sin\sqrt{x}) \cdot \frac{1}{2\sqrt{x}} = -\frac{\tan\sqrt{x}}{\sqrt{x}}.$$

在计算熟练后，复合过程的中间步骤只需记在心里，可以省略不写. 于是，例 6 的解的过程可写为

$$y' = (\ln\cos^2\sqrt{x})' = \frac{1}{\cos^2\sqrt{x}} \cdot (\cos^2\sqrt{x})'$$

$$= \frac{1}{\cos^2\sqrt{x}} \cdot 2\cos\sqrt{x} \cdot (\cos\sqrt{x})'$$

$$= \frac{1}{\cos^2\sqrt{x}} \cdot 2\cos\sqrt{x} \cdot (-\sin\sqrt{x}) \cdot (\sqrt{x})'$$

$$= \frac{1}{\cos^2\sqrt{x}} \cdot 2\cos\sqrt{x} \cdot (-\sin\sqrt{x}) \cdot \frac{1}{2\sqrt{x}}$$

$$= -\frac{\tan\sqrt{x}}{\sqrt{x}}.$$

有时，还可直接写成

$$y' = \frac{1}{\cos^2\sqrt{x}} \cdot 2\cos\sqrt{x} \cdot (-\sin\sqrt{x}) \cdot \frac{1}{2\sqrt{x}} = -\frac{\tan\sqrt{x}}{\sqrt{x}}.$$

例 7

求函数 $y = x^\alpha (\alpha \in \mathbf{R}, x > 0)$ 的导数.

解　当 $x > 0$ 时，$x^\alpha = \mathrm{e}^{\alpha\ln x}$，于是函数 $y = x^\alpha$ 可看作是由函数 $y = \mathrm{e}^u, u = \alpha\ln x$ 复合而成的，因此

$$\frac{\mathrm{d}y}{\mathrm{d}x} = \frac{\mathrm{d}y}{\mathrm{d}u} \cdot \frac{\mathrm{d}u}{\mathrm{d}x} = \mathrm{e}^u \frac{\alpha}{x} = \mathrm{e}^{\alpha\ln x}\frac{\alpha}{x} = \alpha x^\alpha \frac{1}{x} = \alpha x^{\alpha-1},$$

即

$$(x^\alpha)' = \alpha x^{\alpha-1} \quad (\alpha \in \mathbf{R}, x > 0).$$

容易证明，对于任何 $\alpha \in \mathbf{R}$，在函数有意义的地方，上式总是成立的.

五、反函数的求导法则

设 $x = \varphi(y)$ 是直接函数，$y = f(x)$ 是它的反函数. 下面给出满足一定条件的反函数的导数与

直接函数的导数之间的关系.

如果直接函数 $x = \varphi(y)$ 在区间 I_y 内单调、可导且 $\varphi'(y) \neq 0$,则它的反函数 $y = f(x)$ 在对应区间 I_x 内也单调、可导,且满足

$$f'(x) = \frac{1}{\varphi'(y)} \quad (\varphi'(y) \neq 0).$$

事实上,$\forall x \in I_x$,给 x 以增量 $\Delta x (\Delta x \neq 0, x + \Delta x \in I_x)$,由反函数 $y = f(x)$ 的单调性知

$$\Delta y = f(x + \Delta x) - f(x) \neq 0,$$

于是

$$\frac{\Delta y}{\Delta x} = \frac{1}{\frac{\Delta x}{\Delta y}}.$$

由于直接函数 $x = \varphi(y)$ 在区间 I_y 内单调且连续,因此它的反函数 $y = f(x)$ 在对应区间 I_x 内也单调且连续,故当 $\Delta x \to 0$ 时,有 $\Delta y \to 0$.

又直接函数 $x = \varphi(y)$ 可导且 $\varphi'(y) \neq 0$,即 $\lim\limits_{\Delta y \to 0} \frac{\Delta x}{\Delta y} \neq 0$,则

$$\lim_{\Delta x \to 0} \frac{\Delta y}{\Delta x} = \lim_{\Delta y \to 0} \frac{1}{\frac{\Delta x}{\Delta y}} = \frac{1}{\varphi'(y)},$$

即

$$f'(x) = \frac{1}{\varphi'(y)}.$$

这就是说,反函数的导数等于直接函数导数的倒数.

例 8

求函数 $y = \arcsin x$ 的导数.

解 设 $x = \sin y$ 为直接函数,则 $y = \arcsin x$ 是它的反函数.因直接函数 $x = \sin y$ 在区间 $I_y = \left(-\frac{\pi}{2}, \frac{\pi}{2}\right)$ 内单调、可导,且

$$(\sin y)' = \cos y > 0,$$

由反函数的求导法则知,在对应区间 $I_x = (-1, 1)$ 内,有

$$(\arcsin x)' = \frac{1}{(\sin y)'} = \frac{1}{\cos y}.$$

因为在区间 I_y 内,$\cos y > 0$,所以 $\cos y = \sqrt{1 - \sin^2 y} = \sqrt{1 - x^2}$,从而

$$(\arcsin x)' = \frac{1}{\sqrt{1 - x^2}}.$$

类似地,可得以下反函数的导数公式:

$$(\arccos x)' = -\frac{1}{\sqrt{1 - x^2}}, \quad (\arctan x)' = \frac{1}{1 + x^2}, \quad (\text{arccot } x)' = -\frac{1}{1 + x^2}.$$

习 题 3.2

1.求下列函数在给定点 x_0 处的导数 $f'(x_0)$:

(1) $f(x) = x - \frac{1}{x}$,在点 $x_0 = 1$ 处;

(2) $f(x) = \dfrac{1 - \sqrt{x}}{1 + \sqrt{x}}$，在点 $x_0 = 4$ 处；

(3) $f(x) = 3x^4 - \mathrm{e}^x + 5\cos x - 1$，在点 $x_0 = 0$ 处；

(4) $f(x) = x\ln x$，在点 $x_0 = \mathrm{e}$ 处.

2. 求下列函数的导数：

(1) $y = 1 - x - \sqrt{x}$；

(2) $y = \sqrt{x}\sin x$；

(3) $y = \dfrac{x\sin x + \cos x}{x\cos x - \sin x}$；

(4) $y = x^2 \cdot \ln x \cdot \cos x$.

3. 求下列函数的导数：

(1) $y = \log_a(x^2 + x + 1)$；

(2) $y = \sqrt{a^2 - x^2}$；

(3) $y = \arcsin\sqrt{x}$；

(4) $y = \ln(x + \sqrt{a^2 + x^2})$；

(5) $y = \sin^n x \cdot \cos nx$；

(6) $y = \dfrac{\sqrt{1+x} - \sqrt{1-x}}{\sqrt{1+x} + \sqrt{1-x}}$；

(7) $y = \mathrm{e}^{-\sin^2 \frac{1}{x}}$；

(8) $y = \sqrt{x + \sqrt{x}}$.

4. 设函数 $f(x)$ 可导，求下列函数的导数 $\dfrac{\mathrm{d}y}{\mathrm{d}x}$：

(1) $y = f(x^2)$；

(2) $y = f(\sin^2 x) + f(\cos^2 x)$.

第三节　初等函数及分段函数的导数

初等函数是由基本初等函数经过有限次四则运算和有限次复合运算而构成并可用一个式子表示的函数. 而前面已讨论了基本初等函数的导数公式，并推出了函数的和、差、积、商以及复合函数和反函数的求导法则. 利用这些导数公式和求导法则，就能求出初等函数的导数. 为了便于查阅，将这些求导公式和求导法则归纳如下.

一、基本初等函数的导数公式

(1) $(C)' = 0$　（C 为常数）；

(2) $(x^a)' = a x^{a-1}$　（a 为实数）；

(3) $(\sin x)' = \cos x$；

(4) $(\cos x)' = -\sin x$；

(5) $(\tan x)' = \sec^2 x$；

(6) $(\cot x)' = -\csc^2 x$；

(7) $(\sec x)' = \sec x\tan x$；

(8) $(\csc x)' = -\csc x\cot x$；

(9) $(a^x)' = a^x\ln a$　（$a > 0$ 且 $a \neq 1$）；

(10) $(\mathrm{e}^x)' = \mathrm{e}^x$；

(11) $(\log_a x)' = \dfrac{1}{x\ln a}$　（$a > 0$ 且 $a \neq 1$）；

(12) $(\ln x)' = \dfrac{1}{x}$；

(13) $(\arcsin x)' = \dfrac{1}{\sqrt{1-x^2}}$；

(14) $(\arccos x)' = -\dfrac{1}{\sqrt{1-x^2}}$；

(15) $(\arctan x)' = \dfrac{1}{1+x^2}$；

(16) $(\mathrm{arccot}\, x)' = -\dfrac{1}{1+x^2}$.

二、函数的和、差、积、商的求导法则

设函数 $u = u(x)$，$v = v(x)$ 均可导，则

(1) $(u \pm v)' = u' \pm v'$;

(2) $(Cu') = Cu'$ （C 为常数）;

(3) $(uv)' = u'v + uv'$;

(4) $\left(\dfrac{u}{v}\right)' = \dfrac{u'v - uv'}{v^2}$ （$v \neq 0$）.

三、复合函数的求导法则

设函数 $y = f(u), u = g(x)$ 且 $f(u)$ 及 $g(x)$ 均可导,则复合函数 $y = f(g(x))$ 的导数为

$$\frac{\mathrm{d}y}{\mathrm{d}x} = \frac{\mathrm{d}y}{\mathrm{d}u} \cdot \frac{\mathrm{d}u}{\mathrm{d}x} \quad \text{或} \quad y'_x = f'(u)g'(x).$$

四、反函数的求导法则

如果直接函数 $x = \varphi(y)$ 在某区间 I_y 内单调、可导且 $\varphi'(y) \neq 0$,则它的反函数 $y = f(x)$ 在对应区间 I_x 内也单调、可导,且

$$f'(x) = \frac{1}{\varphi'(y)} \quad (\varphi'(y) \neq 0).$$

例 1

求函数 $y = \ln(x + \sqrt{1+x^2})$ 的导数.

解 函数 $y = \ln(x + \sqrt{1+x^2})$ 是由函数 $y = \ln u, u = x + \sqrt{1+x^2}$ 复合而成的. 对于函数 $u = x + \sqrt{1+x^2}$ 的导数,要用函数的和的求导法则,其中对于 $\sqrt{1+x^2}$ 的导数,先用复合函数的求导法则,再用函数的和的求导法则,于是

$$\begin{aligned}
y' &= (\ln(x + \sqrt{1+x^2}))' \\
&= \frac{1}{x + \sqrt{1+x^2}} \cdot (x + \sqrt{1+x^2})' \\
&= \frac{1}{x + \sqrt{1+x^2}} \left[1 + \frac{1}{2\sqrt{1+x^2}} \cdot (1+x^2)' \right] \\
&= \frac{1}{x + \sqrt{1+x^2}} \left(1 + \frac{2x}{2\sqrt{1+x^2}} \right) \\
&= \frac{1}{\sqrt{1+x^2}}.
\end{aligned}$$

例 2

已知函数 $y = \ln\sqrt{\dfrac{2}{\mathrm{e}^{2x}+1}} + \arctan(\mathrm{e}^{-x})$,求 y'.

解
$$\begin{aligned}
y' &= \frac{1}{\sqrt{\dfrac{2}{\mathrm{e}^{2x}+1}}} \cdot \left(\sqrt{\frac{2}{\mathrm{e}^{2x}+1}} \right)' + \frac{1}{1 + (\mathrm{e}^{-x})^2} \cdot (\mathrm{e}^{-x})' \\
&= \frac{1}{\sqrt{\dfrac{2}{\mathrm{e}^{2x}+1}}} \cdot \frac{1}{2\sqrt{\dfrac{2}{\mathrm{e}^{2x}+1}}} \cdot \left(\frac{2}{\mathrm{e}^{2x}+1} \right)' + \frac{1}{1 + (\mathrm{e}^{-x})^2} \cdot \mathrm{e}^{-x} \cdot (-x)' \\
&= \frac{1}{\dfrac{2}{\mathrm{e}^{2x}+1}} \cdot \frac{-1}{(\mathrm{e}^{2x}+1)^2} \cdot (\mathrm{e}^{2x}+1)' + \frac{-\mathrm{e}^{-x}}{1 + \mathrm{e}^{-2x}}
\end{aligned}$$

$$= \frac{-1}{2(\mathrm{e}^{2x}+1)} \cdot \mathrm{e}^{2x} \cdot (2x)' - \frac{\mathrm{e}^{-x}}{1+\mathrm{e}^{-2x}}$$

$$= \frac{-\mathrm{e}^{2x}}{\mathrm{e}^{2x}+1} - \frac{\mathrm{e}^{-x}}{1+\mathrm{e}^{-2x}}.$$

上述解法可简写为

$$y' = \frac{1}{\sqrt{\dfrac{2}{\mathrm{e}^{2x}+1}}} \cdot \frac{1}{2\sqrt{\dfrac{2}{\mathrm{e}^{2x}+1}}} \cdot \frac{-2}{(\mathrm{e}^{2x}+1)^2} \cdot \mathrm{e}^{2x} \cdot 2 + \frac{1}{1+(\mathrm{e}^{-x})^2} \cdot \mathrm{e}^{-x} \cdot (-1)$$

$$= \frac{-\mathrm{e}^{2x}}{\mathrm{e}^{2x}+1} - \frac{\mathrm{e}^{-x}}{1+\mathrm{e}^{-2x}}.$$

五、分段函数的导数

分段函数是对自变量的不同变化范围给出不同表达式的一种重要的函数.

求分段函数（每个分段上均为初等函数）的导数时，在分段点处的导数需用导数的定义求得；在非分段点的各子段上的导数，则按初等函数的求导公式和求导法则求得.

例 3

已知函数 $f(x) = \begin{cases} \ln(1+x), & x \geqslant 0, \\ x, & x < 0, \end{cases}$ 求 $f'(0)$.

解 由于点 $x = 0$ 为分段函数的分段点，因此需用导数的定义求 $f'(0)$.

因

$$f'_-(0) = \lim_{x \to 0^-} \frac{f(x) - f(0)}{x - 0} = \lim_{x \to 0^-} \frac{x - 0}{x - 0} = 1,$$

$$f'_+(0) = \lim_{x \to 0^+} \frac{f(x) - f(0)}{x - 0} = \lim_{x \to 0^+} \frac{\ln(1+x) - 0}{x - 0} = 1,$$

故 $f'(0) = 1$.

例 4

求函数 $f(x) = \begin{cases} x^2 \sin \dfrac{1}{x}, & x \neq 0, \\ 0, & x = 0 \end{cases}$ 的导数.

解 当 $x \neq 0$ 时，

$$f'(x) = \left(x^2 \sin \frac{1}{x}\right)' = 2x\sin \frac{1}{x} + x^2 \cdot \cos \frac{1}{x} \cdot \left(-\frac{1}{x^2}\right)$$

$$= 2x\sin \frac{1}{x} - \cos \frac{1}{x};$$

当 $x = 0$ 时，

$$f'(0) = \lim_{x \to 0} \frac{f(x) - f(0)}{x - 0} = \lim_{x \to 0} \frac{x^2 \sin \dfrac{1}{x} - 0}{x - 0} = \lim_{x \to 0} x\sin \frac{1}{x} = 0.$$

故

$$f'(x) = \begin{cases} 2x\sin \dfrac{1}{x} - \cos \dfrac{1}{x}, & x \neq 0, \\ 0, & x = 0. \end{cases}$$

习 题 3.3

1.求函数 $y = \ln(e^x + \sqrt{1 + e^{2x}})$ 的导数.

2.设函数 $y = f(e^x + e^{\sin x})$,且 $f'(2) = 1$,求 $\dfrac{dy}{dx}\Big|_{x=0}$.

3.设函数 $f(x) = \begin{cases} x^a \sin \dfrac{1}{x}, & x \neq 0, \\ 0, & x = 0. \end{cases}$

(1) 若 $f(x)$ 在区间 $(-\infty, +\infty)$ 上可导,求 a 的取值范围;

(2) 若 $f(x)$ 在区间 $(-\infty, +\infty)$ 上连续可导($f'(x)$ 连续),求 a 的取值范围.

4.设函数 $f(x)$ 可导,求下列函数的导数 $\dfrac{dy}{dx}$:

(1) $y = e^{f(x)}$; (2) $y = \dfrac{1}{1 + (f(x))^2}$;

(3) $y = f(\sqrt{x} + 1)$; (4) $y = \arctan(f(x))$.

5.设函数 $g(x)$ 在点 $x = 0$ 处连续,求函数 $f(x) = g(x) \cdot \sin 2x$ 在点 $x = 0$ 处的导数.

6.已知导函数 $f'(x) = \dfrac{1}{x}$,函数 $y = f\left(\dfrac{x+1}{x-1}\right)$,求 $\dfrac{dy}{dx}$.

7.设函数 $f(x) = \begin{cases} \sin x, & -\dfrac{\pi}{2} \leqslant x < 0, \\ e^x - 1, & 0 \leqslant x < \ln 3, \\ 2x^2, & \ln 3 \leqslant x < 3, \end{cases}$ 讨论 $f(x)$ 的连续性与可导性.

第四节 隐函数与由参数方程所确定的函数的导数

一、隐函数的导数

前面遇到的两个变量 x 与 y 之间的函数关系 $y = f(x)$,其表达式显示:等号左边是因变量 y,右边是含有自变量 x 的式子;当自变量取定义域内任一值时,由这个式子能确定对应的函数值.用这种方式表达的函数称为**显函数**.

但在实际问题中,还会遇到两个变量 x 与 y 之间的某种对应关系是由含 x 及 y 的一个二元方程 $F(x, y) = 0$ 所间接确定的.例如,方程 $x^2 + e^y = 1$ 表达了 x 与 y 的一个对应函数关系.这种函数称为**隐函数**.

有的隐函数能够化为显函数,有的却很难甚至不能化为显函数.以下将讨论不需要将隐函数化为显函数,而直接求出隐函数的导数的方法,即将方程 $F(x, y) = 0$ 的两边同时对 x 求导.这时要注意到 y 是 x 的函数,于是需借助复合函数的求导法则来完成.

例 1

求由方程 $\sin y + x e^y = 0$ 所确定的隐函数的导数 $\dfrac{dy}{dx}$.

解 将方程两边同时对 x 求导,得

$$\cos y \cdot \frac{dy}{dx} + 1 \cdot e^y + x \cdot e^y \cdot \frac{dy}{dx} = 0,$$

合并整理得

$$(\cos y + x e^y) \frac{dy}{dx} = -e^y.$$

当 $\cos y + x e^y \neq 0$ 时，有

$$\frac{dy}{dx} = -\frac{e^y}{\cos y + x e^y}.$$

例 2

求椭圆 $\dfrac{x^2}{4} + \dfrac{y^2}{3} = 1$ 上一点 $P\left(1, \dfrac{3}{2}\right)$ 处的切线方程和法线方程.

解 将方程 $\dfrac{x^2}{4} + \dfrac{y^2}{3} = 1$ 两边同时对 x 求导，得

$$\frac{2x}{4} + \frac{2y}{3} \cdot \frac{dy}{dx} = 0,$$

从而

$$\frac{dy}{dx} = -\frac{3x}{4y}.$$

故所求切线斜率为

$$k_1 = \frac{dy}{dx}\bigg|_{x=1} = -\frac{1}{2},$$

所求法线斜率为

$$k_2 = -\frac{1}{k_1} = 2.$$

于是，由点斜式方程得所求切线方程为

$$y - \frac{3}{2} = -\frac{1}{2}(x-1), \quad \text{即} \quad y = -\frac{1}{2}x + 2,$$

所求法线方程为

$$y - \frac{3}{2} = 2(x-1), \quad \text{即} \quad y = 2x - \frac{1}{2}.$$

二、对数求导法

对具有特殊形式的函数求导数时，例如函数 $y = x^x$，$y = \dfrac{x^2}{1-x} \sqrt[3]{\dfrac{(3-x)(5+x)^5}{(3+x)^7}}$ 等，可先取对数，即化为方程 $F(x, y) = 0$ 的形式，再利用隐函数的求导方法求导数. 这种方法称为**对数求导法**.

例 3

求函数 $y = \dfrac{x^2}{1-x} \sqrt[3]{\dfrac{3-x}{(3+x)^2}}$ 的导数.

解 用对数求导法. 两边取对数，得

$$\ln y = 2\ln x - \ln(1-x) + \frac{1}{3}(\ln(3-x) - 2\ln(3+x)),$$

两边同时对 x 求导，得

$$\frac{1}{y}y' = \frac{2}{x} + \frac{1}{1-x} + \frac{1}{3}\left(\frac{-1}{3-x} - \frac{2}{3+x}\right),$$

于是

$$y' = y\left[\frac{2}{x} + \frac{1}{1-x} - \frac{1}{3(3-x)} - \frac{2}{3(3+x)}\right]$$

$$= \frac{x^2}{1-x}\sqrt[3]{\frac{3-x}{(3+x)^2}}\left[\frac{2}{x} + \frac{1}{1-x} - \frac{1}{3(3-x)} - \frac{2}{3(3+x)}\right].$$

形如 $y = f(x)^{g(x)}(f(x) > 0)$ 的函数,既不是幂函数,也不是指数函数,称这种函数为**幂指函数**.如果函数 $f(x), g(x)$ 均可导,则对于幂指函数的求导,可采用对数求导法,也可先恒等变形,即 $f(x)^{g(x)} = \mathrm{e}^{g(x)\ln f(x)}$,再利用复合函数的求导方法求导.

例 4

求函数 $y = x^{\sin x}(x > 0)$ 的导数.

解 方法 1 用对数求导法.

两边取对数,得

$$\ln y = \sin x\ln x,$$

两边对 x 求导,得

$$\frac{1}{y}y' = \cos x\ln x + \sin x \cdot \frac{1}{x},$$

于是

$$y' = y\left(\cos x\ln x + \frac{\sin x}{x}\right) = x^{\sin x}\left(\cos x\ln x + \frac{\sin x}{x}\right).$$

方法 2 利用复合函数的求导法则.

因 $y = x^{\sin x} = \mathrm{e}^{\sin x\ln x}$,故

$$y' = \mathrm{e}^{\sin x\ln x}(\sin x\ln x)' = x^{\sin x}\left(\cos x\ln x + \frac{\sin x}{x}\right).$$

三、由参数方程所确定的函数的导数

如果两变量 x 与 y 之间的函数关系由含参数 t 的方程组所确定,即

$$\begin{cases} x = \varphi(t), \\ y = \psi(t), \end{cases} \tag{3-6}$$

那么称该函数为由参数方程所确定的函数.

有时可以从参数方程中消去参数 t,得到 y 与 x 的函数的显式表达,但有时从参数方程中消去参数 t 会很困难.以下将讨论直接由参数方程求出它所确定的函数的导数的方法.

在参数方程(3-6)中,如果 $x = \varphi(t)$ 具有单调连续反函数 $t = \varphi^{-1}(x)$,且此反函数能与函数 $y = \psi(t)$ 复合成复合函数,那么由参数方程(3-6)所确定的函数可以看作是由 $y = \psi(t), t = \varphi^{-1}(x)$ 复合而成的函数 $y = \psi(\varphi^{-1}(x))$.

设函数 $x = \varphi(t), y = \psi(t)$ 均可导,且 $\varphi'(t) \neq 0$,于是由复合函数和反函数的求导法则,得

$$\frac{\mathrm{d}y}{\mathrm{d}x} = \frac{\mathrm{d}y}{\mathrm{d}t} \cdot \frac{\mathrm{d}t}{\mathrm{d}x} = \frac{\mathrm{d}y}{\mathrm{d}t} \cdot \frac{1}{\frac{\mathrm{d}x}{\mathrm{d}t}} = \frac{\psi'(t)}{\varphi'(t)}.$$

例 5

已知曲线的参数方程为

$$\begin{cases} x = \dfrac{3at}{1+t^2}, \\ y = \dfrac{3at^2}{1+t^2}, \end{cases}$$

求该曲线在 $t = 2$ 相应的点 M_0 处的切线方程.

解　当 $t = 2$ 时，曲线上的相应点 M_0 的坐标为 $\left(\dfrac{6a}{5}, \dfrac{12a}{5} \right)$. 因

$$\frac{\mathrm{d}y}{\mathrm{d}x} = \frac{\dfrac{\mathrm{d}y}{\mathrm{d}t}}{\dfrac{\mathrm{d}x}{\mathrm{d}t}} = \frac{6at(1+t^2) - 2t \cdot 3at^2}{(1+t^2)^2} \cdot \frac{(1+t^2)^2}{3a(1+t^2) - 2t \cdot 3at} = \frac{2t}{1-t^2},$$

故所求切线的斜率为

$$k = \frac{\mathrm{d}y}{\mathrm{d}x}\bigg|_{t=2} = \frac{2t}{1-t^2}\bigg|_{t=2} = -\frac{4}{3}.$$

由点斜式方程得所求切线方程为

$$y - \frac{12a}{5} = -\frac{4}{3}\left(x - \frac{6a}{5} \right), \quad 即 \quad 3y + 4x - 12a = 0.$$

习题 3.4

1. 求由下列方程所确定的隐函数的导数 $\dfrac{\mathrm{d}y}{\mathrm{d}x}$：

(1) $x^3 + y^3 - 3axy = 0$；

(2) $xy = \mathrm{e}^{x+y}$；

(3) $y = \tan(x+y)$；

(4) $y = 1 + x\mathrm{e}^y$；

(5) $\arctan \dfrac{y}{x} = \ln \sqrt{x^2 + y^2}$.

2. 用对数求导法求下列函数的导数 $\dfrac{\mathrm{d}y}{\mathrm{d}x}$：

(1) $y = \sqrt[5]{\dfrac{x-5}{\sqrt[5]{x^2+2}}}$；

(2) $y = \left(\dfrac{x}{1+x} \right)^x$.

3. 设 $y = y(x)$ 是由方程 $1 + \sin(x+y) = \mathrm{e}^{-xy}$ 所确定的隐函数，求函数 $y = y(x)$ 在点 $(0,0)$ 处的法线方程.

4. 设参数方程为

$$\begin{cases} x = \mathrm{e}^t(1 - \cos t), \\ y = \mathrm{e}^t(1 + \sin t), \end{cases} \quad t \in (-\infty, +\infty),$$

求导数 $\dfrac{\mathrm{d}y}{\mathrm{d}x}$ 及 $\dfrac{\mathrm{d}x}{\mathrm{d}y}$.

第五节　高阶导数

设某质点做变速直线运动. 如果位置函数 $s = s(t)$ 可导，则该质点的瞬时速度 $v(t)$ 是 $s(t)$ 对时间 t 的导数，即

$$v(t) = \frac{\mathrm{d}s}{\mathrm{d}t} \quad \text{或} \quad v = s'.$$

又加速度 a 是速度 v 对时间 t 的变化率, 即速度 v 对时间 t 的导数, 即

$$a = \frac{\mathrm{d}v}{\mathrm{d}t} = \frac{\mathrm{d}\left(\frac{\mathrm{d}s}{\mathrm{d}t}\right)}{\mathrm{d}t} \quad \text{或} \quad a = (s')'.$$

以上导数的导数, 即

$$\frac{\mathrm{d}\left(\frac{\mathrm{d}s}{\mathrm{d}t}\right)}{\mathrm{d}t},$$

称为 s 对 t 的二阶导数.

一般地, 函数 $y = f(x)$ 的导数 $f'(x)$ 仍是 x 的函数. 如果极限

$$\lim_{\Delta x \to 0} \frac{f'(x + \Delta x) - f'(x)}{\Delta x}$$

存在, 那么称该极限值为函数 $y = f(x)$ 在点 x 处的**二阶导数**, 记作

$$y'', \quad \frac{\mathrm{d}^2 y}{\mathrm{d}x^2} \quad \text{或} \quad f''(x),$$

即

$$y'' = (y')', \quad \frac{\mathrm{d}^2 y}{\mathrm{d}x^2} = \frac{\mathrm{d}}{\mathrm{d}x}\left(\frac{\mathrm{d}y}{\mathrm{d}x}\right) \quad \text{或} \quad f''(x) = (f'(x))'.$$

相应地, $f'(x)$ 称为 $f(x)$ 的**一阶导数**.

函数 $f(x)$ 在点 x 处的二阶导数 $f''(x)$ 就是一阶导数 $f'(x)$ 在点 x 处的导数.

类似地, 二阶导数的导数就是三阶导数, 三阶导数的导数就是四阶导数, $\cdots$, $n-1$ 阶导数的导数就是 n 阶导数, 分别记作

$$y''', y^{(4)}, \cdots, y^{(n)} \quad \text{或} \quad \frac{\mathrm{d}^3 y}{\mathrm{d}x^3}, \frac{\mathrm{d}^4 y}{\mathrm{d}x^4}, \cdots, \frac{\mathrm{d}^n y}{\mathrm{d}x^n}.$$

二阶及二阶以上的导数统称**高阶导数**.

函数 $y = f(x)$ 具有 n 阶导数也常说成函数 $f(x)$ n 阶可导.

例 1

设函数 $y = 2^x$, 求 y''', $y^{(n)}$.

解 $y' = 2^x \ln 2$, $y'' = 2^x (\ln 2)^2$, $y''' = 2^x (\ln 2)^3$.

假设 $n = k$ 时, $y^{(k)} = 2^x (\ln 2)^k$ 成立. 因

$$y^{(k+1)} = (y^{(k)})' = 2^x (\ln 2)^{k+1},$$

故由数学归纳法可知

$$y^{(n)} = 2^x (\ln 2)^n.$$

例 2

设函数 $y = \dfrac{1}{x^2 - 5x + 4}$, 求 $y^{(100)}$.

解 $y^{(100)} = \left(\dfrac{1}{x^2 - 5x + 4}\right)^{(100)} = \dfrac{1}{3}\left(\dfrac{1}{x-4} - \dfrac{1}{x-1}\right)^{(100)}$

$\qquad = \dfrac{1}{3}\left[\left(\dfrac{1}{x-4}\right)^{(100)} - \left(\dfrac{1}{x-1}\right)^{(100)}\right] = \dfrac{1}{3}\left[\dfrac{100!}{(x-4)^{101}} - \dfrac{100!}{(x-1)^{101}}\right].$

例 3

已知函数 $y = \sin x$，求 $y^{(n)}$.

解　$y' = \cos x = \sin\left(x + \dfrac{\pi}{2}\right)$,

$y'' = \cos\left(x + \dfrac{\pi}{2}\right) = \sin\left(x + 2 \cdot \dfrac{\pi}{2}\right)$,

$y''' = \cos\left(x + 2 \cdot \dfrac{\pi}{2}\right) = \sin\left(x + 3 \cdot \dfrac{\pi}{2}\right)$.

假设 $n = k$ 时，$y^{(k)} = \sin\left(x + k \cdot \dfrac{\pi}{2}\right)$ 成立. 因

$$y^{(k+1)} = (y^{(k)})' = \cos\left(x + k \cdot \dfrac{\pi}{2}\right) = \sin\left(x + (k+1) \cdot \dfrac{\pi}{2}\right),$$

故由数学归纳法可知

$$y^{(n)} = \sin\left(x + n \cdot \dfrac{\pi}{2}\right),$$

即

$$(\sin x)^{(n)} = \sin\left(x + n \cdot \dfrac{\pi}{2}\right).$$

用类似的方法，可得

$$(\cos x)^{(n)} = \cos\left(x + n \cdot \dfrac{\pi}{2}\right).$$

例 4

求由方程 $x - y + \dfrac{1}{2}\sin y = 0$ 所确定的隐函数 $y = f(x)$ 的二阶导数 $\dfrac{\mathrm{d}^2 y}{\mathrm{d}x^2}$.

解　方程两边同时对 x 求导，得

$$1 - \frac{\mathrm{d}y}{\mathrm{d}x} + \frac{1}{2}\cos y \cdot \frac{\mathrm{d}y}{\mathrm{d}x} = 0,$$

于是

$$\frac{\mathrm{d}y}{\mathrm{d}x} = \frac{2}{2 - \cos y}.$$

上式两边再同时对 x 求导，得

$$\begin{aligned}
\frac{\mathrm{d}^2 y}{\mathrm{d}x^2} &= \frac{0 \cdot (2 - \cos y) - 2\left(0 + \sin y \cdot \dfrac{\mathrm{d}y}{\mathrm{d}x}\right)}{(2 - \cos y)^2} \\
&= \frac{-2\sin y \cdot \dfrac{\mathrm{d}y}{\mathrm{d}x}}{(2 - \cos y)^2} = \frac{-2\sin y \cdot \dfrac{2}{2 - \cos y}}{(2 - \cos y)^2} \\
&= \frac{-4\sin y}{(2 - \cos y)^3}.
\end{aligned}$$

上节已讨论的由参数方程 $\begin{cases} x = \varphi(t), \\ y = \psi(t) \end{cases}$ 所确定的函数 $y = f(x)$ 的导数为

$$\frac{\mathrm{d}y}{\mathrm{d}x} = \frac{\dfrac{\mathrm{d}y}{\mathrm{d}t}}{\dfrac{\mathrm{d}x}{\mathrm{d}t}} = \frac{\psi'(t)}{\varphi'(t)}.$$

假设 $\varphi'(t), \psi'(t)$ 仍可导,则有

$$\frac{\mathrm{d}^2 y}{\mathrm{d}x^2} = \frac{\mathrm{d}}{\mathrm{d}x}\left(\frac{\mathrm{d}y}{\mathrm{d}x}\right) = \frac{\mathrm{d}}{\mathrm{d}t}\left(\frac{\mathrm{d}y}{\mathrm{d}x}\right) \cdot \frac{\mathrm{d}t}{\mathrm{d}x} = \frac{\mathrm{d}}{\mathrm{d}t}\left(\frac{\psi'(t)}{\varphi'(t)}\right) \cdot \frac{1}{\varphi'(t)}$$

$$= \frac{\psi''(t)\varphi'(t) - \psi'(t)\varphi''(t)}{(\varphi'(t))^2} \cdot \frac{1}{\varphi'(t)} = \frac{\psi''(t)\varphi'(t) - \psi'(t)\varphi''(t)}{(\varphi'(t))^3}.$$

例 5

求由参数方程

$$\begin{cases} x = a(t - \sin t), \\ y = a(1 - \cos t) \end{cases}$$

所确定的函数 $y = f(x)$ 的二阶导数.

解 $\dfrac{\mathrm{d}y}{\mathrm{d}x} = \dfrac{\frac{\mathrm{d}y}{\mathrm{d}t}}{\frac{\mathrm{d}x}{\mathrm{d}t}} = \dfrac{a\sin t}{a(1 - \cos t)} = \dfrac{\sin t}{1 - \cos t}$ ($t \neq 2k\pi, k$ 为整数),

$$\frac{\mathrm{d}^2 y}{\mathrm{d}x^2} = \frac{\mathrm{d}}{\mathrm{d}x}\left(\frac{\mathrm{d}y}{\mathrm{d}x}\right) = \frac{\mathrm{d}}{\mathrm{d}t}\left(\frac{\mathrm{d}y}{\mathrm{d}x}\right) \cdot \frac{\mathrm{d}t}{\mathrm{d}x} = \frac{\mathrm{d}}{\mathrm{d}t}\left(\frac{\sin t}{1 - \cos t}\right) \cdot \frac{1}{a(1 - \cos t)}$$

$$= \frac{\cos t(1 - \cos t) - \sin^2 t}{(1 - \cos t)^2} \cdot \frac{1}{a(1 - \cos t)}$$

$$= -\frac{1}{a(1 - \cos t)^2} \quad (t \neq 2k\pi, k \text{ 为整数}).$$

如果函数 $u(x)$ 及 $v(x)$ 均在点 x 处具有 n 阶导数,那么

(1) $u(x) \pm v(x)$ 在点 x 处具有 n 阶导数,且

$$(u \pm v)^{(n)} = u^{(n)} \pm v^{(n)};$$

(2) $u(x)v(x)$ 在点 x 处具有 n 阶导数,且

$$(uv)^{(n)} = \mathrm{C}_n^0 u^{(n)} v^{(0)} + \mathrm{C}_n^1 u^{(n-1)} v' + \mathrm{C}_n^2 u^{(n-2)} v'' + \cdots + \mathrm{C}_n^k u^{(n-k)} v^{(k)} + \cdots + \mathrm{C}_n^n u^{(0)} v^{(n)},$$

这里 $u^{(0)} = u, v^{(0)} = v$. 上式称为**莱布尼茨**(Leibniz)**公式**.

例 6

设函数 $y = \mathrm{e}^{2x} x^2$,求 $y^{(20)}$.

解 令函数 $u = \mathrm{e}^{2x}, v = x^2$. 由于

$$(\mathrm{e}^{2x})^{(n)} = \mathrm{e}^{2x} \cdot 2^n \quad (n = 1, 2, \cdots, 20),$$

$$v' = 2x, \quad v'' = 2, \quad v^{(n)} = 0 \quad (n = 3, 4, \cdots, 20),$$

因此

$$y^{(20)} = (\mathrm{e}^{2x} x^2)^{(20)}$$

$$= (\mathrm{e}^{2x})^{(20)} x^2 + 20(\mathrm{e}^{2x})^{(19)} (x^2)' + \frac{20 \times 19}{2!}(\mathrm{e}^{2x})^{(18)} (x^2)''$$

$$= \mathrm{e}^{2x} \cdot 2^{20} \cdot x^2 + 20\mathrm{e}^{2x} \cdot 2^{19} \cdot 2x + \frac{20 \times 19}{2}\mathrm{e}^{2x} \cdot 2^{18} \cdot 2$$

$$= 2^{20} \mathrm{e}^{2x}(x^2 + 20x + 95).$$

习题 3.5

1. 求下列函数的二阶导数：

(1) $y = \ln(\tan x)$；

(2) $y = x^x$；

(3) $y = \sqrt{a^2 - x^2}$；

(4) $y = \ln(x + \sqrt{1 + x^2})$.

2. 求下列函数的 n 阶导数：

(1) $y = x^n + a_1 x^{n-1} + a_2 x^{n-2} + \cdots + a_{n-1} x + a_n$ （$a_1, a_2, \cdots, a_n$ 都为常数）；

(2) $y = \sin^2 x$；

(3) $y = x \ln x$.

3. 若 $f''(x)$ 存在，求下列函数的二阶导数 $\dfrac{\mathrm{d}^2 y}{\mathrm{d} x^2}$：

(1) $y = f(x^2)$；

(2) $y = \ln(f(x))$.

4. 求下列隐函数的二阶导数 $\dfrac{\mathrm{d}^2 y}{\mathrm{d} x^2}$：

(1) $xy = \mathrm{e}^{x+y}$；

(2) $y = \tan(x + y)$.

5. 设 $y = y(x)$ 是由参数方程

$$\begin{cases} x = \mathrm{e}^{2t} - 1, \\ y = 2\mathrm{e}^t \end{cases}$$

所确定的函数，求 $\dfrac{\mathrm{d}^2 y}{\mathrm{d} x^2}$.

6. 设 $f'(\cos x) = \cos 2x$，求 $f''(x)$.

第六节 微分及其运算

前面已讨论的导数及其运算是微分学的一个重要内容. 本节将讨论的微分及其运算是微分学的另一个重要内容.

一、微分的定义

先考虑一个具体问题：一块正方形薄片受热后，其面积的改变情况.

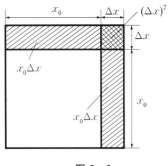

图 3 - 3

一块材质均匀的正方形金属薄片的边长为 x，面积为 A，则 $A = x^2$. 薄片受热影响，若其边长由 x_0 变到 $x_0 + \Delta x$（见图 3 - 3），则该薄片的面积改变量为

$$\Delta A = (x_0 + \Delta x)^2 - x_0^2 = 2x_0 \Delta x + (\Delta x)^2.$$

上式说明，ΔA 由两部分构成：第一部分 $2x_0 \Delta x$ 是 Δx 的线性函数，即图中带斜线的两个矩形面积之和；第二部分 $(\Delta x)^2$ 是比 Δx 高阶的无穷小量（$\Delta x \to 0$），即图中带交叉斜线的小正方形的面积.

易见，当边长 x 改变很微小，即 $|\Delta x|$ 很小时，面积的改变量 ΔA 可近似地用第一部分 $2x_0 \Delta x$ 来代替，即 $\Delta A \approx 2x_0 \Delta x$. 此处，称 $2x_0 \Delta x$ 为函数 $A = x^2$ 在点 x_0 处的微分.

若设函数 $A = x^2 = f(x)$，则 $2x_0 = f'(x_0)$，$(\Delta x)^2 = o(\Delta x)$（当 $\Delta x \to 0$ 时），于是

$$\Delta A = f'(x_0) \Delta x + o(\Delta x).$$

定义 1 设函数 $y = f(x)$ 在点 x_0 的某个邻域 $U(x_0, \delta)$ 内有定义,当自变量 x 在点 x_0 处取得增量 $\Delta x(x_0 + \Delta x$ 仍在该邻域 $U(x_0, \delta)$ 内) 时,如果函数的增量

$$\Delta y = A \Delta x + o(\Delta x),$$

其中 A 是与 Δx 无关的常数,$o(\Delta x)$ 是比 Δx 高阶的无穷小量,那么称函数 $y = f(x)$ 在点 x_0 处**可微**,而 $A \Delta x$ 称为函数 $y = f(x)$ 在点 x_0 处的**微分**,记为 $\mathrm{d}y$,即

$$\mathrm{d}y = A \Delta x.$$

由定义可知,如果函数 $y = f(x)$ 在点 x_0 处可微,那么 $\Delta y - \mathrm{d}y$ 是比 Δx 高阶的无穷小量,即

$$\Delta y - \mathrm{d}y = o(\Delta x) \quad (\Delta x \to 0).$$

因此,当 $|\Delta x|$ 很小时,有

$$\Delta y \approx \mathrm{d}y.$$

通常,我们规定自变量的增量为自变量的微分,即

$$\Delta x = \mathrm{d}x,$$

于是函数的微分 $\mathrm{d}y$ 又可写成

$$\mathrm{d}y = A \mathrm{d}x.$$

二、函数的导数与微分的关系

定理 1 函数 $y = f(x)$ 在点 x_0 处可微的充要条件是函数 $f(x)$ 在点 x_0 处可导.

证 设函数 $y = f(x)$ 在点 x_0 处可微,则有

$$\Delta y = A \Delta x + o(\Delta x),$$

其中 A 是与 Δx 无关的常数,$o(\Delta x)$ 是比 Δx 高阶的无穷小量($\Delta x \to 0$). 于是

$$\frac{\Delta y}{\Delta x} = A + \frac{o(\Delta x)}{\Delta x} \quad (\Delta x \neq 0).$$

上式取极限,得

$$\lim_{\Delta x \to 0} \frac{\Delta y}{\Delta x} = A, \quad 即 \quad f'(x_0) = A.$$

反之,如果函数 $y = f(x)$ 在点 x_0 处可导,则 $\lim\limits_{\Delta x \to 0} \dfrac{\Delta y}{\Delta x}$ 存在,即

$$\lim_{\Delta x \to 0} \frac{\Delta y}{\Delta x} = f'(x_0).$$

根据极限与无穷小量的关系,有

$$\frac{\Delta y}{\Delta x} = f'(x_0) + \alpha,$$

其中 $\lim\limits_{\Delta x \to 0} \alpha = 0$,于是

$$\Delta y = f'(x_0) \Delta x + \alpha \Delta x.$$

上式 $f'(x_0)$ 是不依赖于 Δx 的,又因为 $\lim\limits_{\Delta x \to 0} \dfrac{\alpha \Delta x}{\Delta x} = 0$,所以 $\alpha \Delta x = o(\Delta x)(\Delta x \to 0)$. 这说明函数 $f(x)$ 在点 x_0 处可微.

函数 $y = f(x)$ 在点 x 处的微分可写成

$$\mathrm{d}y = f'(x) \mathrm{d}x,$$

从而有

$$\frac{\mathrm{d}y}{\mathrm{d}x} = f'(x).$$

这就是说，函数的微分 $\mathrm{d}y$ 与自变量的微分 $\mathrm{d}x$ 之商就是该函数的导数. 因此，导数也称为"**微商**".

三、微分的几何意义

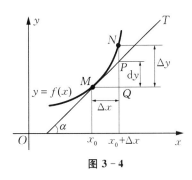

图 3 - 4

设函数 $y = f(x)$ 在点 x_0 处可微，则它在点 x_0 处必可导. 函数 $y = f(x)$ 的图形在点 $M(x_0, f(x_0))$ 处的切线为 MT，切线的倾斜角为 α，$MQ = \Delta x$，$QN = \Delta y$（见图 3 - 4），则

$$\mathrm{d}y = f'(x_0)\Delta x = \tan \alpha \cdot \Delta x = QP.$$

上式表明，函数 $y = f(x)$ 在点 x_0 处的微分的几何意义就是曲线 $y = f(x)$ 在点 $M(x_0, f(x_0))$ 处的切线在横坐标由 x_0 变到 $x_0 + \Delta x$ 时的纵坐标的增量.

四、基本初等函数的微分公式与微分运算法则

由函数的可导与可微的关系知，计算函数 $y = f(x)$ 的微分，只要计算函数的导数，再乘以自变量的微分即可.

1. 基本初等函数的微分公式

(1) $\mathrm{d}(C) = 0$ （C 为常数）；

(2) $\mathrm{d}(x^{\alpha}) = \alpha x^{\alpha-1}\mathrm{d}x$ （α 为实数）；

(3) $\mathrm{d}(a^x) = a^x \ln a\mathrm{d}x$ （$a > 0$ 且 $a \neq 1$）；

(4) $\mathrm{d}(\mathrm{e}^x) = \mathrm{e}^x\mathrm{d}x$；

(5) $\mathrm{d}(\log_a x) = \dfrac{1}{x\ln a}\mathrm{d}x$ （$a > 0$ 且 $a \neq 1$）；

(6) $\mathrm{d}(\ln x) = \dfrac{1}{x}\mathrm{d}x$；

(7) $\mathrm{d}(\sin x) = \cos x\mathrm{d}x$；

(8) $\mathrm{d}(\cos x) = -\sin x\mathrm{d}x$；

(9) $\mathrm{d}(\tan x) = \sec^2 \mathrm{d}x$；

(10) $\mathrm{d}(\cot x) = -\csc^2 x\mathrm{d}x$；

(11) $\mathrm{d}(\sec x) = \sec x\tan x\mathrm{d}x$；

(12) $\mathrm{d}(\csc x) = -\csc x\cot x\mathrm{d}x$；

(13) $\mathrm{d}(\arcsin x) = \dfrac{1}{\sqrt{1-x^2}}\mathrm{d}x$；

(14) $\mathrm{d}(\arccos x) = -\dfrac{1}{\sqrt{1-x^2}}\mathrm{d}x$；

(15) $\mathrm{d}(\arctan x) = \dfrac{1}{1+x^2}\mathrm{d}x$；

(16) $\mathrm{d}(\operatorname{arccot} x) = -\dfrac{1}{1+x^2}\mathrm{d}x$.

2. 微分的四则运算法则

设 $u = u(x), v = v(x)$ 为可微函数，则

(1) $\mathrm{d}(u \pm v) = \mathrm{d}u \pm \mathrm{d}v$；

(2) $\mathrm{d}(uv) = v\mathrm{d}u + u\mathrm{d}v$；

(3) $\mathrm{d}\left(\dfrac{u}{v}\right) = \dfrac{v\mathrm{d}u - u\mathrm{d}v}{v^2}$ （$v \neq 0$）.

3. 复合函数的微分法则

当 u 为自变量时，函数 $y = f(u)$ 的微分为

$$\mathrm{d}y = f'(u)\mathrm{d}u.$$

当 u 为中间变量时，设函数 $y = f(u), u = g(x)$ 均可导，则复合函数 $y = f(g(x))$ 的微分为

$$\mathrm{d}y = (f(g(x)))'\mathrm{d}x = f'(u)g'(x)\mathrm{d}x.$$

又因 $\mathrm{d}u = g'(x)\mathrm{d}x$，则

$$\mathrm{d}y = f'(u)\mathrm{d}u.$$

因此,对于函数 $y = f(u)$,无论 u 是自变量还是中间变量,函数的微分形式都是

$$\mathrm{d}y = f'(u)\mathrm{d}u.$$

这一性质称为**微分形式的不变性**.

例 1

求函数 $y = \mathrm{e}^{-x}\cos 2x$ 的微分.

解 **方法 1** 由微分的定义得

$$\mathrm{d}y = (\mathrm{e}^{-x}\cos 2x)'\mathrm{d}x = [-\mathrm{e}^{-x}\cos 2x + \mathrm{e}^{-x}(-\sin 2x)\cdot 2]\mathrm{d}x$$
$$= -\mathrm{e}^{-x}(\cos 2x + 2\sin 2x)\mathrm{d}x.$$

方法 2 由微分的运算法则得

$$\mathrm{d}y = \cos 2x\mathrm{d}(\mathrm{e}^{-x}) + \mathrm{e}^{-x}\mathrm{d}(\cos 2x) = \cos 2x\mathrm{e}^{-x}\mathrm{d}(-x) + \mathrm{e}^{-x}(-\sin 2x)\mathrm{d}(2x)$$
$$= -\mathrm{e}^{-x}\cos 2x\mathrm{d}x - 2\mathrm{e}^{-x}\sin 2x\mathrm{d}x = -\mathrm{e}^{-x}(\cos 2x + 2\sin 2x)\mathrm{d}x.$$

例 2

求由方程 $xy^2 + \mathrm{e}^y = \cos(x + y^2)$ 所确定的函数的微分.

解 **方法 1** 方程两边同时对 x 求导,得

$$y^2 + 2xyy' + \mathrm{e}^y y' = -\sin(x + y^2)(1 + 2yy'),$$

于是

$$y' = -\frac{y^2 + \sin(x + y^2)}{2xy + \mathrm{e}^y + 2y\sin(x + y^2)},$$

即

$$\mathrm{d}y = -\frac{y^2 + \sin(x + y^2)}{2xy + \mathrm{e}^y + 2y\sin(x + y^2)}\mathrm{d}x.$$

方法 2 方程两边同时求微分,得

$$\mathrm{d}(xy^2) + \mathrm{d}(\mathrm{e}^y) = \mathrm{d}(\cos(x + y^2)),$$
$$y^2\mathrm{d}x + 2xy\mathrm{d}y + \mathrm{e}^y\mathrm{d}y = -\sin(x + y^2)(\mathrm{d}x + 2y\mathrm{d}y),$$

即

$$(2xy + \mathrm{e}^y + 2y\sin(x + y^2))\mathrm{d}y = -(y^2 + \sin(x + y^2))\mathrm{d}x,$$

于是

$$\mathrm{d}y = -\frac{y^2 + \sin(x + y^2)}{2xy + \mathrm{e}^y + 2y\sin(x + y^2)}\mathrm{d}x.$$

五、微分在近似计算中的应用

设函数 $y = f(x)$ 在点 x_0 处可导,且 $f'(x_0) \neq 0$,则当 $|\Delta x|$ 很小时,有

$$\Delta y \approx \mathrm{d}y = f'(x_0)\Delta x, \tag{3-7}$$

即

$$f(x_0 + \Delta x) - f(x_0) \approx f'(x_0)\Delta x.$$

于是

$$f(x_0 + \Delta x) \approx f(x_0) + f'(x_0)\Delta x. \tag{3-8}$$

令 $x_0 + \Delta x = x$,取 $x_0 = 0$,则当 $|x|$ 很小时,有

$$f(x) \approx f(0) + f'(0)x. \tag{3-9}$$

由式(3-7)可求 Δy 的近似值;由式(3-8)可求 $f(x_0+\Delta x)$ 的近似值;由式(3-9)可得到函数的近似公式.

例 3

求 $\sin 29°$ 的近似值.

解 设函数 $f(x)=\sin x$,则 $f'(x)=\cos x$. 取 $x_0=\dfrac{\pi}{6}$,$\Delta x=-\dfrac{\pi}{180}$,由

$$f(x_0+\Delta x)\approx f(x_0)+f'(x_0)\Delta x,$$

得

$$\sin 29°\approx\sin\frac{\pi}{6}+\cos\frac{\pi}{6}\cdot\left(-\frac{\pi}{180}\right)=\frac{1}{2}+\frac{\sqrt{3}}{2}\cdot\left(-\frac{\pi}{180}\right)\approx 0.484\ 9.$$

例 4

当 $|x|$ 较小时,证明:

$$\sqrt[n]{1+x}\approx 1+\frac{1}{n}x.$$

证 设 $f(x)=\sqrt[n]{1+x}$,则

$$f'(x)=\frac{1}{n}(1+x)^{\frac{1}{n}-1}.$$

又因 $f(0)=1$,$f'(0)=\dfrac{1}{n}$,于是由 $f(x)\approx f(0)+f'(0)x$,得

$$\sqrt[n]{1+x}\approx 1+\frac{1}{n}x.$$

类似地,可以证明当 $|x|$ 较小时,有

$$\sin x\approx x,\quad \tan x\approx x,\quad \mathrm{e}^x\approx 1+x,\quad \ln(1+x)\approx x.$$

习 题 3.6

1. 求下列函数的微分:

(1) $y=\tan^2(1+2x^2)$;

(2) $y=\mathrm{e}^{-x}\cos(3-x)$;

(3) $y=\arcsin\sqrt{1-x^2}$;

(4) $y=(\ln(1-x))^2$.

2. 将适当的函数填入下列括号内,使等式成立:

(1) $\mathrm{d}(\quad)=\mathrm{e}^{-2x}\mathrm{d}x$;

(2) $\mathrm{d}(\quad)=\dfrac{\mathrm{d}x}{\sqrt{x}}$;

(3) $\mathrm{d}(\quad)=\sec^2 3x\mathrm{d}x$;

(4) $\mathrm{d}(\quad)=\dfrac{\ln x}{x}\mathrm{d}x$.

3. 已知 $f'(x)$,$\varphi'(x)$ 存在,求下列函数的微分:

(1) $y=f(1-2x)+\sin f(x)$;

(2) $y=f(x^2+\varphi(x))$.

4. 计算下列各数的近似值:

(1) $\cos 60°30'$;

(2) $\arcsin 0.500\ 2$;

(3) $\sqrt[3]{996}$.

5. 当 $|x|$ 较小时,证明下列近似公式:

(1) $\ln(1+x)\approx x$;

(2) $\dfrac{1}{1+x}\approx 1-x$.

第七节　导数在边际分析及弹性分析中的应用

在对现实的经济现象及经济关系进行的定量研究中,必须考察经济变量之间的数量关系,分析当其他条件不变时,一个变量发生一定的变动,对另一个变量的影响程度.这就是经济结构分析.常用的经济结构分析方法有边际分析、弹性分析、乘数分析、比较静力分析等.

本节讨论导数在边际分析及弹性分析中的应用.

一、边际分析

在经济学中,边际概念是与导数密切相关的,反映了一个经济变量相对于另一个经济变量的变化率.

设某经济函数 $y = f(x)$ 可导,则称导数 $f'(x)$ 为函数 $f(x)$ 的**边际函数**,称 $f'(x_0)$ 为函数 $f(x)$ 在点 x_0 处的**边际**.

由边际的定义可知,如果 $\Delta x = 1$,则 $f'(x_0) \approx \Delta y$.因此,函数 $f(x)$ 在点 x_0 处的边际表明,当自变量 x 在点 x_0 处再增加一个单位时,函数约改变 $f'(x_0)$ 个单位.

易见,用边际衡量因变量 y 对自变量 x 反应的敏感程度时,考虑的是 x 与 y 的绝对改变量 Δx 与 Δy 的相互作用,而 Δx 及 Δy 都是有量纲约束的.

设某厂商生产产品的总成本函数 $C = C(Q)$(Q 为产量)可导,则边际成本为

$$\mathrm{MC} = C'(Q).$$

边际成本 MC 表示产量为 Q 时,再生产一个单位产品所增加的成本.

设厂商的价格函数为 $P = P(Q)$(Q 为销售量,P 为价格),则厂商的总收益函数为 $R = R(Q) = QP(Q)$.如果 $R(Q)$ 可导,则边际收益为

$$\mathrm{MR} = R'(Q).$$

边际收益 MR 表示销售量为 Q 时,再销售一个单位产品所增加的收入.

设厂商的总利润函数为 $L(Q)$,则

$$L(Q) = R(Q) - C(Q).$$

设 $R(Q), C(Q)$ 均可导,则边际利润为 $\mathrm{ML} = L'(Q)$,即

$$\mathrm{ML} = R'(Q) - C'(Q).$$

边际利润 ML 表示销售量为 Q 时,再销售一个单位产品所增加的利润.

例 1

边际消费倾向.为了研究居民的消费行为,经济学的消费经济理论认为,居民消费支出与其收入成正比例.如果居民消费支出 y 与居民收入 x 的关系表示为如下消费函数:

$$y = \alpha + \beta x \quad (\alpha > 0, 0 < \beta < 1),$$

则称 $\dfrac{\mathrm{d}y}{\mathrm{d}x} = \beta$ 为边际消费倾向,记为 MPC,即

$$\mathrm{MPC} = \beta.$$

边际消费倾向 $\mathrm{MPC} = \beta$ 表示居民收入每增加一个单位时,居民消费支出大约增加 β 个单位.

二、弹性分析

物理学中的弹性概念在引入经济学中后得到了广泛的应用.所谓弹性,是借助变量的相对改

变量定量地描述经济变量 y 对另一经济变量 x 变化的反应的灵敏程度. 这里的弹性是没有量纲约束的.

设某经济函数 $y = f(x)$ 在点 x_0 处可导，x 在点 x_0 处有增量 Δx，相应地，y 在点 y_0 处有增量 Δy，则称 $\dfrac{\Delta x}{x_0}$ 为 x 在点 x_0 处的相对改变量，称 $\dfrac{\Delta y}{y_0}$ 为 y 在点 y_0 处的相对改变量，称

$$\frac{\Delta y}{y_0} \bigg/ \frac{\Delta x}{x_0}$$

为函数 $f(x)$ 在点 x_0 处的**弧弹性**.

如果极限

$$\lim_{\Delta x \to 0} \left(\frac{\Delta y}{y_0} \bigg/ \frac{\Delta x}{x_0} \right)$$

存在，则称该极限值为函数 $f(x)$ 在点 x_0 处的**点弹性**，记为

$$E_{yx} \bigg|_{x=x_0}, \quad \frac{Ey}{Ex} \bigg|_{x=x_0} \quad \text{或} \quad e_y \bigg|_{x=x_0}.$$

点弹性公式为

$$E_{yx} \bigg|_{x=x_0} = \frac{x_0}{f(x_0)} f'(x_0).$$

一般地，函数 $y = f(x)$ 关于 x 的弹性为

$$E_{yx} = \frac{x}{y} \cdot \frac{\mathrm{d}y}{\mathrm{d}x}.$$

由弹性的定义可知

$$E_{yx} \bigg|_{x=x_0} \approx \frac{\Delta y}{y_0} \bigg/ \frac{\Delta x}{x_0}.$$

因此，函数 $y = f(x)$ 关于 x 的弹性表明，当 x 在点 x_0 处变动 1% 时，y 大约变动 $\left| E_{yx} \big|_{x=x_0} \right| \%$.

例 2

需求的价格弹性. 设某商品的需求量 Q 关于价格 P 的函数 $Q = f(P)$ 可导，则需求的价格弹性为

$$e_{\mathrm{d}} = \frac{P}{Q} \cdot \frac{\mathrm{d}Q}{\mathrm{d}P}.$$

由于在不考虑其他因素的情况下，需求量 Q 是价格 P 的单调减少函数，因此 $\dfrac{\mathrm{d}Q}{\mathrm{d}P} < 0$，从而 $e_{\mathrm{d}} < 0$.

需求的价格弹性表示当一种商品的价格变动 1% 时，所引起的该商品的需求量变化的百分比.

当 $|e_{\mathrm{d}}| = 1$ 时，称该商品是**单位弹性**的；当 $|e_{\mathrm{d}}| < 1$ 时，称该商品是**缺乏弹性**的；当 $|e_{\mathrm{d}}| > 1$ 时，称该商品是**富有弹性**的.

例 3

设一厂商的某种商品的需求量 Q 关于价格 P 的函数 $Q = f(P)$ 可导，试利用需求的价格弹性分析该商品价格的变动对其总收益的影响.

解　该厂商的总收益函数为

$$R = R(P) = PQ.$$

因为

$$\Delta R \approx \mathrm{d}R = \mathrm{d}(PQ) = P\mathrm{d}Q + Q\mathrm{d}P,$$

又 $e_{\mathrm{d}} = \dfrac{P}{Q} \cdot \dfrac{\mathrm{d}Q}{\mathrm{d}P}$，且 $e_{\mathrm{d}} < 0$，所以

$$\Delta R \approx e_{\mathrm{d}} Q \mathrm{d}P + Q \mathrm{d}P = (1 - \mid e_{\mathrm{d}} \mid) Q \mathrm{d}P.$$

当 $\mid e_{\mathrm{d}} \mid = 1$ 时，商品价格的变动对总收益几乎没有影响；当 $\mid e_{\mathrm{d}} \mid < 1$ 时，提价会增加总收益；当 $\mid e_{\mathrm{d}} \mid > 1$ 时，降价会增加总收益.

例 4

需求的交叉价格弹性. 一种商品的需求量受多种因素影响，相关商品的价格就是其中一个因素. 假设商品 X 的需求量 Q_{X} 是它的相关商品 Y 的价格 P_{Y} 的函数，即 $Q_{\mathrm{X}} = f(P_{\mathrm{Y}})$，则商品 X 的需求的交叉价格弹性为

$$e_{\mathrm{XY}} = \lim_{\Delta P_{\mathrm{Y}} \to 0} \frac{\dfrac{\Delta Q_{\mathrm{X}}}{Q_{\mathrm{X}}}}{\dfrac{\Delta P_{\mathrm{Y}}}{P_{\mathrm{Y}}}} = \frac{P_{\mathrm{Y}}}{Q_{\mathrm{X}}} \cdot \frac{\mathrm{d}Q_{\mathrm{X}}}{\mathrm{d}P_{\mathrm{Y}}}.$$

需求的交叉价格弹性表示一种商品的需求量的变动对它的相关商品的价格的变动的反应程度，或者说，当一种商品的价格变动 1% 时，所引起的另一种商品的需求量变化的百分比.

例 5

需求的收入弹性. 假设某商品的需求量 Q 是消费者收入水平 M 的函数，即 $Q = f(M)$，则该商品的需求的收入弹性为

$$e_M = \lim_{\Delta M \to 0} \frac{\dfrac{\Delta Q}{Q}}{\dfrac{\Delta M}{M}} = \frac{M}{Q} \cdot \frac{\mathrm{d}Q}{\mathrm{d}M}.$$

需求的收入弹性表示在一定时期内，消费者对某种商品的需求量的变动对于消费者收入水平变动的反应程度，或者说，在一定时期内当消费者收入水平变动 1% 时，所引起的商品需求量变化的百分比.

例 6

已知经济变量 x 与 y 有函数关系

$$\ln y = \ln \beta_1 + \beta_2 \ln x,$$

试用弹性解释系数 β_2 的作用.

解 由 $\ln y = \ln \beta_1 + \beta_2 \ln x$，得 $y = \beta_1 x^{\beta_2}$，故

$$E_{yx} = \frac{x}{y} \cdot \frac{\mathrm{d}y}{\mathrm{d}x} = \frac{x}{\beta_1 x^{\beta_2}} \beta_1 \beta_2 x^{\beta_2 - 1} = \beta_2.$$

因此，系数 β_2 是变量 y 关于变量 x 的弹性，它衡量了当 x 变动 1% 时，变量 y 大约变化的百分比.

例 7

设某产品的总成本函数和价格函数分别为

$$C(x) = 400 + 3x + \frac{1}{2} x^2, \quad P = \frac{100}{\sqrt{x}},$$

其中 x 为产量（设产量等于需求量），P 为价格，试求边际成本、边际收益和收益的价格弹性.

解 $\mathrm{MC} = C'(x) = 3 + x,$

$$\mathrm{MR} = R'(x) = \left(\frac{100}{\sqrt{x}} \cdot x \right)' = (100\sqrt{x})' = \frac{50}{\sqrt{x}},$$

$$E_{RP} = \frac{P}{R} \cdot \frac{\mathrm{d}R}{\mathrm{d}P} = \frac{P^2}{100^2} \cdot \left(-\frac{100^2}{P^2} \right) = -1.$$

三、增长率

设 y 是时间 t 的函数 $y = f(t)$，则定义

$$\lim_{\Delta t \to 0} \frac{\dfrac{f(t + \Delta t) - f(t)}{f(t)}}{\Delta t} = \frac{f'(t)}{f(t)} = \frac{1}{y} \cdot \frac{\mathrm{d}y}{\mathrm{d}t}$$

为函数 $y = f(t)$ 在 t 时刻的**瞬时增长率**，简称**增长率**.

例 8

已知指数函数 $y = A_0 \mathrm{e}^{rt}$（r 为常数），求该函数在 t 时刻的增长率.

解　因为

$$\frac{1}{y} \cdot \frac{\mathrm{d}y}{\mathrm{d}t} = \frac{A_0 \mathrm{e}^{rt} r}{A_0 \mathrm{e}^{rt}} = r,$$

所以该指数函数在任何 t 时刻的增长率都为常数 r.

习 题 3.7

1. 设某工厂每月生产产品的固定成本为 $1\,000$ 元，生产 x 单位产品的可变成本（单位：元）为 $0.01x^2 + 10x$. 如果每单位产品的售价为 30 元，试求边际成本及边际利润.

2. 设某产品的需求函数为 $Q = 100 - 5P$，其中 P 为价格，Q 为需求量，求 $Q = 20$ 时的边际收益，并解释其经济意义.

3. 设某商品的需求函数为 $Q = 400 - 100P$，其中 P 为价格，Q 为需求量，求 $P = 3$ 时的需求的价格弹性，并解释其经济意义.

综合习题三

1. 设函数 $f(x) = x \sqrt{\dfrac{1 + x^2 + x^3}{1 - x^2 + x^3}}$，求 $f'(0)$.

2. 设函数 $f(x) = \cos x^{\frac{2}{3}}$，用导数的定义求 $f'(0)$.

3. 设函数 $f(x)$ 在点 $x = 2$ 处连续，且 $\lim\limits_{x \to 2} \dfrac{f(x)}{x - 2} = 3$，求 $f'(2)$.

4. 设函数 $\varphi(x) = \begin{cases} x^2 \cos \dfrac{1}{x}, & x \neq 0, \\ 0, & x = 0, \end{cases}$ 且函数 $f(x)$ 在点 $x = 0$ 处可导. 令函数 $F(x) = f(\varphi(x))$，求 $F'(0)$.

5. 设函数 $f(x) = \dfrac{(x-1)(x-2)(x-3)\cdots(x-n)}{(x+1)(x+2)(x+3)\cdots(x+n)}$，求 $f'(1)$.

6. 设函数 $f(x)$ 对任何 x 恒有

$$f(x + y) = f(x) + f(y)$$

成立,且 $f'(0) = a(\neq 0)$,试确定 $f'(x)$.

7.求下列函数的导数 $\dfrac{\mathrm{d}y}{\mathrm{d}x}$:

(1) $y = \ln(\mathrm{e}^x + \sqrt{1 + \mathrm{e}^{2x}})$;

(2) $y = \dfrac{1}{\sqrt{1 + x^2}\,(x + \sqrt{1 + x^2})}$;

(3) $y = \mathrm{e}^{\sqrt{1 + x^2}}$.

8.已知函数 $f(u)$ 可导,求下列函数的导数 $\dfrac{\mathrm{d}y}{\mathrm{d}x}$:

(1) $y = \mathrm{e}^{f\left(\frac{1}{x} + \sqrt{1 + x^2}\right)}$; (2) $y = f(f(f(\sin x + \cos x)))$.

9.求由方程 $\sin y = xy^2 - \mathrm{e}^x$ 所确定的隐函数 $y = y(x)$ 的导数 $\dfrac{\mathrm{d}y}{\mathrm{d}x}$.

10.求下列函数的导数:

(1) $y = (1 + x^3)^{\cos x^2}$; (2) $y = |(x-1)(x-3)^2|$.

11.设函数 $f(x)$ 二阶可导,求 $y = f(\mathrm{e}^x + x)$ 的二阶导数.

12.设函数 $f(x) = \begin{cases} ax^2 + bx + c, & x < 0, \\ \ln(1 + x), & x \geq 0, \end{cases}$ 如何选取 a, b 及 c,才能使得函数 $f(x)$ 处处具有一阶连续导数,但在点 $x = 0$ 处却不存在二阶导数?

13.设函数 $y = \dfrac{4x^2 - 1}{x^2 - 1}$,求 $y^{(100)}$.

14.设由方程 $xy + \mathrm{e}^y = 0$ 确定 y 是 x 的隐函数,求 y''.

15.设函数 $y = x^2 \ln x^2 + \cos x$,求 $\mathrm{d}y$.

16.设函数 $y = f(\mathrm{e}^{\varphi(x)})$,其中函数 $\varphi(x), f(u)$ 均可微,求 $\mathrm{d}y$.

17.设方程 $xy^2 + \arctan y = \dfrac{\pi}{4}$,求 $\mathrm{d}y\Big|_{x=0}$.

18.求曲线 $xy + \ln y = 1$ 在点 $(1,1)$ 处的切线方程.

19.设 $a > 0$,且 $|b|$ 与 a^n 相比是很小的量,证明:

$$\sqrt[n]{a^n + b} \approx a + \frac{b}{na^{n-1}}.$$

20.设某产品的价格函数和总成本函数分别为

$$P = 80 - 0.1Q, \quad C(Q) = 5\,000 + 20Q,$$

其中 Q 为销售量,P 为价格,求边际利润,并计算 $Q = 150$ 时的边际利润且解释其经济意义.

21.设某产品的总成本函数为 $C = aQ^2 + bQ + c$,需求函数为 $Q = \dfrac{1}{e}(d - P)$,其中 C 为总成本,Q 为需求量(即产量),P 为价格,a, b, c, d, e 都是正常数,且 $d > b$,试求:

(1)需求的价格弹性;

(2)边际利润为零时的需求量.

第 四 章

微分中值定理与导数的应用

第三章学习了导数的概念,并讨论了导数的计算方法,本章将用导数来研究函数及曲线的某些性态,并利用这些知识解决一些实际问题.我们首先介绍微分学中的几个中值定理,它们是导数应用的理论基础.

第一节　微分中值定理

一、罗尔中值定理

在讲述罗尔(Rolle)中值定理前,先介绍费马(Fermat)引理.

费马引理　设函数 $f(x)$ 在点 x_0 的某个邻域 $U(x_0)$ 内有定义,并且在点 x_0 处可导.如果对任意的 $x \in U(x_0)$,有

$$f(x) \leqslant f(x_0) \quad (\text{或 } f(x) \geqslant f(x_0)),$$

那么 $f'(x_0) = 0$.

　　证　不妨设 $\forall x \in U(x_0)$,有 $f(x) \leqslant f(x_0)$(如果 $f(x) \geqslant f(x_0)$,可类似证明).对 $x_0 + \Delta x \in U(x_0)$,有

$$f(x_0 + \Delta x) \leqslant f(x_0),$$

从而当 $\Delta x > 0$ 时,

$$\frac{f(x_0 + \Delta x) - f(x_0)}{\Delta x} \leqslant 0 ;$$

当 $\Delta x < 0$ 时,

$$\frac{f(x_0 + \Delta x) - f(x_0)}{\Delta x} \geqslant 0.$$

　　根据函数 $f(x)$ 在点 x_0 处可导及极限的保号性,有

$$f'(x_0) = f'_+(x_0) = \lim_{\Delta x \to 0^+} \frac{f(x_0 + \Delta x) - f(x_0)}{\Delta x} \leqslant 0,$$

$$f'(x_0) = f'_-(x_0) = \lim_{\Delta x \to 0^-} \frac{f(x_0 + \Delta x) - f(x_0)}{\Delta x} \geqslant 0.$$

因此,$f'(x_0) = 0$.

通常称使得导数等于零的点为函数的驻点(或稳定点、临界点).

定理 1(罗尔中值定理) 如果函数 $f(x)$ 满足:

(1) 在闭区间 $[a,b]$ 上连续,

(2) 在开区间 (a,b) 内可导,

(3) $f(a) = f(b)$,

那么在开区间 (a,b) 内至少存在一点 ξ,使得

$$f'(\xi) = 0. \tag{4-1}$$

证 因为函数 $f(x)$ 在闭区间 $[a,b]$ 上连续,所以 $f(x)$ 在 $[a,b]$ 上必能取得最大值 M 和最小值 m.

(1) 若 $M = m$,则 $f(x)$ 在 $[a,b]$ 上恒等于常数 M. 因此,在 (a,b) 内恒有 $f'(x) = 0$,则 (a,b) 内任一点都可作为 ξ,有 $f'(\xi) = 0$ 成立.

(2) 若 $M > m$,因 $f(a) = f(b)$,则 M 和 m 至少有一个不能在端点 a 和 b 处取得. 不妨设 $M \neq f(a)$(如果 $m \neq f(a)$,证法完全类似),那么必在 (a,b) 内存在一点 ξ,使得 $f(\xi) = M$. 由费马引理知,$f'(\xi) = 0$.

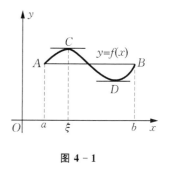

图 4 - 1

罗尔中值定理的几何意义是:如果连续曲线 $y = f(x)$ 在点 A,B 处的纵坐标相等,曲线在开区间 (a,b) 内各点处都有不垂直于 x 轴的切线,那么在弧 $\overparen{AB}$ 上至少存在一点 $C(\xi, f(\xi))$,曲线在点 C 处的切线平行于 x 轴(见图 4 - 1).

例 1

验证函数 $f(x) = (x-1)(x-2)(x-3)$ 在闭区间 $[1,2],[2,3]$ 上罗尔中值定理成立,并不求导数,判断方程 $f'(x) = 0$ 有几个实根,以及各个实根所在的范围.

解 函数 $f(x)$ 是初等函数,它在闭区间 $[1,2],[2,3]$ 上连续,在开区间 $(1,2),(2,3)$ 内可导,又 $f(1) = f(2) = f(3) = 0$,所以 $f(x)$ 在 $[1,2],[2,3]$ 上满足罗尔中值定理的条件. 因此,在 $(1,2)$ 内至少存在一点 ξ_1,使得 $f'(\xi_1) = 0,\xi_1$ 是 $f'(x) = 0$ 的一个实根;在 $(2,3)$ 内至少存在一点 ξ_2,使得 $f'(\xi_2) = 0,\xi_2$ 是 $f'(x) = 0$ 的一个实根.

因为 $f'(x)$ 是一个二次多项式,所以方程 $f'(x) = 0$ 只能有两个实根,分别在开区间 $(1,2)$ 及 $(2,3)$ 内.

注意 若罗尔中值定理的三个条件有一个不满足,则定理的结论就可能不成立(见图 4-2).

例 2

设函数 $f(x) = |x|, x \in [-1,1], f(x)$ 在点 $x = 0$ 处不可导,因而不满足开区间可导的条件. 虽然 $f(x)$ 满足罗尔中值定理的另外两个条件,但是不满足罗尔中值定理的全部条件,显然也没有水平切线.

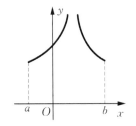

（a）$y = f(x)$在$[a,b]$上不连续

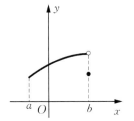

（b）$y = f(x)$在端点b处不连续

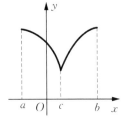

（c）$y = f(x)$在点c处不可导

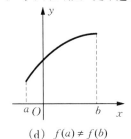

（d）$f(a) \neq f(b)$

图 4 - 2

二、拉格朗日中值定理

罗尔中值定理中，$f(a) = f(b)$ 这个条件相当特殊，它使罗尔中值定理的应用受到限制. 如果把 $f(a) = f(b)$ 这个条件取消，但仍保留其余两个条件，就可得到微分学中十分重要的拉格朗日（Lagrange）中值定理.

定理 2（拉格朗日中值定理）   如果函数 $f(x)$ 满足：

（1）在闭区间$[a,b]$上连续，

（2）在开区间(a,b)内可导，

那么在开区间(a,b)内至少存在一点ξ，使得等式

$$f(b) - f(a) = f'(\xi)(b - a) \tag{4-2}$$

成立.

在给出证明之前，先分析下定理的几何意义. 如果把式$(4-2)$改写成

$$\frac{f(b) - f(a)}{b - a} = f'(\xi),$$

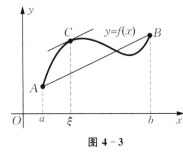

图 4 - 3

由图$4-3$可以看出，$\dfrac{f(b) - f(a)}{b - a}$ 是弦 AB 的斜率，而 $f'(\xi)$ 是曲线在点 C 处切线的斜率. 拉格朗日中值定理的几何意义是：如果连续曲线 $y = f(x)$ 的弧 $\overset{\frown}{AB}$ 上除端点外处处具有不垂直于 x 轴的切线，那么弧 $\overset{\frown}{AB}$ 上至少存在一点C，使曲线在点 C 处的切线平行于弦 AB.

由图$4-1$可以看出，在罗尔中值定理中，由于 $f(a) = f(b)$，弦 AB 是平行于 x 轴的，因此点 C 处的切线实际上也平行于弦 AB. 由此可见，罗尔中值定理是拉格朗日中值定理的特殊情形.

从拉格朗日中值定理与罗尔中值定理的关系，自然想到利用罗尔中值定理来证明拉格朗日中值定理.

易知，弦 AB 的方程为

$$y = f(a) + \frac{f(b) - f(a)}{b - a}(x - a).$$

它是 x 的线性函数,并且在闭区间 $[a,b]$ 上连续,在开区间 (a,b) 内可导,其导数也就是弦 AB 的斜率 $\frac{f(b) - f(a)}{b - a}$,我们需要证明至少存在一点 $\xi \in (a,b)$,使得

$$f'(\xi) = \frac{f(b) - f(a)}{b - a}.$$

证 作辅助函数

$$\varphi(x) = f(x) - \left[f(a) + \frac{f(b) - f(a)}{b - a}(x - a) \right].$$

由定理的假设易知 $\varphi(x)$ 满足:(1) 在闭区间 $[a,b]$ 上连续;(2) 在开区间 (a,b) 内可导;(3) $\varphi(a) = \varphi(b) = 0$. 因此由罗尔中值定理可知,至少存在一点 $\xi \in (a,b)$,使得

$$\varphi'(\xi) = f'(\xi) - \frac{f(b) - f(a)}{b - a} = 0,$$

即

$$f'(\xi) = \frac{f(b) - f(a)}{b - a}.$$

式 $(4-2)$ 称为**拉格朗日中值公式**. 显然,拉格朗日中值公式又可写为

$$f(b) = f(a) + f'(\xi)(b - a). \tag{4-3}$$

由于 $\xi \in (a,b)$,因此 ξ 可表示成

$$\xi = a + \theta(b - a),$$

其中 $\theta \in (0,1)$. 于是,式 $(4-3)$ 也可改写成

$$f(b) = f(a) + f'(a + \theta(b - a))(b - a) \quad (0 < \theta < 1). \tag{4-4}$$

罗尔中值定理是拉格朗日中值定理当 $f(a) = f(b)$ 时的特殊情形.

推论 1 如果函数 $f(x)$ 在开区间 (a,b) 内导数恒为零,那么 $f(x)$ 在 (a,b) 内是常数.

证 在开区间 (a,b) 内任取两点 $x_1, x_2 (x_1 < x_2)$,在闭区间 $[x_1, x_2]$ 上应用拉格朗日中值定理可得

$$f(x_2) - f(x_1) = f'(\xi)(x_2 - x_1) \quad (x_1 < \xi < x_2),$$

由假设 $f'(\xi) = 0$ 可知

$$f(x_1) = f(x_2).$$

因为点 x_1, x_2 是 (a,b) 内的任意两点,所以 $f(x)$ 在 (a,b) 内函数值总是相等的,即 $f(x)$ 在 (a,b) 内是一个常数.

推论 2 如果函数 $f(x)$ 与 $g(x)$ 在区间 (a,b) 内每一点的导数 $f'(x)$ 与 $g'(x)$ 都相等,那么这两个函数在区间 (a,b) 内至多相差一个常数.

证 由假设可知,对一切 $x \in (a,b)$,都有 $f'(x) = g'(x)$,因此

$$(f(x) - g(x))' = 0$$

在 (a,b) 内恒成立. 于是,由推论 1 可得,函数 $f(x) - g(x)$ 在区间 (a,b) 内恒等于一个常数,即存在常数 C,使得

$$f(x) \equiv g(x) + C.$$

例 3

证明:当 $x > 0$ 时,$\dfrac{x}{1 + x} < \ln(1 + x) < x$.

证 设函数 $f(x) = \ln(1 + x)$,显然 $f(x)$ 在闭区间 $[0, x]$ 上满足拉格朗日中值定理的条件,

根据定理 2, 有

$$f(x) - f(0) = f'(\xi)(x-0) \quad (0 < \xi < x).$$

由于 $f'(\xi) = \dfrac{1}{1+\xi}$, 因此有

$$\ln(1+x) = \frac{x}{1+\xi}.$$

又因 $0 < \xi < x$, 故

$$\frac{x}{1+x} < \frac{x}{1+\xi} < x,$$

从而

$$\frac{x}{1+x} < \ln(1+x) < x \quad (x > 0).$$

三、柯西中值定理

定理 3[柯西(Cauchy)中值定理]　　如果函数 $f(x)$ 与 $g(x)$ 满足：

(1) 在闭区间 $[a,b]$ 上连续，

(2) 在开区间 (a,b) 内可导，

(3) 对任一点 $x \in (a,b), g'(x) \neq 0$,

那么在开区间 (a,b) 内至少存在一点 ξ, 使得等式

$$\frac{f(b) - f(a)}{g(b) - g(a)} = \frac{f'(\xi)}{g'(\xi)} \tag{4-5}$$

成立.

　　证　　由假设 $g'(x) \neq 0$ 以及罗尔中值定理推得 $g(b) - g(a) \neq 0$.

　　作辅助函数

$$\varphi(x) = f(x) - f(a) - \frac{f(b) - f(a)}{g(b) - g(a)}(g(x) - g(a)).$$

易知函数 $\varphi(x)$ 满足: (1) 在闭区间 $[a,b]$ 上连续; (2) 在开区间 (a,b) 内可导; (3) $\varphi(a) = \varphi(b) = 0$, 并且

$$\varphi'(x) = f'(x) - \frac{f(b) - f(a)}{g(b) - g(a)} g'(x).$$

据罗尔中值定理可知, 在开区间 (a,b) 内至少存在一点 ξ, 使得 $\varphi'(\xi) = 0$, 即

$$\frac{f(b) - f(a)}{g(b) - g(a)} = \frac{f'(\xi)}{g'(\xi)}.$$

　　容易看出, 如果取 $g(x) = x$, 那么就有

$$\frac{f(b) - f(a)}{b - a} = f'(\xi) \quad (a < \xi < b).$$

因此, 拉格朗日中值定理是柯西中值定理当 $g(x) = x$ 时的特殊情形.

例 4 ────────────────────────

　　设函数 $f(x) = x^3, \varphi(x) = x^2 + 1, 1 \leqslant x \leqslant 2$, 验证柯西中值定理的正确性.

　　解　　函数 $f(x), \varphi(x)$ 在闭区间 $[1,2]$ 上连续, 在开区间 $(1,2)$ 内可导, 且 $\varphi'(x) = 2x \neq 0$ $(1 \leqslant x \leqslant 2)$, 即 $f(x), \varphi(x)$ 在闭区间 $[1,2]$ 上满足柯西中值定理的条件. 又 $f'(x) = 3x^2$, 令

$$\frac{f'(\xi)}{\varphi'(\xi)} = \frac{3}{2}\xi = \frac{f(2) - f(1)}{\varphi(2) - \varphi(1)} = \frac{7}{3},$$

得到开区间$(1,2)$内有解$\xi = \dfrac{14}{9}$，即存在$\xi = \dfrac{14}{9} \in (1,2)$，使得

$$\frac{f'(\xi)}{\varphi'(\xi)} = \frac{f(2) - f(1)}{\varphi(2) - \varphi(1)}.$$

这就验证了柯西中值定理对函数$f(x) = x^3$和$\varphi(x) = x^2 + 1$在闭区间$[1,2]$上的正确性.

习题 4.1

1．验证函数$f(x) = x^2 - 2x - 3$在闭区间$[-1,3]$上罗尔中值定理成立.

2．设函数$f(x) = \sin x, 0 \leqslant x \leqslant \dfrac{\pi}{2}$，求满足拉格朗日中值公式的$\xi$的值.

3．证明：若$a > b > 0, n > 1$，则$nb^{n-1}(a-b) < a^n - b^n < na^{n-1}(a-b)$.

4．证明不等式$\ln(1+x) - \ln x > \dfrac{1}{1+x} \quad (x > 0)$.

5．不求函数$f(x) = (x-1)(x-2)(x-3)(x-4)$的导数，说明方程$f'(x) = 0$实根的个数及这些根的取值范围.

6．证明恒等式$\arcsin x + \arccos x = \dfrac{\pi}{2} \quad (-1 \leqslant x \leqslant 1)$.

7．设$a > b > 0$，证明不等式$\dfrac{a-b}{a} < \dfrac{\ln a}{\ln b} < \dfrac{a-b}{b}$.

8．设函数$f(x)$在区间I上可微，$a, b \in I$，且$f(a) = f(b) = 0$，证明：$f(x) + f'(x) = 0$至少存在一根$x_0 \in (a,b)$.

第二节　洛必达法则

如果在某一极限过程中，两个函数$f(x)$和$g(x)$都趋于零或都趋于无穷大，那么它们的比值$\dfrac{f(x)}{g(x)}(g(x) \neq 0)$在这一过程中极限可能存在，也可能不存在．例如，$\lim\limits_{x \to 0} \dfrac{\sin x}{x} = 1, \lim\limits_{x \to +\infty} \dfrac{\ln x}{x} = 0.$
我们称这种极限为**未定式**，分别记为"$\dfrac{0}{0}$"或"$\dfrac{\infty}{\infty}$"．这一节，我们将用第一节所学的微分中值定理来解决未定式的极限问题.

定理 1　设函数$f(x)$和$g(x)$满足：

(1) $\lim\limits_{x \to a} f(x) = \lim\limits_{x \to a} g(x) = 0$,

(2) **在点**a**的某个去心邻域内，**$f'(x)$**与**$g'(x)$**都存在且**$g'(x) \neq 0$,

(3) $\lim\limits_{x \to a} \dfrac{f'(x)}{g'(x)} = A(\text{或}\infty)$,

则有

$$\lim_{x \to a} \frac{f(x)}{g(x)} = \lim_{x \to a} \frac{f'(x)}{g'(x)} = A(\text{或}\infty).$$

证　补充函数$f(x)$和$g(x)$在点a的定义：$f(a) = g(a) = 0$，补定义后的$f(x)$和$g(x)$在点a的某个邻域内连续．设x为这个邻域内任一点，那么在以点x及a为端点的区间上，柯西中

值定理的条件均满足,因此有

$$\frac{f(x)}{g(x)} = \frac{f(x)-f(a)}{g(x)-g(a)} = \frac{f'(\xi)}{g'(\xi)} \quad (\xi \text{ 介于 } x \text{ 和 } a \text{ 之间}).$$

显然,当 $x \to a$ 时,$\xi \to a$,于是上式两边取极限得

$$\lim_{x \to a} \frac{f(x)}{g(x)} = \lim_{\xi \to a} \frac{f'(\xi)}{g'(\xi)} = \lim_{x \to a} \frac{f'(x)}{g'(x)}.$$

定理 1 所显示的这种在一定条件下通过分子、分母分别求导再求极限来确定未定式的值的方法,称为**洛必达**(L'Hospital)**法则**.

例 1

求 $\lim\limits_{x \to 2} \dfrac{x^4 - 16}{x - 2}$ $\left(\dfrac{0}{0} \text{ 型}\right)$.

解 $\lim\limits_{x \to 2} \dfrac{x^4 - 16}{x - 2} = \lim\limits_{x \to 2} \dfrac{4x^3}{1} = 32.$

例 2

求 $\lim\limits_{x \to 0} \dfrac{(1+x)^a - 1}{x}$($a$ 为任意实数) $\left(\dfrac{0}{0} \text{ 型}\right)$.

解 $\lim\limits_{x \to 0} \dfrac{(1+x)^a - 1}{x} = \lim\limits_{x \to 0} \dfrac{a(1+x)^{a-1}}{1} = a.$

需要说明的是,如果 $\lim\limits_{x \to a} \dfrac{f'(x)}{g'(x)}$ 还是 $\dfrac{0}{0}$ 型未定式,且 $f'(x)$ 和 $g'(x)$ 能满足定理 1 中的条件,则可继续使用洛必达法则,先确定 $\lim\limits_{x \to a} \dfrac{f'(x)}{g'(x)}$ 的值,从而确定 $\lim\limits_{x \to a} \dfrac{f(x)}{g(x)}$ 的值,即有

$$\lim_{x \to a} \frac{f(x)}{g(x)} = \lim_{x \to a} \frac{f'(x)}{g'(x)} = \lim_{x \to a} \frac{f''(x)}{g''(x)},$$

且可以此类推,直到求出所求的极限.总之,每用一次洛必达法则都必须事先验证函数是否满足定理 1 的条件.

例 3

求 $\lim\limits_{x \to 0} \dfrac{x - \sin x}{x^3}$ $\left(\dfrac{0}{0} \text{ 型}\right)$.

解 $\lim\limits_{x \to 0} \dfrac{x - \sin x}{x^3} = \lim\limits_{x \to 0} \dfrac{1 - \cos x}{3x^2} = \lim\limits_{x \to 0} \dfrac{\sin x}{6x} = \dfrac{1}{6}.$

例 4

求 $\lim\limits_{x \to 0} \dfrac{x^2 \sin \dfrac{1}{x}}{\sin x}$ $\left(\dfrac{0}{0} \text{ 型}\right)$.

解 这个极限属于 $\dfrac{0}{0}$ 型未定式,但分子、分母分别求导后,将化为 $\lim\limits_{x \to 0} \dfrac{2x \sin \dfrac{1}{x} - \cos \dfrac{1}{x}}{\cos x}$,此式振荡无极限,故洛必达法则不能使用.

但是原极限是存在的,可用下法求得:

$$\lim_{x \to 0} \frac{x^2 \sin \dfrac{1}{x}}{\sin x} = \lim_{x \to 0} \left(\frac{x}{\sin x} \cdot x \sin \frac{1}{x} \right) = \lim_{x \to 0} \frac{x}{\sin x} \cdot \lim_{x \to 0} x \sin \frac{1}{x} = 1 \cdot 0 = 0.$$

需要指出,对于 $x \to \infty$ 时的 $\dfrac{0}{0}$ 型未定式以及对于 $x \to a$ 或 $x \to \infty$ 时的 $\dfrac{\infty}{\infty}$ 型未定式,也有相应的洛必达法则. 例如,对于 $x \to \infty$ 时的 $\dfrac{0}{0}$ 型未定式有以下定理.

定理 2 设函数 $f(x)$ 和 $g(x)$ 满足:

(1) $\lim\limits_{x \to \infty} f(x) = \lim\limits_{x \to \infty} g(x) = 0$,

(2) 当 $|x|$ 充分大时,$f'(x)$ 与 $g'(x)$ 都存在,且 $g'(x) \neq 0$,

(3) $\lim\limits_{x \to \infty} \dfrac{f'(x)}{g'(x)} = A(\text{或} \infty)$,

则有

$$\lim_{x \to \infty} \frac{f(x)}{g(x)} = \lim_{x \to \infty} \frac{f'(x)}{g'(x)} = A(\text{或} \infty).$$

证 令 $x = \dfrac{1}{t}$,则当 $x \to \infty$ 时,$t \to 0$,于是

$$\lim_{x \to \infty} \frac{f(x)}{g(x)} = \lim_{t \to 0} \frac{f\left(\dfrac{1}{t}\right)}{g\left(\dfrac{1}{t}\right)}.$$

因为当 $t \to 0$ 时,$f\left(\dfrac{1}{t}\right) \to 0$,$g\left(\dfrac{1}{t}\right) \to 0$,所以由定理 1 得

$$\lim_{t \to 0} \frac{f\left(\dfrac{1}{t}\right)}{g\left(\dfrac{1}{t}\right)} = \lim_{t \to 0} \frac{f'\left(\dfrac{1}{t}\right)\left(-\dfrac{1}{t^2}\right)}{g'\left(\dfrac{1}{t}\right)\left(-\dfrac{1}{t^2}\right)} = \lim_{t \to 0} \frac{f'\left(\dfrac{1}{t}\right)}{g'\left(\dfrac{1}{t}\right)},$$

从而代回变换 $x = \dfrac{1}{t}$,得

$$\lim_{x \to \infty} \frac{f(x)}{g(x)} = \lim_{x \to \infty} \frac{f'(x)}{g'(x)}.$$

例 5

求 $\lim\limits_{x \to +\infty} \dfrac{\dfrac{\pi}{2} - \arctan x}{\dfrac{1}{x}}$ $\left(\dfrac{0}{0} \text{ 型}\right)$.

解 $\lim\limits_{x \to +\infty} \dfrac{\dfrac{\pi}{2} - \arctan x}{\dfrac{1}{x}} = \lim\limits_{x \to +\infty} \dfrac{-\dfrac{1}{1 + x^2}}{-\dfrac{1}{x^2}} = 1.$

例 6

求 $\lim\limits_{x \to +\infty} \dfrac{x^n}{\mathrm{e}^{\lambda x}}$($n$ 为正整数,$\lambda > 0$) $\left(\dfrac{\infty}{\infty} \text{ 型}\right)$.

解 相继用洛必达法则 n 次,得

$$\lim_{x \to +\infty} \frac{x^n}{\mathrm{e}^{\lambda x}} = \lim_{x \to +\infty} \frac{n x^{n-1}}{\lambda \mathrm{e}^{\lambda x}} = \lim_{x \to +\infty} \frac{n(n-1) x^{n-2}}{\lambda^2 \mathrm{e}^{\lambda x}} = \cdots = \lim_{x \to +\infty} \frac{n!}{\lambda^n \mathrm{e}^{\lambda x}} = 0.$$

洛必达法则不仅可用来解决 $\dfrac{0}{0}$ 型和 $\dfrac{\infty}{\infty}$ 型未定式的极限问题,还可以用来解决 $0 \cdot \infty, \infty - \infty,$

$1^{\infty}, 0^{0}, \infty^{0}$ 等型的未定式的极限问题.

例 7

求 $\lim\limits_{x \to +\infty} x\left(\dfrac{\pi}{2} - \arctan x\right)$　（$\infty \cdot 0$ 型）.

解　$\lim\limits_{x \to +\infty} x\left(\dfrac{\pi}{2} - \arctan x\right) = \lim\limits_{x \to +\infty} \dfrac{\dfrac{\pi}{2} - \arctan x}{\dfrac{1}{x}}$　$\left(\dfrac{0}{0}\text{ 型}\right) = \lim\limits_{x \to +\infty} \dfrac{-\dfrac{1}{1+x^2}}{-\dfrac{1}{x^2}}$

$$= \lim\limits_{x \to +\infty} \dfrac{x^2}{1+x^2} = 1.$$

例 8

求 $\lim\limits_{x \to 1}\left(\dfrac{x}{x-1} - \dfrac{1}{\ln x}\right)$　（$\infty - \infty$ 型）.

解　$\lim\limits_{x \to 1}\left(\dfrac{x}{x-1} - \dfrac{1}{\ln x}\right) = \lim\limits_{x \to 1} \dfrac{x\ln x - (x-1)}{(x-1)\ln x}$　$\left(\dfrac{0}{0}\text{ 型}\right) = \lim\limits_{x \to 1} \dfrac{\ln x + 1 - 1}{\ln x + \dfrac{x-1}{x}}$

$$= \lim\limits_{x \to 1} \dfrac{\ln x}{\ln x + 1 - \dfrac{1}{x}}\quad \left(\dfrac{0}{0}\text{ 型}\right) = \lim\limits_{x \to 1} \dfrac{\dfrac{1}{x}}{\dfrac{1}{x} + \dfrac{1}{x^2}} = \dfrac{1}{2}.$$

定理 3　设函数 $f(x)$ 和 $g(x)$ 满足：

(1) $\lim\limits_{x \to a} f(x) = \lim\limits_{x \to a} g(x) = \infty$,

(2) 在点 a 的某个去心邻域内，$f'(x)$ 和 $g'(x)$ 都存在，且 $g'(x) \neq 0$,

(3) $\lim\limits_{x \to a} \dfrac{f'(x)}{g'(x)} = A$（或 ∞）,

则有

$$\lim\limits_{x \to a} \dfrac{f(x)}{g(x)} = \lim\limits_{x \to a} \dfrac{f'(x)}{g'(x)} = A\text{（或 }\infty\text{）}.$$

定理 4　设函数 $f(x)$ 和 $g(x)$ 满足：

(1) $\lim\limits_{x \to \infty} f(x) = \lim\limits_{x \to \infty} g(x) = \infty$,

(2) 当 $|x|$ 充分大时，$f'(x)$ 和 $g'(x)$ 都存在，且 $g'(x) \neq 0$,

(3) $\lim\limits_{x \to \infty} \dfrac{f'(x)}{g'(x)} = A$（或 ∞）,

则有

$$\lim\limits_{x \to \infty} \dfrac{f(x)}{g(x)} = \lim\limits_{x \to \infty} \dfrac{f'(x)}{g'(x)} = A\text{（或 }\infty\text{）}.$$

对 $1^{\infty}, 0^{0}, \infty^{0}$ 等型的未定式，可先化为以 e 为底的指数函数的极限，再利用指数函数的连续性，化为求指数部分的极限，而指数部分的极限，可化为 $\dfrac{0}{0}$ 型或 $\dfrac{\infty}{\infty}$ 型.

例 9

求 $\lim\limits_{x \to +\infty} \dfrac{\ln(1+e^x)}{\sqrt{1+x^2}}$　$\left(\dfrac{\infty}{\infty}\text{ 型}\right)$.

解 $\lim\limits_{x \to +\infty} \dfrac{\ln(1+e^x)}{\sqrt{1+x^2}} = \lim\limits_{x \to +\infty} \dfrac{\dfrac{e^x}{1+e^x}}{\dfrac{x}{\sqrt{1+x^2}}} = \dfrac{\lim\limits_{x \to +\infty} \dfrac{e^x}{1+e^x}}{\lim\limits_{x \to +\infty} \dfrac{x}{\sqrt{1+x^2}}} = \dfrac{1}{1} = 1.$

例 10

求 $\lim\limits_{x \to 0^+} x^x$ （0^0 型）.

解 $\lim\limits_{x \to 0^+} x^x = \lim\limits_{x \to 0^+} e^{x \ln x} = e^{\lim\limits_{x \to 0^+} x \ln x}$ （$0 \cdot \infty$ 型）$= e^{\lim\limits_{x \to 0^+} \frac{\ln x}{\frac{1}{x}}}$ $\left(\dfrac{\infty}{\infty}\ \text{型} \right)$

$= e^{\lim\limits_{x \to 0^+} \frac{\frac{1}{x}}{-\frac{1}{x^2}}} = e^0 = 1.$

例 11

求 $\lim\limits_{x \to +\infty} (x + e^x)^{\frac{1}{x}}$ （∞^0 型）.

解 $\lim\limits_{x \to +\infty} (x + e^x)^{\frac{1}{x}} = \lim\limits_{x \to +\infty} e^{\frac{1}{x} \ln(x+e^x)} = e^{\lim\limits_{x \to +\infty} \frac{\ln(x+e^x)}{x}}$ $\left(\dfrac{\infty}{\infty}\ \text{型} \right) = e^{\lim\limits_{x \to +\infty} \frac{1+e^x}{x+e^x}}$

$= e^{\lim\limits_{x \to +\infty} \frac{e^x}{1+e^x}} = e^{\lim\limits_{x \to +\infty} \frac{e^x}{e^x}} = e.$

洛必达法则是求未定式的一种有效方法,但最好能与其他求极限的方法结合使用. 例如能化简时应尽可能先化简,可应用等价无穷小量替代或重要极限时,应尽可能应用. 这样可简化运算.

例 12

求 $\lim\limits_{x \to 0} \dfrac{\sin^2 x - x \sin x \cos x}{x^4}$ $\left(\dfrac{0}{0}\ \text{型} \right)$.

解 $\lim\limits_{x \to 0} \dfrac{\sin^2 x - x \sin x \cos x}{x^4} = \lim\limits_{x \to 0} \dfrac{\sin x}{x} \cdot \dfrac{\sin x - x \cos x}{x^3} = \lim\limits_{x \to 0} \dfrac{\sin x}{x} \cdot \lim\limits_{x \to 0} \dfrac{\sin x - x \cos x}{x^3}$

$= \lim\limits_{x \to 0} \dfrac{\sin x - x \cos x}{x^3} = \lim\limits_{x \to 0} \dfrac{\cos x - \cos x + x \sin x}{3x^2}$

$= \lim\limits_{x \to 0} \dfrac{\sin x}{3x} = \dfrac{1}{3}.$

例 13

求 $\lim\limits_{x \to 0} \dfrac{e^{x - \sin x} - 1}{\arcsin x^3}$ $\left(\dfrac{0}{0}\ \text{型} \right)$.

解 可先进行等价无穷小量代换.

因 $e^x - 1 \sim x(x \to 0)$,故有 $e^{x-\sin x} - 1 \sim x - \sin x(x \to 0)$;因 $\arcsin x \sim x(x \to 0)$,故有 $\arcsin x^3 \sim x^3(x \to 0)$,从而

$$\lim_{x \to 0} \dfrac{e^{x-\sin x} - 1}{\arcsin x^3} = \lim_{x \to 0} \dfrac{x - \sin x}{x^3} = \lim_{x \to 0} \dfrac{1 - \cos x}{3x^2} = \lim_{x \to 0} \dfrac{\sin x}{6x} = \dfrac{1}{6}.$$

例 14

求 $\lim\limits_{x \to 1} x^{\frac{1}{x-1}}$ （1^∞ 型）.

解 $\lim\limits_{x \to 1} x^{\frac{1}{x-1}} = \lim\limits_{x \to 1} e^{\frac{1}{x-1} \ln x} = e^{\lim\limits_{x \to 1} \frac{\ln x}{x-1}}$ $\left(\dfrac{0}{0}\ \text{型} \right) = e^{\lim\limits_{x \to 1} \frac{1}{x}} = e.$

习题 4.2

1. 求下列极限：

(1) $\lim\limits_{x\to 0}\dfrac{\sin bx}{\sin ax}$ $(a\neq 0)$；

(2) $\lim\limits_{x\to 0}\dfrac{\ln(1+x)}{x^2}$；

(3) $\lim\limits_{x\to 0}\dfrac{e^x-1}{x^2-x}$；

(4) $\lim\limits_{x\to 1}\dfrac{x^3-3x+2}{x^3-x^2-x+1}$；

(5) $\lim\limits_{x\to +\infty}\dfrac{\ln x}{x^n}$ $(n>0)$；

(6) $\lim\limits_{x\to +\infty}x^n\ln x$ $(n>0)$；

(7) $\lim\limits_{x\to \frac{\pi}{2}}(\sec x-\tan x)$；

(8) $\lim\limits_{x\to 0}\dfrac{\tan x-x}{\sin x}$；

(9) $\lim\limits_{x\to \infty}\left(x-x^2\ln\left(1+\dfrac{1}{x}\right)\right)$.

2. 讨论函数

$$f(x)=\begin{cases}\left[\dfrac{(1+x)^{\frac{1}{x}}}{e}\right]^{\frac{1}{x}}, & x>0,\\ e^{-\frac{1}{2}}, & x\leqslant 0\end{cases}$$

在点 $x=0$ 处的连续性.

第三节 泰 勒 公 式

本节我们用柯西中值定理来导出一个重要的公式 —— **泰勒**（Taylor）**公式**. 泰勒公式对复杂函数的研究有十分重要的作用.

对于较复杂的函数, 为便于研究, 往往希望能用一些简单函数（特别是多项式）来近似表达. 在前面微分学的应用中, 我们已经知道当 $|x|$ 很小时, 有如下的近似表达式：

$$e^x\approx 1+x, \quad \sin x\approx x.$$

这些都是用一次多项式来近似表达函数的例子.

但是这种近似表达式存在着不足之处：首先是精确度不高, 它所产生的误差仅是关于 x 的高阶无穷小量；其次是用它做近似计算时, 不能具体估算出误差大小. 因此, 对于精确度要求较高且需要估计误差的情况, 就必须用高次多项式来近似表达函数, 同时给出误差公式.

因而, 我们的问题是：在含点 x_0 的开区间内, 能否找到一个关于 $x-x_0$ 的 n 次多项式

$$P_n(x)=a_0+a_1(x-x_0)+a_2(x-x_0)^2+\cdots+a_n(x-x_0)^n, \tag{4-6}$$

用其近似表达函数 $f(x)$, 且使得 $|f(x)-P_n(x)|$ 是 $(x-x_0)^n$ 当 $x\to x_0$ 时的高阶无穷小量.

不妨设函数 $f(x)$ 在点 x_0 的某个邻域内含有直到 $n+1$ 阶的导数. 下面来讨论：在假设 $P_n(x_0)$, $P'_n(x_0),\cdots,P_n^{(n)}(x_0)$ 分别与 $f(x_0),f'(x_0),\cdots,f^{(n)}(x_0)$ 相等的情况下, 确定系数 $a_0,a_1,a_2,\cdots,a_n$ 的值. 在点 x_0 处对 $P_n(x)$ 求各阶导数, 则有

$$a_0=f(x_0), \quad 1\cdot a_1=f'(x_0), \quad 2!a_2=f''(x_0), \quad \cdots, \quad n!a_n=f^{(n)}(x_0),$$

从而

$$a_0=f(x_0), \quad a_1=f'(x_0), \quad a_2=\frac{1}{2!}f''(x_0), \quad \cdots, \quad a_n=\frac{1}{n!}f^{(n)}(x_0).$$

将它们代入式（4-6）, 得

$$P_n(x)=f(x_0)+f'(x_0)(x-x_0)+\frac{1}{2!}f''(x_0)(x-x_0)^2+\cdots+\frac{1}{n!}f^{(n)}(x_0)(x-x_0)^n.$$

$$\tag{4-7}$$

定理 1（泰勒中值定理） 如果函数 $f(x)$ 在含点 x_0 的某个邻域 $U(x_0)$ 内具有直到 $n+1$ 阶

的导数,则对任一 $x \in U(x_0)$,有

$$f(x) = f(x_0) + f'(x_0)(x - x_0) + \frac{f''(x_0)}{2!}(x - x_0)^2 + \cdots + \frac{f^{(n)}(x_0)}{n!}(x - x_0)^n + R_n(x),$$

$$(4-8)$$

其中

$$R_n(x) = \frac{f^{(n+1)}(\xi)}{(n+1)!}(x - x_0)^{n+1}, \qquad (4-9)$$

这里 ξ 是 x_0 与 x 之间的某个值.

证 设函数 $R_n(x) = f(x) - P_n(x)$. 要证式(4-8),只需证

$$R_n(x) = \frac{f^{(n+1)}(\xi)}{(n+1)!}(x - x_0)^{n+1} \qquad (\xi \text{ 在 } x_0 \text{ 与 } x \text{ 之间}).$$

根据假设可知,$R_n(x)$ 在 $U(x_0)$ 内具有直到 $n+1$ 阶的导数,且

$$R_n(x_0) = R'_n(x_0) = \cdots = R_n^{(n)}(x_0) = 0.$$

下面考虑 $R_n(x)$ 和 $(x - x_0)^{n+1}$,在以点 x_0 和 x 为端点的区间上应用柯西中值定理,得

$$\frac{R_n(x)}{(x - x_0)^{n+1}} = \frac{R_n(x) - R_n(x_0)}{(x - x_0)^{n+1} - 0} = \frac{R'_n(\xi_1)}{(n+1)(\xi_1 - x_0)^n},$$

其中 ξ_1 在 x_0 和 x 之间. 再对两个函数 $R'_n(x)$ 和 $(n+1)(x - x_0)^n$ 在以点 x_0 和 ξ_1 为端点的区间上应用柯西中值定理,得

$$\frac{R'_n(\xi_1) - R'_n(x_0)}{(n+1)(\xi_1 - x_0)^n - 0} = \frac{R''_n(\xi_2)}{(n+1)n(\xi_2 - x_0)^{n-1}},$$

其中 ξ_2 在 x_0 与 ξ_1 之间. 照此方法继续做下去,经过 $n+1$ 次后,得

$$\frac{R_n^{(n)}(\xi_n) - R_n^{(n)}(x_0)}{(n+1)!(\xi_n - x_0) - 0} = \frac{R_n^{(n+1)}(\xi_{n+1})}{(n+1)!},$$

其中 ξ_{n+1} 在 x_0 与 ξ_n 之间. 因此,

$$\frac{R_n(x)}{(x - x_0)^{n+1}} = \frac{R_n^{(n+1)}(\xi_{n+1})}{(n+1)!} = \frac{f^{(n+1)}(\xi_{n+1})}{(n+1)!},$$

于是

$$R_n(x) = \frac{f^{(n+1)}(\xi_{n+1})}{(n+1)!}(x - x_0)^{n+1}.$$

多项式 $P_n(x)$ 称为函数 $f(x)$ 按 $x - x_0$ 的幂展开的 n 阶**泰勒多项式**,$R_n(x)$ 称为**拉格朗日型余项**,公式(4-8)称为函数 $f(x)$ 按 $x - x_0$ 的幂展开的**带拉格朗日型余项的 n 阶泰勒公式**. 特别地,当 $n=1$ 时,$f(x) = f(x_0) + f'(\xi)(x - x_0)$ 就是前面所学的拉格朗日中值公式,其中 ξ 在 x_0 与 x 之间.

由泰勒中值定理可知,以多项式 $P_n(x)$ 近似表达函数 $f(x)$ 时,其误差为 $|R_n(x)|$. 若在邻域 $U(x_0)$ 内,有 $|f^{(n+1)}(x)| \leqslant M$,则

$$|R_n(x)| = \frac{|f^{(n+1)}(\xi)|}{(n+1)!}|x - x_0|^{n+1} \leqslant \frac{M}{(n+1)!}|x - x_0|^{n+1}.$$

显然,$R_n(x) = o((x - x_0)^n)$,即 $\lim\limits_{x \to x_0} \dfrac{R_n(x)}{(x - x_0)^n} = 0$.

于是,n 阶泰勒公式也可写成

$$f(x) = f(x_0) + f'(x_0)(x - x_0) + \cdots + \frac{f^{(n)}(x_0)}{n!}(x - x_0)^n + o((x - x_0)^n), \quad (4-10)$$

其中 $R_n(x) = o((x-x_0)^n)$ 称为**佩亚诺**（Peano）**型余项**，公式（4-10）称为函数 $f(x)$ 按 $x-x_0$ 的幂展开的**带佩亚诺型余项的 n 阶泰勒公式**.

若在公式（4-8）中，令 $x_0 = 0, \xi = \theta x (0 < \theta < 1)$，则有

$$f(x) = f(0) + f'(0)x + \frac{1}{2!}f''(0)x^2 + \cdots + \frac{1}{n!}f^{(n)}(0)x^n + \frac{f^{(n+1)}(\theta x)}{(n+1)!}x^{n+1} \quad (0 < \theta < 1).$$

$$(4-11)$$

式（4-11）称为**带拉格朗日型余项的麦克劳林**（Maclaurin）**公式**.

而

$$f(x) = f(0) + f'(0)x + \frac{1}{2!}f''(0)x^2 + \cdots + \frac{1}{n!}f^{(n)}(0)x^n + o(x^n) \qquad (4-12)$$

称为**带佩亚诺型余项的麦克劳林公式**.

由公式（4-11）或公式（4-12）得函数 $f(x)$ 的近似公式

$$f(x) \approx f(0) + f'(0)x + \frac{f''(0)}{2!}x^2 + \cdots + \frac{f^{(n)}(0)}{n!}x^n,$$

其误差估计为

$$|R_n(x)| \leqslant \frac{M}{(n+1)!}|x|^{n+1}.$$

例 1

写出函数 $f(x) = \mathrm{e}^x$ 的带拉格朗日型余项的 n 阶麦克劳林公式.

解 因为

$$f'(x) = f''(x) = \cdots = f^{(n)}(x) = \mathrm{e}^x, \quad f^{(n+1)}(x) = \mathrm{e}^x,$$

所以

$$f'(0) = f''(0) = \cdots = f^{(n)}(0) = 1, \quad \frac{f^{(n+1)}(\xi)}{(n+1)!} = \frac{\mathrm{e}^\xi}{(n+1)!}.$$

将它们代入公式（4-8），得

$$\mathrm{e}^x = 1 + x + \frac{x^2}{2!} + \cdots + \frac{x^n}{n!} + \frac{\mathrm{e}^\xi}{(n+1)!}x^{n+1} \quad (\xi \text{ 在 } 0 \text{ 和 } x \text{ 之间}).$$

由此可知，若用函数 e^x 的 n 阶泰勒多项式近似表达 e^x，有

$$\mathrm{e}^x \approx 1 + x + \frac{x^2}{2!} + \cdots + \frac{x^n}{n!},$$

这时所产生的误差为

$$|R_n(x)| = \left|\frac{\mathrm{e}^\xi}{(n+1)!}x^{n+1}\right| < \frac{\mathrm{e}^{|x|}}{(n+1)!}|x|^{n+1}.$$

若取 $x = 1$，则

$$\mathrm{e} \approx 1 + 1 + \frac{1}{2!} + \cdots + \frac{1}{n!},$$

其误差为

$$|R_n(x)| < \frac{\mathrm{e}}{(n+1)!} < \frac{3}{(n+1)!}.$$

例 2

求函数 $f(x) = \sin x$ 的带拉格朗日型余项的 n 阶麦克劳林公式.

解 因为

$$f'(x) = \cos x, \quad f''(x) = -\sin x, \quad f'''(x) = -\cos x,$$

$$f^{(4)}(x) = \sin x, \quad \cdots, \quad f^{(n)}(x) = \sin\left(x + \frac{n}{2}\pi\right),$$

所以

$$f'(0) = 1, \quad f''(0) = 0, \quad f'''(0) = -1, \quad f^{(4)}(0) = 0, \quad \cdots,$$

即

$$f^{(n)}(x) = \begin{cases} 0, & n = 2m, \\ (-1)^{m-1}, & n = 2m-1, \end{cases} \quad m \in \mathbf{N}^*.$$

于是

$$\sin x = x - \frac{x^3}{3!} + \frac{x^5}{5!} - \cdots + (-1)^{m-1}\frac{x^{2m-1}}{(2m-1)!} + R_{2m}(x),$$

其中

$$R_{2m}(x) = \frac{\sin\left(\theta x + (2m+1)\dfrac{\pi}{2}\right)}{(2m+1)!}x^{2m+1} \quad (0 < \theta < 1).$$

若取 $m = 1$，则

$$\sin x \approx x,$$

其误差为

$$|R_2| = \left|\frac{\sin\left(\theta x + \dfrac{3}{2}\pi\right)}{3!}x^3\right| \leqslant \frac{|x|^3}{6} \quad (0 < \theta < 1).$$

类似地，还可以得到

$$\cos x = 1 - \frac{1}{2!}x^2 + \frac{1}{4!}x^4 - \cdots + (-1)^m\frac{1}{(2m)!}x^{2m} + R_{2m+1}(x),$$

其中 $R_{2m+1}(x) = \dfrac{\cos(\theta x + (m+1)\pi)}{(2m+2)!}x^{2m+2} \quad (0 < \theta < 1)$；

$$\ln(1+x) = x - \frac{1}{2}x^2 + \frac{1}{3}x^3 - \cdots + (-1)^{n-1}\frac{1}{n}x^n + R_n(x),$$

其中 $R_n(x) = \dfrac{(-1)^n}{(n+1)(1+\theta x)^{n+1}}x^{n+1} \quad (0 < \theta < 1)$；

$$(1+x)^\alpha = 1 + \alpha x + \frac{\alpha(\alpha-1)}{2!}x^2 + \cdots + \frac{\alpha(\alpha-1)\cdots(\alpha-n+1)}{n!}x^n + R_n(x),$$

其中 $R_n(x) = \dfrac{\alpha(\alpha-1)\cdots(\alpha-n+1)(\alpha-n)}{(n+1)!}(1+\theta x)^{\alpha-n-1}x^{n+1} \quad (0 < \theta < 1)$.

以上这些带拉格朗日型余项的 n 阶麦克劳林公式，读者可自行验证.

例3

利用带佩亚诺型余项的麦克劳林公式，求 $\lim\limits_{x \to 0}\dfrac{\sin x - x\cos x}{x^3}$.

解 由于分母是 x^3，我们分别将 $\sin x$ 和 $\cos x$ 用带佩亚诺型余项的三阶和二阶麦克劳林公式表示，即

$$\sin x = x - \frac{x^3}{3!} + o(x^3), \quad \cos x = 1 - \frac{x^2}{2!} + o(x^2),$$

于是

$$\sin x - x\cos x = x - \frac{x^3}{3!} + o(x^3) - x + \frac{x^3}{2!} - o(x^3) = \frac{1}{3}x^3 + o(x^3),$$

故

$$\lim_{x\to 0}\frac{\sin x - x\cos x}{x^3} = \lim_{x\to 0}\frac{\frac{1}{3}x^3 + o(x^3)}{x^3} = \frac{1}{3}.$$

习 题 4.3

1. 按 $x-1$ 的幂展开多项式 $f(x) = x^4 - 5x^3 + x^2 + 4$.

2. 应用麦克劳林公式，将函数 $f(x) = (x^2 - 3x + 1)^3$ 展开成 x 的幂的形式.

3. 验证当 $0 < x \leqslant \frac{1}{2}$ 时，按公式 $\mathrm{e}^x \approx 1 + x + \frac{x^2}{2} + \frac{x^3}{6}$ 计算 e^x 的近似值时，所产生的误差小于 0.01，并求 $\sqrt{\mathrm{e}}$ 的近似值，使得误差小于 0.01.

4. 求函数 $f(x) = \frac{1}{x}$ 按 $x+1$ 的幂展开的带拉格朗日型余项的 n 阶泰勒公式.

5. 利用带佩亚诺型余项的麦克劳林公式，计算 $\lim_{x\to 0}\dfrac{\cos x - \mathrm{e}^{-\frac{x^2}{2}}}{x^2(x + \ln(1-x))}$.

第四节 函数的单调性与极值

一、函数的单调性的判定

第一章已经介绍了函数在区间上单调的概念，现在介绍利用函数的导数判定函数单调性的方法.

如果函数 $f(x)$ 的图形在区间 (a,b) 内每一点的切线斜率都是正值，那么该函数的图形是一条上升的曲线，即函数单调增加（见图 4-4）；如果函数 $f(x)$ 的图形在区间 (a,b) 内每一点的切线的斜率都是负值，那么该函数的图形是一条下降的曲线，即函数单调减少（见图 4-5）.

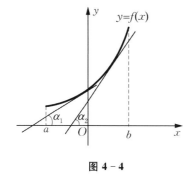

图 4-4　　　　　　　　图 4-5

能否用导数的正负性来判定函数的单调性呢？

定理 1　设函数 $f(x)$ 在区间 (a,b) 内可导.

（1）如果在 (a,b) 内，$f'(x) > 0$，则 $f(x)$ 在 (a,b) 内单调增加；

（2）**如果在** (a,b) **内，** $f'(x) < 0$ **，则** $f(x)$ **在** (a,b) **内单调减少.**

证 在区间 (a,b) 内任取两点 x_1, x_2，设 $x_1 < x_2$，由拉格朗日中值定理得

$$f(x_2) - f(x_1) = f'(\xi)(x_2 - x_1) \quad (x_1 < \xi < x_2).$$

（1）如果 $\forall x \in (a,b)$，$f'(x) > 0$，则 $f'(\xi) > 0$，于是 $f(x_2) > f(x_1)$，即函数 $f(x)$ 在区间 (a,b) 内单调增加.

（2）如果 $\forall x \in (a,b)$，$f'(x) < 0$，则 $f'(\xi) < 0$，于是 $f(x_2) < f(x_1)$，即函数 $f(x)$ 在区间 (a,b) 内单调减少.

例 1

判定函数 $f(x) = x^3 - 3x$ 在 $(-1,1)$ 内的单调性.

解 因 $f'(x) = 3x^2 - 3$，当 $x \in (-1,1)$ 时，$f'(x) < 0$，故函数 $f(x)$ 在 $(-1,1)$ 内单调减少.

注意 如果在区间 (a,b) 内，$f'(x) \geq 0$（或 $f'(x) \leq 0$），但等号只在有限多个点处成立，则函数 $f(x)$ 在 (a,b) 内仍是单调增加（或单调减少）的. 例如函数 $f(x) = x^3$，$f'(0) = 0$，当 $x \neq 0$ 时，$f'(x) = 3x^2 > 0$，但函数 $f(x) = x^3$ 在区间 $(-\infty, +\infty)$ 上单调增加.

例 2

讨论函数 $y = e^x - x - 1$ 的单调性.

解 函数 $y = e^x - x - 1$ 的定义域为 $(-\infty, +\infty)$. 由于 $y' = e^x - 1$，则在 $(-\infty, 0]$ 上，$y' \leq 0$，故函数在 $(-\infty, 0]$ 上单调减少；在 $(0, +\infty)$ 上，$y' > 0$，故函数在 $(0, +\infty)$ 上单调增加.

例 3

讨论函数 $y = \sqrt[3]{x^2}$ 的单调性.

解 函数的定义域为 $(-\infty, +\infty)$. 当 $x \neq 0$ 时，$y' = \dfrac{2}{3\sqrt[3]{x}}$；当 $x = 0$ 时，导数不存在. 在 $(-\infty, 0)$ 上，$y' < 0$，函数 $y = \sqrt[3]{x^2}$ 在 $(-\infty, 0)$ 上单调减少；在 $(0, +\infty)$ 上，$y' > 0$，函数 $y = \sqrt[3]{x^2}$ 在 $(0, +\infty)$ 上单调增加（见图 4-6）.

从例 2 和例 3 可以看到，有些函数在它的定义区间上不是单调的. 若函数在定义区间上连续，除有限个导数为零或导数不存在的点外导数存在且连续，则函数单调性的分界点将出现在这些导数为零或导数不存在的点处. 我们可将这些点作为定义区间的分点，分区间讨论函数的单调性.

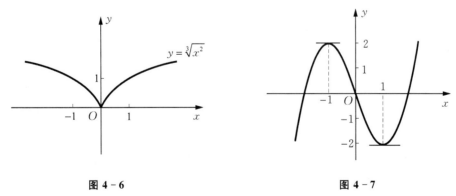

图 4-6   图 4-7

例 4

确定函数 $y = x^3 - 3x$ 的单调区间.

解　函数的定义域为 $(-\infty,+\infty)$. 因 $y'=3x^2-3$,则 $y'=0$ 当且仅当 $x=1$ 或 $x=-1$. 在 $(-\infty,-1)$,$(1,+\infty)$ 上,$y'>0$,函数单调增加;在 $(-1,1)$ 内,$y'<0$,函数单调减少(见图 $4-7$).

利用函数的单调性可以证明不等式.

例 5

证明:当 $x>1$ 时,$e^x>ex$.

证　令函数 $f(x)=e^x-ex$,则 $f'(x)=e^x-e$. 显然,当 $x>1$ 时,$f'(x)>0$,则 $f(x)$ 在 $(1,+\infty)$ 上单调增加. 故 $f(x)>f(1)=0$,即
$$e^x>ex \quad (x>1).$$

二、函数的极值

观察函数 $y=f(x)$ 的图形(见图 $4-8$).

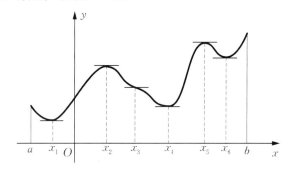

图 $4-8$

在点 x_2 的一个小邻域内,从左至右,函数从单调增加变化到单调减少,点 x_2 是函数单调变化的一个转折点,在这个邻域(除点 x_2 外)内,$f(x_2)>f(x)$,我们称 $f(x_2)$ 是函数 $y=f(x)$ 的极大值. 相反地,在点 x_1 的一个小邻域内,从左至右,函数从单调减少变化到单调增加,点 x_1 也是函数单调变化的一个转折点,在这个邻域(除点 x_1 外)内,$f(x_1)<f(x)$,我们称 $f(x_1)$ 是函数 $y=f(x)$ 的极小值.

定义 1　设函数 $f(x)$ 在点 x_0 的一个 δ 邻域 $(x_0-\delta,x_0+\delta)$ 内有定义. 若对任意的 $x\in(x_0-\delta,x_0+\delta)$ 且 $x\neq x_0$,总有 $f(x)<f(x_0)$,则称 $f(x_0)$ 是函数 $f(x)$ 的**极大值**,点 x_0 称为函数 $f(x)$ 的**极大值点**;若对任意的 $x\in(x_0-\delta,x_0+\delta)$ 且 $x\neq x_0$,总有 $f(x)>f(x_0)$,则称 $f(x_0)$ 是函数 $f(x)$ 的**极小值**,点 x_0 称为函数 $f(x)$ 的**极小值点**.

函数的极大值与极小值统称为函数的**极值**,极大值点与极小值点统称为**极值点**.

值得注意的是,极值是个局部概念,它是极值点与邻近点处的函数值比较而言的,并不意味着它在整个定义区间上最大或最小. 在图 $4-8$ 中,极大值还有 $f(x_5)$,极小值还有 $f(x_4)$ 和 $f(x_6)$.

根据第一节的费马引理,我们有函数 $f(x)$ 在点 x_0 处取得极值的一个必要条件.

定理 2(必要条件)　若函数 $f(x)$ 在点 x_0 处有极值 $f(x_0)$,且 $f'(x_0)$ 存在,则 $f'(x_0)=0$,即点 x_0 是函数 $f(x)$ 的驻点.

反过来,若点 x_0 是函数 $f(x)$ 的驻点,函数 $f(x)$ 是否在点 x_0 处取得极值呢?回答是不一定. 例如函数 $f(x)=x^3$,点 $x=0$ 是函数 $f(x)$ 的驻点,即 $f'(0)=0$,但点 $x=0$ 不是函数 $f(x)$ 的极值点,曲线 $y=f(x)$ 在点 $x=0$ 处左、右两侧图形都是上升的. 由此可知,函数的极值点在驻点

或导数不存在的点处取得,但驻点或导数不存在的点不一定是函数的极值点.我们称驻点或导数不存在的点为**极值可疑点**.

如何确定函数在极值可疑点处是否取得极值呢?下面给出判别极值的方法.

定理 3(极值的第一充分条件) 设函数 $f(x)$ 在点 x_0 的某个邻域 $(x_0-\delta,x_0+\delta)$ 内连续且可导(在点 x_0 处导数可不存在).

(1) 若当 $x\in(x_0-\delta,x_0)$ 时,$f'(x)>0$,而当 $x\in(x_0,x_0+\delta)$ 时,$f'(x)<0$,则函数 $f(x)$ 在点 x_0 处取得极大值;

(2) 若当 $x\in(x_0-\delta,x_0)$ 时,$f'(x)<0$,而当 $x\in(x_0,x_0+\delta)$ 时,$f'(x)>0$,则函数 $f(x)$ 在点 x_0 处取得极小值;

(3) 若当 $x\in(x_0-\delta,x_0)$ 和 $x\in(x_0,x_0+\delta)$ 时,$f'(x)$ 不变号,则函数 $f(x)$ 在点 x_0 处没有极值.

证 我们先证(1),同理可得(2).

(1) 因为 $\forall x\in(x_0-\delta,x_0)$,$f'(x)>0$,则 $f(x)$ 在 $(x_0-\delta,x_0)$ 内单调增加,所以 $f(x)<f(x_0)$. 又因为 $\forall x\in(x_0,x_0+\delta)$,$f'(x)<0$,则 $f(x)$ 在 $(x_0,x_0+\delta)$ 内单调减少,所以 $f(x)<f(x_0)$. 因此,$\forall x\in(x_0-\delta,x_0)\bigcup(x_0,x_0+\delta)$,都有 $f(x)<f(x_0)$,$f(x_0)$ 是函数 $f(x)$ 的极大值.

(3) 因为 $\forall x\in(x_0-\delta,x_0)\bigcup(x_0,x_0+\delta)$,$f'(x)$ 不变号,即恒有 $f'(x)>0$ 或 $f'(x)<0$,函数在点 x_0 处左、右两边单调性不发生变化,因此 $f(x_0)$ 不是函数 $f(x)$ 的极值.

例 6

求函数 $f(x)=x-\dfrac{3}{2}x^{\frac{2}{3}}$ 的单调区间和极值.

解 函数 $f(x)=x-\dfrac{3}{2}x^{\frac{2}{3}}$ 的定义域为 $(-\infty,+\infty)$,

$$f'(x)=1-x^{-\frac{1}{3}}.$$

当 $x=1$ 时,$f'(1)=0$,当 $x=0$ 时,$f'(0)$ 不存在,因此函数有两个极值可疑点 1 和 0. 以这两点为分点,分区间讨论函数导数的符号和单调性情况,列表 4-1.

表 4-1

x	$(-\infty,0)$	0	$(0,1)$	1	$(1,+\infty)$
$f'(x)$	$+$	不存在	$-$	0	$+$
$f(x)$	↗	0 极大值	↘	$-\dfrac{1}{2}$ 极小值	↗

由表 4-1 可知,函数 $f(x)$ 在区间 $(-\infty,0)$,$(1,+\infty)$ 上单调增加,在区间 $(0,1)$ 内单调减少,在点 $x=0$ 处取得极大值 $f(0)=0$,在点 $x=1$ 处取得极小值 $f(1)=-\dfrac{1}{2}$,如图 4-9 所示.

当驻点处函数的二阶导数存在且不为零时,可通过二阶导数的符号判定函数的极值.

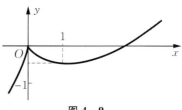

图 4-9

定理 4(极值的第二充分条件) 设 $f'(x_0)=0$ 且 $f''(x_0)$ 存在.

(1) 若 $f''(x_0)>0$,则 $f(x_0)$ 是函数 $f(x)$ 的极小值;

（2）若 $f''(x_0) < 0$，则 $f(x_0)$ 是函数 $f(x)$ 的极大值.

证 （1）$f''(x_0) > 0$，则在点 x_0 的某个邻域内 $f'(x)$ 是单调增加的. 又 $f'(x_0) = 0$，故在点 x_0 的左邻域内，$f'(x) < 0$，在点 x_0 的右邻域内，$f'(x) > 0$，由定理 3 直接判断出 $f(x_0)$ 是函数 $f(x)$ 的极小值.

（2）同理可证.

例如，在例 6 中，点 $x = 1$ 是函数 $f(x) = x - \dfrac{3}{2} x^{\frac{2}{3}}$ 的唯一驻点，$f''(1) = \dfrac{1}{3} > 0$，故 $f(1)$ 是函数 $f(x)$ 的极小值.

例 7

求函数 $f(x) = (x-1)^2 (x+1)^3$ 的单调区间和极值.

解 函数 $f(x)$ 的定义域为 $(-\infty, +\infty)$，
$$f'(x) = (x-1)(x+1)^2(5x-1).$$

令 $f'(x) = 0$，解得函数有三个驻点 $x_1 = -1, x_2 = \dfrac{1}{5}$ 和 $x_3 = 1$，经计算得

$$f''(-1) = 0, \quad f''\left(\frac{1}{5}\right) = -\frac{144}{25} < 0, \quad f''(1) = 16 > 0.$$

通过二阶导数的符号可直接判定 $x_2 = \dfrac{1}{5}$ 和 $x_3 = 1$ 是两个极值点，$f\left(\dfrac{1}{5}\right)$ 是 $f(x)$ 的极大值，$f(1)$ 是 $f(x)$ 的极小值，而 $f''(-1) = 0$，不能由此判定 $f(-1)$ 是否是极值，要观察一阶导数的符号在点 $x_1 = -1$ 处的变化情况才能判定. 列表讨论，如表 4-2 所示.

表 4-2

x	$(-\infty, -1)$	-1	$\left(-1, \frac{1}{5}\right)$	$\frac{1}{5}$	$\left(\frac{1}{5}, 1\right)$	1	$(1, +\infty)$
$f'(x)$	$+$	0	$+$	0	$-$	0	$+$
$f''(x)$		0 不是极值		$-\frac{144}{25}$ 极大值		16 极小值	

由表 4-2 可知，$f(x)$ 在区间 $\left(-\infty, \dfrac{1}{5}\right)$，$(1, +\infty)$ 上单调增加，在区间 $\left(\dfrac{1}{5}, 1\right)$ 内单调减少，在点 $x_2 = \dfrac{1}{5}$ 处取得极大值 $f\left(\dfrac{1}{5}\right) = -\dfrac{144}{25}$，在点 $x_3 = 1$ 处取得极小值 $f(1) = 16$，在点 $x_1 = -1$ 处没有极值.

习题 4.4

1. 判定函数 $f(x) = x + \cos x (0 \leqslant x \leqslant 2\pi)$ 的单调性.

2. 确定函数 $f(x) = 2x^3 - 9x^2 + 12x - 3$ 的单调区间.

3. 确定函数 $f(x) = \ln(x + \sqrt{1+x^2})$ 的单调区间.

4. 求函数 $f(x) = 2x + \dfrac{8}{x} (x > 0)$ 的单调区间和极值.

5. 证明不等式 $1 + \dfrac{x}{2} > \sqrt{1+x}$ $(x > 0)$.

6. 讨论方程 $\ln x = ax (a > 0)$ 有几个实根.

第五节 曲线的凹凸性与拐点

第四节介绍了用一阶导数来判定函数的单调性,函数曲线的单调上升或单调下降还不能很好地反映曲线的变化规律.

在图 4-10 中,曲线在区间 $[a,b]$ 上整体单调上升,但前段曲线弧 $\overparen{AP}$ 与后段曲线弧 $\overparen{PB}$ 弯曲方向明显不同. 从切线的角度来看,弧 $\overparen{AP}$ 上任一点处的切线都在弧 $\overparen{AP}$ 的下方,而弧 $\overparen{PB}$ 上任一点处的切线都在弧 $\overparen{PB}$ 的上方.若联结弧 $\overparen{AP}$ 上任意两点,都有联结这两点的弦总位于这两点间弧的上方(见图 4-11),而在弧 $\overparen{PB}$ 上情况相反(见图 4-12).

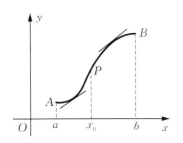

图 4-10

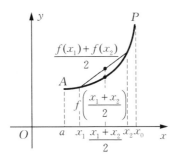

图 4-11

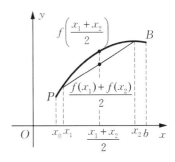

图 4-12

我们把曲线图形的这种特点称为曲线的**凹凸性**.

定义 1 设函数 $f(x)$ 在区间 I 上连续.若对 I 上任意两点 x_1,x_2,都有

$$f\left(\frac{x_1+x_2}{2}\right)<\frac{f(x_1)+f(x_2)}{2},$$

则称函数 $f(x)$ 在 I 上的图形是**凹的**(或**凹弧**);若对 I 上任意两点 x_1,x_2,都有

$$f\left(\frac{x_1+x_2}{2}\right)>\frac{f(x_1)+f(x_2)}{2},$$

则称函数 $f(x)$ 在 I 上的图形是**凸的**(或**凸弧**).

在图 4-11 中,弧 $\overparen{AP}$ 是凹弧,而在图 4-12 中,弧 $\overparen{PB}$ 是凸弧.

如何判定函数曲线图形上的凹凸性呢?观察图 4-13 和图 4-14 中曲线上每点处切线斜率的变化.

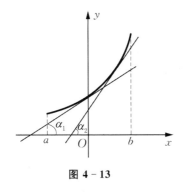

图 4-13

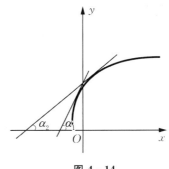

图 4-14

在图 4-13 中，曲线弧是凹弧，曲线上各点处的切线斜率由小变大；而在图 4-14 中，曲线弧是凸弧，曲线上各点处的切线斜率由大变小. 于是我们有以下定理.

定理 1　设函数 $f(x)$ 在区间 (a,b) 内具有二阶导数，那么

（1）若 $\forall x \in (a,b)$，$f''(x) > 0$，则函数 $f(x)$ 在 (a,b) 内的图形是凹的；

（2）若 $\forall x \in (a,b)$，$f''(x) < 0$，则函数 $f(x)$ 在 (a,b) 内的图形是凸的.

证　我们仅证（1），（2）的情况可用同样的分析方法得到.

在区间 (a,b) 内任取两点 x_1，x_2，不妨设 $x_1 < x_2$. 令 $x_0 = \dfrac{x_1 + x_2}{2}$，取 $h = x_2 - x_0 = x_0 - x_1$，由拉格朗日中值定理有

$$f(x_2) - f(x_0) = f'(x_0 + \theta_1 h)h,$$
$$f(x_0) - f(x_1) = f'(x_0 - \theta_2 h)h,$$

其中 $0 < \theta_1, \theta_2 < 1$. 于是

$$f(x_2) + f(x_1) - 2f(x_0) = (f'(x_0 + \theta_1 h) - f'(x_0 - \theta_2 h))h$$
$$= f''(\xi)(\theta_1 + \theta_2)h^2,$$

其中 $x_0 - \theta_2 h < \xi < x_0 + \theta_1 h$，上式再一次用到拉格朗日中值定理. 由假设（1）有 $f''(\xi) > 0$，因此

$$f(x_2) + f(x_1) - 2f(x_0) > 0,$$

即

$$\frac{f(x_1) + f(x_2)}{2} > f(x_0) = f\left(\frac{x_1 + x_2}{2}\right).$$

所以，函数 $f(x)$ 在 (a,b) 内的图形是凹的.

例 1

判定曲线 $y = \ln x$ 的凹凸性.

解　因 $y' = \dfrac{1}{x}$，$y'' = -\dfrac{1}{x^2} < 0 (\forall x \in (0, +\infty))$，故曲线 $y = \ln x$ 在 $(0, +\infty)$ 上是凸的.

定义 2　连续曲线 $y = f(x)$ 上凹弧与凸弧的分界点称为该曲线的**拐点**.

如图 4-10 所示，点 P 是曲线弧 $\overset{\frown}{AB}$ 的拐点.

如何寻找曲线 $y = f(x)$ 的拐点呢？由定理 1 知，二阶导数的符号能判定曲线的凹凸性，因此如果点 x_0 的左、右两侧邻域内 $f''(x)$ 异号，那么点 $(x_0, f(x_0))$ 就是曲线的拐点. 所以，二阶导数为零的点可能是曲线的拐点，当然二阶导数不存在的点也可能是曲线的拐点. 我们称二阶导数为零和不存在的点为**拐点可疑点**. 一般可按下列步骤寻找连续曲线 $y = f(x)$ 的拐点：

（1）求 $f''(x)$；

（2）令 $f''(x) = 0$，求出方程的根，并找出 $f''(x)$ 不存在的点；

（3）判定拐点可疑点的左、右两侧邻域内 $f''(x)$ 的符号情况，若符号相反，点 $(x_0, f(x_0))$ 是拐点，否则，点 $(x_0, f(x_0))$ 不是拐点.

例 2

求曲线 $f(x) = x^4 - 2x^3 + 1$ 的凹凸区间与拐点.

解　$f'(x) = 4x^3 - 6x^2$，　$f''(x) = 12x^2 - 12x = 12x(x - 1)$.

令 $f''(x) = 0$，得 $x_1 = 0$，$x_2 = 1$. 下面列表 4-3 予以说明曲线的凹凸性和拐点.

表 4 - 3

x	$(-\infty,0)$	0	$(0,1)$	1	$(1,+\infty)$
$f''(x)$	+	0	−	0	+
$f(x)$	凹	1(拐点)	凸	0(拐点)	凹

由表 4 - 3 可知,曲线在区间 $(-\infty,0)$,$(1,+\infty)$ 上是凹的,在区间 $(0,1)$ 内是凸的,点 $(0,1)$ 及 $(1,0)$ 是曲线的两个拐点.

例 3 ────────

求曲线 $y = x^{\frac{1}{3}}$ 的拐点.

解 $y' = \dfrac{1}{3}x^{-\frac{2}{3}}$, $y'' = -\dfrac{2}{9}x^{-\frac{5}{3}}$.

当 $x = 0$ 时,$y'(0)$,$y''(0)$ 都不存在. 点 $x = 0$ 分整个实轴为 $(-\infty,0)$ 和 $(0,+\infty)$ 两部分. 在 $(-\infty,0)$ 上,$y'' > 0$,曲线是凹的;在 $(0,+\infty)$ 上,$y'' < 0$,曲线是凸的. 点 $(0,0)$ 是曲线 $y = x^{\frac{1}{3}}$ 的拐点.

例 4 ────────

曲线 $f(x) = x^4$ 有拐点吗?

解 $f'(x) = 4x^3$, $f''(x) = 12x^2$.

当 $x = 0$ 时,$f''(0) = 0$;当 $x \neq 0$ 时,$f''(x) > 0$. 因此点 $(0,0)$ 不是曲线 $f(x) = x^4$ 的拐点,曲线 在 $(-\infty,+\infty)$ 上没有拐点,在整个实轴上曲线 $f(x) = x^4$ 是凹的.

习 题 4.5

1. 求曲线 $y = (x-2)^{\frac{5}{3}}$ 的凹凸区间和拐点.

2. 求曲线 $y = 3x^4 - 4x^3 + 1$ 的凹凸区间和拐点.

3. 判定下列曲线的凹凸性:

(1) $y = x + \dfrac{1}{x}$ $(x > 0)$;   (2) $y = x\arctan x$.

4. 求下列曲线的拐点及凹凸区间:

(1) $y = x^3 - 5x^2 + 3x + 5$;   (2) $y = (x-1)x^{\frac{5}{3}}$;

(3) $y = xe^{-x}$;   (4) $y = \ln(x^2 + 1)$.

5. 利用函数图形的凹凸性,证明:

(1) $\dfrac{e^x + e^y}{2} > e^{\frac{x+y}{2}}$ $(x \neq y)$;   (2) $x\ln x + y\ln y > (x+y)\ln\dfrac{x+y}{2}$ $(x > 0, y > 0$ 且 $x \neq y)$.

第六节   最优化在经济分析中的应用举例

日常生活中经常会提出许多最优化问题,例如用料最省、成本最低、利润最大等. 这类优化问 题往往归结为函数的最值问题.

通过前面的学习,我们知道:

(1) 若函数 $f(x) \in C([a,b])$,则函数一定在闭区间 $[a,b]$ 上取得最大值和最小值.

（2）若函数 $f(x) \in C([a,b])$，则函数的最值一定在极值可疑点或端点处取得，尤其当这些点是有限个时，可一一比较其函数值大小得到最大值和最小值.

特别地，若在开区间 (a,b) 内只有唯一的极值可疑点，则当函数在该点处取得极小值时，此极小值即是最小值；反之，要是在该点处取得极大值，此极大值即是最大值.

（3）若函数 $f(x)$ 在闭区间 $[a,b]$ 上单调增加，则 $f(a)$ 为最小值，$f(b)$ 为最大值；若函数 $f(x)$ 在闭区间 $[a,b]$ 上单调减少，则 $f(a)$ 为最大值，$f(b)$ 为最小值.

下面举例说明经济学中的最优化问题.

一、最大利润与最小成本问题

设某种产品的总成本函数为 $C(Q)$，总收益函数为 $R(Q)$（Q 为产量），则总利润 $L(Q)$ 可表示为

$$L(Q) = R(Q) - C(Q).$$

假如 $L(Q)$ 在区间 $(0, +\infty)$ 上二阶可导，则要使得利润最大，必须使产量 Q 满足条件

$$L'(Q) = 0,$$

即

$$R'(Q) = C'(Q). \tag{4-13}$$

再根据极值的第二充分条件，要使得利润最大，还要求

$$L''(Q) = R''(Q) - C''(Q) < 0,$$

即

$$R''(Q) < C''(Q). \tag{4-14}$$

式（4-13）和式（4-14）在经济学中称为**最大利润原则**或**亏损最小原则**.

按照经济学的解释，总成本由固定成本和可变成本两部分构成，且可变成本随产量的增加而增加，因此总成本一般来说没有最小值（除非不生产）. 在经济学中有意义的是单位成本（平均成本）最小的问题.

假设某种产品的总成本为 $C(Q)$，则生产的平均成本为

$$\overline{C}(Q) = \frac{C(Q)}{Q}.$$

如果平均成本 $\overline{C}(Q)$ 可导，则要使得 $\overline{C}(Q)$ 最小，就必须使产量 Q 满足条件 $(\overline{C}(Q))' = 0$，即

$$C'(Q) = \overline{C}(Q). \tag{4-15}$$

式（4-15）表明，边际成本等于平均成本，这正是微观经济学中的一个重要结论.

例 1

某厂每批生产某种商品 x 单位的总费用为 $C(x) = 5x + 200$，得到的总收益为 $R(x) = 10x - 0.01x^2$，每批生产多少单位该商品时，才能使得利润最大？

解 据题意有总利润为 $L(x) = R(x) - C(x)$，要使利润最大，即 $L(x)$ 取最大值，产量 x 必须满足

$$L'(x) = R'(x) - C'(x) = 10 - 0.01 \times 2x - 5 = 5 - 0.02x = 0,$$

从而得唯一驻点 $x = 250$，且 $L''(250) = -0.02 < 0$. 所以，当每批生产 250 单位该商品时，才能使得利润最大，最大利润为

$$L(250) = 10 \times 250 - 0.01 \times 250^2 - 5 \times 250 - 200 = 425.$$

例 2

设某产品的总成本函数为 $C(Q) = 54 + 18Q + 6Q^2$,试求平均成本最小时的产量水平.

解 $C'(Q) = 18 + 12Q, \overline{C}(Q) = \dfrac{54}{Q} + 18 + 6Q.$

令 $C'(Q) = \overline{C}(Q)$,得 $Q = 3(Q = -3$ 舍去$)$,所以当产量 $Q = 3$ 时,可使得平均成本最小.

二、库存问题

1. 成批到货,一致需求,不允许短缺的库存模型

现假设在一个计划期内:

D 为需求数量,即生产或订货的总量;

Q 为每批投产或每次订货的数量,即批量;

C_1 为每件产品所付存储费;

C_2 为每批生产准备费或每次订购费;

E 为存货总费用,即生产准备费(或订购费)与存储费之和.

每批产品整批存入仓库,产品由仓库均匀提取投放市场,且当前一批产品提取完后,下一批产品立即到货,库存水平变动情况如图 4 - 15 所示. 这种模型,规定按批量(最高库存量)的一半$\left(\text{即}\dfrac{Q}{2}\right)$付存储费.

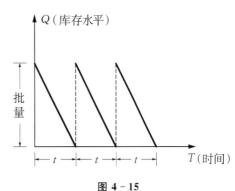

图 4 - 15

于是,在一个计划期内,存储费为 $\dfrac{Q}{2}C_1$,生产准备费为 $\dfrac{D}{Q}C_2$,从而

$$E = E(Q) = \frac{Q}{2}C_1 + \frac{D}{Q}C_2, \quad Q \in (0, D].$$

问题是:求决策批量 Q,使目标函数 $E = E(Q)$ 取最小值.

由极值存在的必要条件

$$E'(Q) = \frac{1}{2}C_1 - \frac{D}{Q^2}C_2 = 0,$$

解得

$$Q_0 = \sqrt{\frac{2C_2 D}{C_1}}. \tag{4 - 16}$$

由极值的第二充分条件,因为

$$E''(Q_0) = \frac{2C_2 D}{Q_0^3} > 0 \quad (D, C_2, Q_0 \text{ 均为正数}),$$

所以当批量公式(4 - 16)确定时,总费用最小,其值为

$$E_0 = \frac{Q_0}{2}C_1 + \frac{D}{Q_0}C_2 = \sqrt{2DC_1 C_2}.$$

公式(4 - 16)称为**"经济批量"**公式,简称"EDQ"公式.

注意到由 $E'(Q) = 0$ 也可得到

$$\frac{Q_0}{2}C_1 = \frac{D}{Q_0}C_2. \tag{4 - 17}$$

公式(4-17)表明,使存储费与生产准备费相等的批量是经济批量.

2. 陆续到货,一致需求,不允许短缺的库存模型

陆续到货,就是每批投产或每次订购的数量 Q,不是整批到货,立即补足库存,而是从库存为零时起,经过时间 t_1 才能全部到货,其他情况同前一模型.

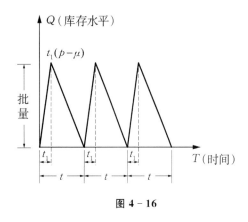

图 4-16

在此,需假设:

p 为每单位时间内的到货量,即到货率;

μ 为每单位时间内的需求量,即需求率.

显然,若 $p > \mu$,则每单位时间内净增加存货量为 $p - \mu$,到 t_1 时刻库存出现了一个顶点. 这时,库存量为 $t_1(p - \mu)$,由于经过时间 t_1 到货总量为 Q,因此 $t_1 = \dfrac{Q}{p}$,从而最大库存量为

$$\frac{Q}{p}(p - \mu) = Q\left(1 - \frac{\mu}{p}\right).$$

这种库存模型的库存水平变动情况如图 4-16 所示.

这样,在一个计划期内,付存储费的数量为最大库存量的一半,因而存储费为 $\dfrac{C_1 Q}{2}\left(1 - \dfrac{\mu}{p}\right)$. 本问题中,生产准备费或订购费同前一模型,因此存货总费用 E 与批量 Q 的函数关系,即目标函数是

$$E = E(Q) = \frac{C_1 Q}{2}\left(1 - \frac{\mu}{p}\right) + \frac{D}{Q} C_2, \quad Q \in (0, D].$$

为求决策批量 Q,由极值存在的必要条件和充分条件,易算得经济批量为

$$Q_0 = \sqrt{\frac{2DC_2}{C_1}} \cdot \frac{1}{\sqrt{1 - \dfrac{\mu}{p}}},$$

或写作

$$\frac{C_1 Q_0}{2}\left(1 - \frac{\mu}{p}\right) = \frac{C_2 D}{Q_0}. \tag{4-18}$$

公式(4-18)所表明的结论与公式(4-17)所表明的结论相同.

例 3

某厂生产电子仪器,年产量为 1 000 台,每台成本为 800 万元. 每一季度每台产品的存储费是成本的 5%. 工厂分批生产,每批生产准备费为 5 000 万元. 试就下述两种情况确定每批产量,以使一年的存储费与生产准备费之和最小:

(1) 成批到货,一致需求,不允许短缺;

(2) 陆续到货,一致需求,不允许短缺,每月到货 200 台.

解 (1) 设每批产量为 Q. 由题设,每年每台的存储费(单位:万元)为 $C_1 = 800 \times 0.05 \times 4 = 160$,每年存储费为 $\dfrac{Q}{2} \times 160$(万元),每年生产准备费为 $\dfrac{1\,000}{Q} \times 5\,000$(万元). 由此,每年存货总费用 C 与每批产量 Q 的函数关系为

$$C = \frac{160}{2} Q + \frac{1\,000 \times 5\,000}{Q}.$$

易求得每批产量 $Q = 250$ 台时,一年存货总费用最小,其值是 $C = 40\,000$ 万元.

（2）由题设,到货率为 200 台 / 月,需求率为 $\dfrac{1\,000}{12}$ 台 / 月,因此每年存货总费用 C 与每批产量 Q 的函数关系为

$$C = \frac{160}{2}\Big(1 - \frac{1\,000}{12 \times 200}\Big)Q + \frac{1\,000 \times 5\,000}{Q}.$$

可求得每批产量 $Q \approx 327.3$ 台,取 $Q = 327$ 台,此时一年存货总费用最小,其值是 $C \approx 30\,551$ 万元.

三、复利问题

前面我们讨论了连续复利问题,即若期初有一笔钱 A 存入银行,年利率为 r,按连续复利计息,则 t 年末本利和为 Ae^{rt}. 现在反过来看,若 t 年末本利为 A,则期初本金为 Ae^{-rt}. 下面以一个例子说明极值在连续复利问题中的应用.

例 4

设林场的林木价值是时间 t 的单调增加函数 $V = 2^{\sqrt{t}}$,又设树木生长期间保养费用为零,试求最佳伐木出售时间.

解 乍一看来,林场的树木越长越大,价值越来越高,若保养费用为零,则应是越晚砍伐获利越大. 但是,如果考虑到资金的时间因素,晚砍伐所得收益与早砍伐所得收益不能简单相比,而应折成现值,设年利率为 r,则在 t 时刻伐木所得收益 $V(t) = 2^{\sqrt{t}}$ 的现值,按连续复利计息应为

$$A(t) = V(t)e^{-rt} = 2^{\sqrt{t}}e^{-rt}.$$

$A'(t) = 2^{\sqrt{t}}\ln 2 \cdot \dfrac{e^{-rt}}{2\sqrt{t}} - r \cdot 2^{\sqrt{t}}e^{-rt} = 2^{\sqrt{t}}e^{-rt}\Big(\dfrac{\ln 2}{2\sqrt{t}} - r\Big) = A(t)\Big(\dfrac{\ln 2}{2\sqrt{t}} - r\Big)$,令 $A'(t) = 0$,得驻点 $t = \Big(\dfrac{\ln 2}{2r}\Big)^2$. 又

$$A''(T) = \Big[A(t)\Big(\frac{\ln 2}{2\sqrt{t}} - r\Big)\Big]' = A'(t)\Big(\frac{\ln 2}{2\sqrt{t}} - r\Big) + A(t)\Big(\frac{\ln 2}{2\sqrt{t}} - r\Big)',$$

在驻点处,$A''(t) = A(t)\Big(\dfrac{-\ln 2}{4\sqrt{t^3}}\Big) < 0$,从而当 $t = \Big(\dfrac{\ln 2}{2r}\Big)^2$ 时,将树木砍伐出售最有利.

习 题 4.6

1. 某厂生产 Q 件产品的总成本（单位:元）为

$$C(Q) = 25\,000 + 2\,000Q + \frac{1}{40}Q^2.$$

（1）要使平均成本最小,应生产多少件产品?

（2）若产品以每件 5 000 元售出,要使利润最大,应生产多少件产品?

2. 某产品的总成本函数为 $C(Q) = 15Q - 6Q^2 + Q^3$.

（1）生产数量为多少时,平均成本最小?

（2）求出边际成本,并验证边际成本等于平均成本时平均成本最小.

3. 工厂生产出的酒可即刻卖出,售价为 k,也可窖藏一段时间后再以较高的价格卖出. 设售价 V 为时间 t 的函数 $V = ke^{\sqrt{t}}$. 若储存成本为零,年利率为 r,则应何时将酒售出方可获得最大利润（按连续复利计息）?

第七节 函 数 作 图

借助函数导数的知识能把握函数的一些几何特性，并且能作出一些简单函数的图形．但当函数的定义域和值域含有无限区间时，为了更准确地描绘出函数的图形，我们必须学习曲线的渐近线的知识．

一、曲线的渐近线

定义 1 设函数 $y = f(x)$ 在点 x_0 处间断．若

$$\lim_{x \to x_0^-} f(x) = \infty \quad 或 \quad \lim_{x \to x_0^+} f(x) = \infty,$$

则称直线 $x = x_0$ 为曲线 $y = f(x)$ 的**垂直渐近线**．

定义 2 设函数 $y = f(x)$ 的定义域含有无限区间 $(c, +\infty)$．若

$$\lim_{x \to -\infty} [f(x) - (ax + b)] = 0 \quad 或 \quad \lim_{x \to +\infty} [f(x) - (ax + b)] = 0,$$

则称直线 $y = ax + b$ 为曲线 $y = f(x)$ 的**斜渐近线**．

特别地，当 $a = 0$，即

$$\lim_{x \to -\infty} f(x) = b \quad 或 \quad \lim_{x \to +\infty} f(x) = b$$

时，称直线 $y = b$ 为曲线 $y = f(x)$ 的**水平渐近线**．

为求曲线 $y = f(x)$ 的斜渐近线，我们需确定常数 a 和 b 的值．以 $x \to -\infty$ 为例，由定义 2 知，当 $x \to -\infty$ 时，曲线 $y = f(x)$ 有斜渐近线的充要条件是：

$$\lim_{x \to -\infty} \frac{f(x)}{x} = a \quad 及 \quad \lim_{x \to -\infty} (f(x) - ax) = b$$

都存在．

类似地，可得 $x \to +\infty$ 的情形．

二、函数图形的描绘

运用函数的导数，能够直观地刻画函数的单调性、极值及曲线的凹凸性、拐点．借助曲线的渐近线，能够精确捕捉当 x 趋于无穷时或 y 趋于无穷时曲线的趋势．以下给出作函数 $y = f(x)$ 的图形的一般步骤：

（1）确定函数 $y = f(x)$ 的定义域、奇偶性、周期性及曲线 $y = f(x)$ 的渐近线；

（2）寻找 $y' = 0$ 的点及 y' 不存在的点，以得函数的单调性及极值；

（3）寻找 $y'' = 0$ 的点及 y'' 不存在的点，以得曲线的凹凸性及拐点；

（4）求曲线 $y = f(x)$ 与坐标轴的交点；

（5）将上述数据列表并描点作图．

例 1

描绘函数 $y = \dfrac{2x}{(x - 1)^2}$ 的图形．

解 函数的定义域为 $(-\infty, 1) \cup (1, +\infty)$，且曲线 $y = f(x)$ 有水平渐近线 $y = 0$ 和垂直渐近线 $x = 1$．

$y' = \dfrac{-2(x+1)}{(x-1)^3}$,当 $x = -1$ 时,$y' = 0$;当 $x = 1$ 时,y' 不存在. 经判别,点 $x = -1$ 为函数的极小值点,点 $x = 1$ 为函数的极大值点. 列表 4-4.

表 4-4

x	$(-\infty, -1)$	-1	$(-1,1)$	1	$(1, +\infty)$
y'	$-$	0	$+$	0	$-$
$y = f(x)$	↘	极小值	↗	极大值	↘

$y'' = \dfrac{4(x+2)}{(x-1)^4}$,当 $x = -2$ 时,$y'' = 0$;当 $x = 1$ 时,y'' 不存在. 经判别,曲线 $y = f(x)$ 的拐点为 $\left(-2, -\dfrac{4}{9}\right)$. 列表 4-5.

表 4-5

x	$(-\infty, -2)$	-2	$(-2,1)$	1	$(1, +\infty)$
y''	$-$	0	$+$	不存在	$+$
$y = f(x)$	凸	拐点	凹		凹

曲线 $y = f(x)$ 与 x 轴、y 轴的交点为 $(0,0)$.

综合上述数据描点作图,画出函数 $y = \dfrac{2x}{(x-1)^2}$ 的图形,如图 4-17 所示.

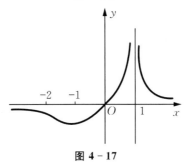

图 4-17

习题 4.7

1. 求下列曲线的渐近线:

(1) $y = \dfrac{x^2 + 3x + 4}{x^2 - 1}$;

(2) $y = \dfrac{e^x}{1+x}$.

2. 作出下列函数的图形:

(1) $y = \dfrac{1}{\sqrt{2\pi}\sigma} e^{-\frac{(x-\mu)^2}{2\sigma^2}}$ $(\sigma > 0)$;

(2) $y = \dfrac{x^2}{1+x}$.

综合习题四

1. 已知函数 $f(x), g(x)$ 在闭区间 $[a,b]$ 上连续,在开区间 (a,b) 内可导,且 $f(a) = f(b) = 0$,试证:在 (a,b) 内至少存在一点 ξ,使得

$$f(\xi)g'(\xi) + f'(\xi) = 0.$$

2. 若方程 $a_0 x^n + a_1 x^{n-1} + \cdots + a_{n-1} x = 0$ 有一个正根 x_0，证明：方程 $a_0 n x^{n-1} + a_1 (n-1) x^{n-2} + \cdots + a_{n-1} = 0$ 必有一个小于 x_0 的正根.

3. 设 $f(a) = f(b) = f(c)$，且 $a < c < b$，$f''(x)$ 在 $[a, b]$ 上存在，证明：在 (a, b) 内至少存在一点 ξ，使得 $f''(\xi) = 0$.

4. 用拉格朗日中值定理证明：若 $\lim\limits_{x \to 0^+} f(x) = f(0) = 0$，且当 $x > 0$ 时，$f'(x) > 0$，则当 $x > 0$ 时，$f(x) > 0$.

5. 证明不等式 $2\sqrt{x} > 3 - \dfrac{1}{x}$ $(x > 0, x \neq 1)$.

6. 利用洛必达法则，求下列极限：

(1) $\lim\limits_{x \to 0} \dfrac{e^x - e^{-x}}{x}$;

(2) $\lim\limits_{x \to 1} \dfrac{\ln x}{x - 1}$;

(3) $\lim\limits_{x \to \frac{\pi}{2}^+} \dfrac{\ln\left(x - \dfrac{\pi}{2}\right)}{\tan x}$;

(4) $\lim\limits_{x \to a} \dfrac{ax^3 - x^4}{a^4 - 2a^3 x + 2ax^3 - x^4}$ $(a \neq 0)$;

(5) $\lim\limits_{x \to +\infty} \dfrac{x^n}{e^{ax}}$ $(a > 0, n$ 为正整数$)$;

(6) $\lim\limits_{x \to +\infty} \dfrac{\ln\left(1 + \dfrac{1}{x}\right)}{\operatorname{arccot} x}$;

(7) $\lim\limits_{x \to 0^+} x^m \ln x$ $(m > 0)$;

(8) $\lim\limits_{x \to 0} \left(\dfrac{1}{x} - \dfrac{1}{e^x - 1}\right)$;

(9) $\lim\limits_{x \to 0} (1 + \sin x)^{\frac{1}{x}}$;

(10) $\lim\limits_{x \to 0^+} \left(\ln \dfrac{1}{x}\right)^x$;

(11) $\lim\limits_{x \to 0^+} x^{\sin x}$;

(12) $\lim\limits_{x \to 0} \left(\dfrac{a^x + b^x}{2}\right)^{\frac{3}{x}}$ $(a > 0, b > 0$ 且 $a \neq 1, b \neq 1)$.

7. 求下列极限：

(1) $\lim\limits_{x \to 0} \dfrac{\sqrt{1 + x^3} - 1}{1 - \cos\sqrt{x - \sin x}}$;

(2) $\lim\limits_{x \to 0} \dfrac{\sqrt{1 + \tan x} - \sqrt{1 + \sin x}}{x \ln(1 + x) - x^2}$.

8. 设函数 $f(x) = \begin{cases} \dfrac{\ln(1 + kx)}{x}, & x \neq 0, \\ -1, & x = 0. \end{cases}$ 若 $f(x)$ 在点 $x = 0$ 处可导，求 k 与 $f'(0)$ 的值.

9. 求下列函数的单调区间：

(1) $y = x^4 - 2x^2 + 2$;

(2) $y = x - e^x$;

(3) $y = \dfrac{x^2}{1 + x}$;

(4) $y = 2x^2 - \ln x$;

(5) $y = x - \ln(1 + x^2)$;

(6) $y = \sin x - x$.

10. 求下列函数的极值：

(1) $y = x^3 - 3x^2 - 9x - 5$;

(2) $y = x^2 e^{-x}$;

(3) $y = 2x - \ln(4x)^2$;

(4) $y = 2e^x + e^{-x}$;

(5) $y = (x - 1)\sqrt[3]{x^2}$;

(6) $y = 3 - \sqrt[3]{(x - 2)^2}$.

11. 确定下列曲线的凸凹性和拐点：

(1) $y = x^2 - x^3$;

(2) $y = x + x^{\frac{5}{3}}$;

(3) $y = xe^x$;

(4) $y = x^{\frac{2}{3}}$.

12. 求曲线 $y = \dfrac{x}{e^x}$ 在拐点处的切线方程.

13. 某工厂要建造一个容积为 $128\pi \ \mathrm{m}^3$ 的带盖圆桶，半径 r 和桶高 h 如何确定，使所用材料最少？

第 五 章

不 定 积 分

在微分学中,我们讨论了如何求一个函数的导数或微分.但在科学技术的许多问题中,往往需要解决和微分运算正好相反的问题,即已知函数的导数,求这个函数.这是积分学的基本问题之一.

第一节　不定积分的概念与性质

一、原函数

定义 1　　如果在某一区间 I 上,
$$F'(x) = f(x) \quad \text{或} \quad \mathrm{d}F(x) = f(x)\mathrm{d}x,$$
那么就称 $F(x)$ 为函数 $f(x)$ 在该区间上的**原函数**.

例如,因 $(\sin x)' = \cos x$,故 $\sin x$ 是函数 $\cos x$ 的原函数.

又如,当 $x \in (1, +\infty)$ 时,

$$\left(\ln(x + \sqrt{x^2+1})\right)' = \frac{1}{\sqrt{x^2+1}},$$

故 $\ln(x + \sqrt{x^2+1})$ 是函数 $\dfrac{1}{\sqrt{x^2+1}}$ 在区间 $(1, +\infty)$ 上的原函数.

显然,由定义可知,一个函数的原函数不是唯一的.

事实上,对任意常数 C,$\sin x + C$ 都是函数 $\cos x$ 的原函数,$\ln(x + \sqrt{x^2+1}) + C$ 都是函数 $\dfrac{1}{\sqrt{x^2+1}}$ 的原函数.

一般地,如果函数 $f(x)$ 在区间 I 上有原函数 $F(x)$,满足 $\forall x \in I$,都有 $F'(x) = f(x)$,那么对任何常数 C,显然也有 $(F(x) + C)' = f(x)$,即对任何常数 C,$F(x) + C$ 都是函数 $f(x)$ 的原函数.这说明,如果函数 $f(x)$ 有一个原函数,那么 $f(x)$ 就有无穷多个原函数,而且任何两个原函数之间仅相差一个常数,于是 $F(x) + C$ 就代表了 $f(x)$ 的任意一个原函数,其中 C 为任意常数.

关于原函数,我们还要关注的是:一个函数具备什么条件,才能保证它的原函数一定存在.

定理 1(原函数存在定理)　　如果函数 $f(x)$ 在区间 I 上连续,则在区间 I 上存在可导函数 $F(x)$,使得对任意 $x \in I$,都有

$$F'(x) = f(x).$$

简单地说就是：**连续函数一定有原函数**.

二、不定积分

定义 2 在某区间 I 上，设 $F(x)$ 是函数 $f(x)$ 的一个原函数，则称 $f(x)$ 的全体原函数 $F(x) + C$（C 为任意常数）为 $f(x)$ 的**不定积分**，记作 $\int f(x)\mathrm{d}x$，即

$$\int f(x)\mathrm{d}x = F(x) + C,$$

其中 $\int$ 称为**积分号**，$f(x)$ 称为**被积函数**，$f(x)\mathrm{d}x$ 称为**被积表达式**，x 称为**积分变量**，C 称为**积分常数**. 求已知函数的原函数的方法称为**不定积分法**，简称**积分法**. 显然，它是微分运算的逆运算.

例 1

求 $\int x^2\mathrm{d}x$.

解 由于 $\left(\dfrac{x^3}{3}\right)' = x^2$，所以 $\dfrac{x^3}{3}$ 是函数 x^2 的一个原函数. 因此

$$\int x^2\mathrm{d}x = \frac{1}{3}x^3 + C.$$

例 2

求 $\int a^x\mathrm{d}x \quad (a > 0, a \neq 1)$.

解 因 $(a^x)' = a^x\ln a$，故 $\dfrac{1}{\ln a}a^x$ 是函数 a^x 的一个原函数，从而

$$\int a^x\mathrm{d}x = \frac{1}{\ln a}a^x + C.$$

例 3

设曲线通过点 $(1, 2)$，且其上任一点处的切线斜率等于该点横坐标的两倍，求此曲线的方程.

解 设所求曲线的方程为 $y = f(x)$. 按题设，曲线上任一点 (x, y) 处的切线斜率为

$$\frac{\mathrm{d}y}{\mathrm{d}x} = 2x,$$

即 $f(x)$ 是函数 $2x$ 的一个原函数. 因为

$$\int 2x\mathrm{d}x = x^2 + C,$$

所以 $y = x^2 + C$（C 为待定常数）. 又所求曲线通过点 $(1, 2)$，故

$$2 = 1 + C, \quad 即 \quad C = 1,$$

于是所求曲线的方程为

$$y = x^2 + 1.$$

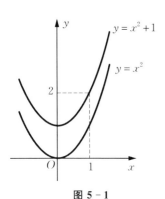

图 5 - 1

函数 $f(x)$ 的原函数的图形称为 $f(x)$ 的**积分曲线**. 本例即是求函数 $2x$ 的通过点 $(1, 2)$ 的那条积分曲线. 显然，这条积分曲线可以由另一条积分曲线（如 $y = x^2$）经 y 轴方向平移而得（见图 $5-1$）.

三、不定积分的性质

根据不定积分的定义,即可知它有下述性质.

(1) 因为 $\int f(x)\mathrm{d}x$ 是 $f(x)$ 的原函数,所以有

$$\frac{\mathrm{d}}{\mathrm{d}x}\left(\int f(x)\mathrm{d}x\right) = f(x) \quad 或 \quad \mathrm{d}\left(\int f(x)\mathrm{d}x\right) = f(x)\mathrm{d}x.$$

(2) 由于 $F(x)$ 是 $F'(x)$ 的原函数,因此有

$$\int F'(x)\mathrm{d}x = F(x) + C \quad 或 \quad \int \mathrm{d}F(x) = F(x) + C.$$

由此可见,微分运算(以记号 d 表示)与求不定积分的运算(简称**积分运算**,以记号 $\int$ 表示)是互逆的.

(3) $\int (\alpha f(x) + \beta g(x))\mathrm{d}x = \alpha \int f(x)\mathrm{d}x + \beta \int g(x)\mathrm{d}x,$

其中 α, β 为任意常数.

此性质可简单地说成:和的积分等于积分的和;常数因子可以从积分符号中提出来. 这是一个积分常用的性质.

性质(3) 可以推广到任意有限个函数的情形.

四、基本积分表

既然积分运算是微分运算的逆运算,那么很自然地可以从导数公式得到相应的积分公式.

例如,当 $\alpha \neq -1$ 时,$\left(\dfrac{x^{\alpha+1}}{\alpha+1}\right)' = x^{\alpha}$,所以 $\dfrac{x^{\alpha+1}}{\alpha+1}$ 是函数 x^{α} 的一个原函数,于是

$$\int x^{\alpha}\mathrm{d}x = \frac{1}{\alpha+1}x^{\alpha+1} + C \quad (\alpha \neq -1).$$

类似地,可以得到其他积分公式.下面我们把一些基本积分公式列成一个表,这个表通常叫作**基本积分表**.

(1) $\int k\mathrm{d}x = kx + C \quad (k$ 为常数$)$;

(2) $\int x^{\alpha}\mathrm{d}x = \dfrac{x^{\alpha+1}}{\alpha+1} + C \quad (\alpha$ 为常数且 $\alpha \neq -1)$;

(3) $\int \dfrac{\mathrm{d}x}{x} = \ln |x| + C$;

(4) $\int a^x \mathrm{d}x = \dfrac{1}{\ln a}a^x + C$;

(5) $\int \mathrm{e}^x \mathrm{d}x = \mathrm{e}^x + C$;

(6) $\int \cos x\mathrm{d}x = \sin x + C$;

(7) $\int \sin x\mathrm{d}x = -\cos x + C$;

(8) $\int \sec^2 x\mathrm{d}x = \tan x + C$;

（9）$\displaystyle\int \csc^2 x \mathrm{d}x = -\cot x + C$；

（10）$\displaystyle\int \sec x \tan x \mathrm{d}x = \sec x + C$；

（11）$\displaystyle\int \csc x \cot x \mathrm{d}x = -\csc x + C$；

（12）$\displaystyle\int \frac{\mathrm{d}x}{\sqrt{1-x^2}} = \arcsin x + C$；

（13）$\displaystyle\int \frac{\mathrm{d}x}{1+x^2} = \arctan x + C$.

对于 $\displaystyle\int \frac{\mathrm{d}x}{x} = \ln |x| + C$，我们做如下的补充说明.

因 $\ln x$ 只是在 $x > 0$ 时才有意义，故公式

$$\int \frac{\mathrm{d}x}{x} = \ln x + C$$

仅当 $x > 0$ 才成立. 但当 $x < 0$ 时，由于

$$(\ln(-x))' = \frac{1}{-x} \cdot (-x)' = \frac{1}{x},$$

因此当 $x < 0$ 时，有

$$\int \frac{\mathrm{d}x}{x} = \ln(-x) + C.$$

通常将 $x > 0$ 和 $x < 0$ 时的两个公式合并，写成一个公式

$$\int \frac{\mathrm{d}x}{x} = \ln |x| + C.$$

利用基本积分表以及不定积分的性质，可以求出一些简单函数的不定积分.

例 4

求 $\displaystyle\int \left(x + \frac{1}{x} - \sqrt{x} + \frac{3}{x^3} \right) \mathrm{d}x$.

解 $\displaystyle\int \left(x + \frac{1}{x} - \sqrt{x} + \frac{3}{x^3} \right) \mathrm{d}x = \int x \mathrm{d}x + \int \frac{\mathrm{d}x}{x} - \int \sqrt{x} \mathrm{d}x + 3 \int \frac{\mathrm{d}x}{x^3}$

$$= \frac{1}{2}x^2 + \ln |x| - \frac{2}{3}x^{\frac{3}{2}} - \frac{3}{2}x^{-2} + C.$$

注意 检验积分结果是否正确，只要对结果求导，看它的导数是否等于被积函数，就可以判断了. 读者可以自行对例 4 的结果做出检验.

例 5

求 $\displaystyle\int \frac{x^4}{1+x^2} \mathrm{d}x$.

解 $\displaystyle\int \frac{x^4}{1+x^2} \mathrm{d}x = \int \frac{x^4 - 1 + 1}{1+x^2} \mathrm{d}x = \int \left(x^2 - 1 + \frac{1}{1+x^2} \right) \mathrm{d}x$

$$= \frac{1}{3}x^3 - x + \arctan x + C.$$

例 6

求 $\displaystyle\int\frac{1+\cos^2 x}{1+\cos 2x}\mathrm{d}x$.

解 $\displaystyle\int\frac{1+\cos^2 x}{1+\cos 2x}\mathrm{d}x = \int\frac{1+\cos^2 x}{2\cos^2 x}\mathrm{d}x = \frac{1}{2}\int\left(\frac{1}{\cos^2 x}+1\right)\mathrm{d}x$

$\displaystyle\qquad\qquad = \frac{1}{2}\int(\sec^2 x+1)\mathrm{d}x = \frac{1}{2}(\tan x+x)+C.$

例 7

求 $\displaystyle\int\frac{\mathrm{d}x}{\sin^2 x\cos^2 x}$.

解 $\displaystyle\int\frac{\mathrm{d}x}{\sin^2 x\cos^2 x} = \int\left(\frac{1}{\sin^2 x}+\frac{1}{\cos^2 x}\right)\mathrm{d}x = \int(\csc^2 x+\sec^2 x)\mathrm{d}x$

$\displaystyle\qquad\qquad = -\cot x+\tan x+C.$

例 6 和例 7 的解答过程中,都先利用三角恒等式进行变形化简,然后再积分.

此外,由于两个原函数之间可以相差一个常数,因此积分结果在形式上可能不一样,此时可通过求导来验证结果.例如,

$$\int\frac{\mathrm{d}x}{\sqrt{1-x^2}} = \arcsin x+C,$$

又由于 $(\arccos x)' = -\dfrac{1}{\sqrt{1-x^2}}$,因此

$$\int\frac{\mathrm{d}x}{\sqrt{1-x^2}} = -\arccos x+C.$$

这两个结果都正确,造成积分结果形式不同的原因是

$$\arcsin x+\arccos x = \frac{\pi}{2}.$$

例 8

生产某产品 x 单位的总成本 G 为产量 x 的函数,已知边际成本(单位:元/单位)为 $M_G = 8+\dfrac{24}{\sqrt{x}}$,固定成本为 10 000 元,试求总成本 G 与产量 x 的函数关系.

解 因为边际成本为

$$M_G = G'(x) = 8+\frac{24}{\sqrt{x}},$$

所以总成本函数(单位:元)为

$$G = \int\left(8+\frac{24}{\sqrt{x}}\right)\mathrm{d}x = 8x+48\sqrt{x}+C \quad (C\text{ 为待定常数}).$$

又已知固定成本为 10 000 元,即 $G\big|_{x=0} = 10\ 000$,得 $C = 10\ 000$,故所求总成本函数为

$$G = 8x+48\sqrt{x}+10\ 000.$$

习题 5.1

1．求下列不定积分：

(1) $\displaystyle\int \sqrt{x}\,(x^2 - 5)\mathrm{d}x$；

(2) $\displaystyle\int \frac{(1-x)^2}{\sqrt{x}}\mathrm{d}x$；

(3) $\displaystyle\int 3^x \mathrm{e}^x \mathrm{d}x$；

(4) $\displaystyle\int \cos^2 \frac{x}{2}\mathrm{d}x$；

(5) $\displaystyle\int \frac{2 \cdot 3^x - 5 \cdot 2^x}{3^x}\mathrm{d}x$；

(6) $\displaystyle\int \frac{\cos 2x}{\cos^2 x \sin^2 x}\mathrm{d}x$．

2．一曲线通过点 $(\mathrm{e}^2, 3)$，且其上任一点 (x, y) 处的切线斜率等于该点横坐标的倒数，求该曲线的方程．

3．某商品的需求量 Q 是价格 P 的函数，该商品的最大需求量为 1 000（当 $P = 0$ 时，$Q = 1\,000$），已知需求量的变化率（边际需求）为

$$Q'(P) = -1\,000\left(\frac{1}{3}\right)^P \ln 3,$$

求需求量 Q 与价格 P 的函数关系．

第二节　换元积分法

直接利用基本积分表和不定积分的性质所能计算的不定积分是非常有限的．例如，$\displaystyle\int \cos^2 x \sin x \mathrm{d}x$ 就无法求出．因此，有必要进一步研究求不定积分的方法．本节把复合函数的微分法反过来用于求不定积分，利用变量代换得到复合函数的积分法，称为**换元积分法**，简称**换元法**．换元法通常分为两类，分别称为**第一类换元法**和**第二类换元法**．

一、第一类换元法

设函数 $f(u)$ 具有原函数 $F(u)$，即

$$F'(x) = f(u), \quad \int f(u)\mathrm{d}u = F(u) + C.$$

如果 u 是中间变量 $u = \varphi(x)$，且设函数 $\varphi(x)$ 可微，那么根据复合函数的微分法，有

$$\mathrm{d}F(\varphi(x)) = f(\varphi(x))\varphi'(x)\mathrm{d}x,$$

从而根据不定积分的定义得到

$$\int f(\varphi(x))\varphi'(x)\mathrm{d}x = F(\varphi(x)) + C = \left(\int f(u)\mathrm{d}u\right)\Big|_{u=\varphi(x)}.$$

于是有下述定理．

定理 1　设函数 $f(u)$ 具有原函数，函数 $u = \varphi(x)$ 可导，则有换元公式

$$\int f(\varphi(x))\varphi'(x)\mathrm{d}x = \left(\int f(u)\mathrm{d}u\right)\Big|_{u=\varphi(x)}. \tag{5-1}$$

由此可见，如果被积函数具有 $f(\varphi(x))\varphi'(x)$ 的形式，那么可令 $u = \varphi(x)$，代入后有

$$\int f(\varphi(x))\varphi'(x)\mathrm{d}x = \left(\int f(u)\mathrm{d}u\right)\Big|_{u=\varphi(x)}.$$

这样，上式左端的积分便转化成了函数 $f(u)$ 的积分．如果能求得 $f(u)$ 的原函数 $F(u)$，再将 $u = \varphi(x)$ 代回，就可得到左端的积分等于 $F(\varphi(x)) + C$．

例 1

求 $\int e^{2x} dx$.

解 在基本积分公式中只有 $\int e^x dx = e^x + C$,比较 $\int e^x dx$ 和 $\int e^{2x} dx$ 这两个积分,我们发现,只是 e^x 的幂次相差一个常数因子. 因此,如果凑上一个常数因子 2,使之成为

$$\int e^{2x} dx = \int \frac{e^{2x}}{2} d(2x) = \frac{1}{2} \int e^{2x} d(2x),$$

再令 $2x = u$,则上式积分变为

$$\int e^{2x} dx = \frac{1}{2} \int e^u du.$$

这个积分在基本积分公式中可以查到,再代回原来的变量 x,就求得原不定积分了. 于是有

$$\int e^{2x} dx = \frac{1}{2} \int e^{2x} d(2x) \xrightarrow{\text{令} 2x = u} \frac{1}{2} \int e^u du = \frac{1}{2} e^u + C = \frac{1}{2} e^{2x} + C.$$

例 2

求 $\int \frac{dx}{1+x}$.

解 令 $1 + x = u$,于是

$$\int \frac{dx}{1+x} = \int \frac{d(x+1)}{1+x} = \int \frac{du}{u} = \ln|u| + C = \ln|1+x| + C.$$

从上述两个例子看到,在求不定积分时,先要与已知的基本积分公式相对比,并利用简单的变量代换,把要求的积分转化为已知的形式,求出以后,再把原来的变量代回. 熟练以后,我们就可以不再写出中间变量 u,只是在形式上"凑"成基本积分公式中的积分. 因此,又把这种积分方法形象地叫作**"凑"微分法**,于是例 2 的求积分过程可简化为

$$\int \frac{dx}{1+x} = \int \frac{d(x+1)}{1+x} = \ln|1+x| + C.$$

例 3

求 $\int x e^{-x^2} dx$.

解 $\int x e^{-x^2} dx = -\frac{1}{2} \int e^{-x^2} d(-x^2) = -\frac{1}{2} e^{-x^2} + C.$

例 4

求 $\int \tan x dx$.

解 $\int \tan x dx = \int \frac{\sin x}{\cos x} dx = -\int \frac{d(\cos x)}{\cos x} = -\ln|\cos x| + C.$

类似地,可得

$$\int \cot x dx = \ln|\sin x| + C.$$

例 5

求 $\int \frac{dx}{x^2 + a^2}$ $(a \neq 0)$.

解 $\displaystyle\int \frac{\mathrm{d}x}{x^2+a^2} = \frac{1}{a^2}\int \frac{\mathrm{d}x}{1+\left(\frac{x}{a}\right)^2} = \frac{1}{a^2} \cdot a\int \frac{\mathrm{d}\left(\frac{x}{a}\right)}{1+\left(\frac{x}{a}\right)^2} = \frac{1}{a}\arctan\frac{x}{a} + C.$

例 6

求 $\displaystyle\int \frac{\mathrm{d}x}{x^2+a^2}$ $(a \neq 0)$.

解 $\displaystyle\int \frac{\mathrm{d}x}{x^2+a^2} = \frac{1}{2a}\int \left(\frac{1}{x-a} - \frac{1}{x+a}\right)\mathrm{d}x = \frac{1}{2a}\int \frac{\mathrm{d}x}{x-a} - \frac{1}{2a}\int \frac{\mathrm{d}x}{x+a}$

$\qquad = \displaystyle\frac{1}{2a}\int \frac{\mathrm{d}(x-a)}{x-a} - \frac{1}{2a}\int \frac{\mathrm{d}(x+a)}{x+a} = \frac{1}{2a}\ln |x-a| - \frac{1}{2a}\ln |x+a| + C$

$\qquad = \displaystyle\frac{1}{2a}\ln \left|\frac{x-a}{x+a}\right| + C.$

例 7

求 $\displaystyle\int \frac{\mathrm{d}x}{\sqrt{a^2-x^2}}$ $(a > 0)$.

解 $\displaystyle\int \frac{\mathrm{d}x}{\sqrt{a^2-x^2}} = \frac{1}{a}\int \frac{\mathrm{d}x}{\sqrt{1-\left(\frac{x}{a}\right)^2}} = \int \frac{\mathrm{d}\left(\frac{x}{a}\right)}{\sqrt{1-\left(\frac{x}{a}\right)^2}} = \arcsin\frac{x}{a} + C.$

下面再举一些积分的例子，它们的被积函数中含有三角函数，在计算这种积分时，往往要用到一些三角恒等式．

例 8

求 $\displaystyle\int \sin^3 x\mathrm{d}x$.

解 $\displaystyle\int \sin^3 x\mathrm{d}x = \int \sin^2 x\sin x\mathrm{d}x = -\int \sin^2 x\mathrm{d}(\cos x) = -\int (1-\cos^2 x)\mathrm{d}(\cos x)$

$\qquad = \displaystyle-\int \mathrm{d}(\cos x) + \int \cos^2 x\mathrm{d}(\cos x) = -\cos x + \frac{1}{3}\cos^3 x + C.$

例 9

求 $\displaystyle\int \csc x\mathrm{d}x$.

解 **方法 1** $\displaystyle\int \csc x\mathrm{d}x = \int \frac{\mathrm{d}x}{\sin x} = \int \frac{\mathrm{d}x}{2\sin\frac{x}{2}\cos\frac{x}{2}} = \int \frac{\mathrm{d}\left(\frac{x}{2}\right)}{\tan\frac{x}{2}\cos^2\frac{x}{2}}$

$\qquad\qquad = \displaystyle\int \frac{\mathrm{d}\left(\tan\frac{x}{2}\right)}{\tan\frac{x}{2}} = \ln \left|\tan\frac{x}{2}\right| + C.$

因为

$$\tan\frac{x}{2} = \frac{\sin\frac{x}{2}}{\cos\frac{x}{2}} = \frac{2\sin^2\frac{x}{2}}{\sin x} = \frac{1-\cos x}{\sin x} = \csc x - \cot x,$$

所以上述不定积分又可表示为

$$\int \csc x \mathrm{d}x = \ln \mid \csc x - \cot x \mid + C.$$

方法 2 $\displaystyle\int \csc x \mathrm{d}x = \int \frac{\mathrm{d}x}{\sin x} = \int \frac{\sin^2 \frac{x}{2} + \cos^2 \frac{x}{2}}{2\sin \frac{x}{2}\cos \frac{x}{2}}\mathrm{d}x = \int \frac{\sin \frac{x}{2}}{\cos \frac{x}{2}}\mathrm{d}\left(\frac{x}{2}\right) + \int \frac{\cos \frac{x}{2}}{\sin \frac{x}{2}}\mathrm{d}\left(\frac{x}{2}\right)$

$$= -\int \frac{\mathrm{d}\left(\cos \frac{x}{2}\right)}{\cos \frac{x}{2}} + \int \frac{\mathrm{d}\left(\sin \frac{x}{2}\right)}{\sin \frac{x}{2}} = -\ln \left| \cos \frac{x}{2} \right| + \ln \left| \sin \frac{x}{2} \right| + C$$

$$= \ln \left| \tan \frac{x}{2} \right| + C = \ln \mid \csc x - \cot x \mid + C.$$

类似地，可得

$$\int \sec x \mathrm{d}x = \ln \mid \sec x + \tan x \mid + C.$$

例 10

求 $\displaystyle\int \cos 3x \cos 2x \mathrm{d}x.$

解 利用三角函数的积化和差公式

$$\cos A \cos B = \frac{1}{2}(\cos(A+B) + \cos(A-B)),$$

得

$$\cos 3x \cos 2x = \frac{1}{2}(\cos 5x + \cos x),$$

于是

$$\int \cos 3x \cos 2x \mathrm{d}x = \frac{1}{2}\int (\cos 5x + \cos x)\mathrm{d}x = \frac{1}{2}\left(\frac{1}{5}\int \cos 5x \mathrm{d}(5x) + \int \cos x \mathrm{d}x\right)$$

$$= \frac{1}{10}\sin 5x + \frac{1}{2}\sin x + C.$$

例 11

求 $\displaystyle\int \tan^5 x \sec^3 x \mathrm{d}x.$

解 $\displaystyle\int \tan^5 x \sec^3 x \mathrm{d}x = \int \tan^4 x \sec^2 x \cdot \sec x \tan x \mathrm{d}x$

$$= \int (\sec^2 x - 1)^2 \sec^2 x \mathrm{d}(\sec x)$$

$$= \int (\sec^6 x - 2\sec^4 x + \sec^2 x)\mathrm{d}(\sec x)$$

$$= \frac{1}{7}\sec^7 x - \frac{2}{5}\sec^5 x + \frac{1}{3}\sec^3 x + C.$$

二、第二类换元法

前面讲到的第一类换元法，是把积分 $\displaystyle\int f(x)\mathrm{d}x$ 凑成如下形式：

$$\int g(\varphi(x))\varphi'(x)\mathrm{d}x = \int g(\varphi(x))\mathrm{d}\varphi(x),$$

然后做代换 $u = \varphi(x)$，把要求的积分 $\int f(x)\mathrm{d}x$ 化成在基本积分公式中能找到的积分 $\int g(u)\mathrm{d}u$. 有些积分并不能很容易地凑出来，而是一开始就要做代换把要求的积分化简，然后求出积分. 这种积分方法通常称为第二类换元法. 我们给出下面的定理.

定理 2　设 $x = \varphi(t)$ 是单调、可导的函数，且 $\varphi'(t) \neq 0$，又设 $f(\varphi(t))\varphi'(t)$ 具有原函数，则有换元公式

$$\int f(x)\mathrm{d}x = \left(\int f(\varphi(t))\varphi'(t)\mathrm{d}t \right)\Big|_{t=\varphi^{-1}(x)}, \tag{5-2}$$

其中 $t = \varphi^{-1}(x)$ 是 $x = \varphi(t)$ 的反函数.

证　设 $f(\varphi(t))\varphi'(t)$ 的原函数为 $\Phi(t)$，记 $\Phi(\varphi^{-1}(x)) = F(x)$. 由复合函数及反函数的求导法则可得

$$F'(x) = \frac{\mathrm{d}\Phi}{\mathrm{d}t} \cdot \frac{\mathrm{d}t}{\mathrm{d}x} = \frac{\mathrm{d}\Phi}{\mathrm{d}t}\Big/\frac{\mathrm{d}x}{\mathrm{d}t} = f(\varphi(t))\varphi'(t) \cdot \frac{1}{\varphi'(t)} = f(\varphi(t)) = f(x),$$

即 $F(x)$ 是函数 $f(x)$ 的原函数，所以有

$$\int f(x)\mathrm{d}x = F(x) + C = \Phi(\varphi^{-1}(x)) + C = \left(\int f(\varphi(t))\varphi'(t)\mathrm{d}t \right)\Big|_{t=\varphi^{-1}(x)}.$$

下面举例说明公式（5-2）的应用.

例 12

求 $\displaystyle\int \frac{\mathrm{d}x}{1+\sqrt{x}}$.

解　变换积分形式. 令 $t = \sqrt{x}$，得

$$x = t^2, \quad \mathrm{d}x = 2t\mathrm{d}t,$$

代入原不定积分得

$$\int \frac{\mathrm{d}x}{1+\sqrt{x}} = \int \frac{2t}{1+t}\mathrm{d}t = 2\int \frac{t+1-1}{1+t}\mathrm{d}t$$

$$= 2\int \left(1 - \frac{1}{1+t}\right)\mathrm{d}t = 2(t - \ln|1+t|) + C.$$

回到原变量，将 $t = \sqrt{x}$ 代入上式得

$$\int \frac{\mathrm{d}x}{1+\sqrt{x}} = 2(\sqrt{x} - \ln|1+\sqrt{x}|) + C.$$

在熟练掌握第二类换元法以后，可根据其思路，一气呵成.

例 13

求 $\displaystyle\int \sqrt{a^2 - x^2}\,\mathrm{d}x \quad (a > 0)$.

解　求这个积分的困难在于有根式 $\sqrt{a^2 - x^2}$，可利用三角公式 $\sin^2 t + \cos^2 t = 1$ 化去根式. 设 $x = a\sin t, t \in \left(-\dfrac{\pi}{2}, \dfrac{\pi}{2}\right)$，则

$$\mathrm{d}x = a\cos t\mathrm{d}t, \quad \sqrt{a^2 - x^2} = a\cos t.$$

于是

$$\int \sqrt{a^2-x^2}\,\mathrm{d}x = \int a\cos t \cdot a\cos t\,\mathrm{d}t = a^2\int \cos^2 t\,\mathrm{d}t$$

$$= a^2\int \frac{1+\cos 2t}{2}\,\mathrm{d}t = a^2\left(\frac{1}{2}t + \frac{1}{4}\sin 2t\right) + C$$

$$= \frac{1}{2}a^2\arcsin\frac{x}{a} + \frac{1}{2}x\sqrt{a^2-x^2} + C,$$

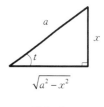

图 5 - 2

其中最后一个等式是由 $x = a\sin t, \sqrt{a^2-x^2} = a\cos t$ 得到的(见图 5 - 2).

例 14

求 $\displaystyle\int \frac{\mathrm{d}x}{\sqrt{a^2+x^2}}$ $(a>0)$.

解 和上例类似,可利用三角公式 $1+\tan^2 t = \sec^2 t$ 化去根式.

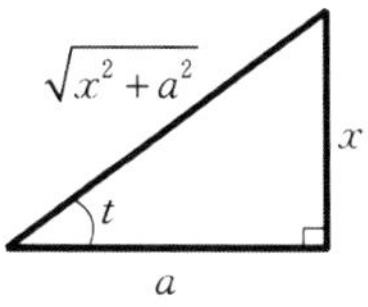

设 $x = a\tan t$(见图 5 - 3),$t \in \left(-\dfrac{\pi}{2}, \dfrac{\pi}{2}\right)$,则

$$\mathrm{d}x = a\sec^2 t\,\mathrm{d}t, \qquad \sqrt{a^2+x^2} = a\sec t.$$

图 5 - 3

于是

$$\int \frac{\mathrm{d}x}{\sqrt{a^2+x^2}} = \int \frac{1}{a\sec t} \cdot a\sec^2 t\,\mathrm{d}t = \int \sec t\,\mathrm{d}t$$

$$= \ln|\sec t + \tan t| + C_1 = \ln\left|\frac{\sqrt{a^2+x^2}}{a} + \frac{x}{a}\right| + C_1$$

$$= \ln|\sqrt{a^2+x^2} + x| + C,$$

其中 $C = C_1 - \ln a$.

例 15

求 $\displaystyle\int \frac{\mathrm{d}x}{\sqrt{x^2-a^2}}$ $(a>0)$.

解 令 $x = a\sec t$(见图 5 - 4),$t \in \left(0, \dfrac{\pi}{2}\right)$,可求得被积函数在区间 $(a, +\infty)$ 上的不定积分,此时

$$\mathrm{d}x = a\sec t\tan t\,\mathrm{d}t, \qquad \sqrt{x^2-a^2} = a\tan t,$$

故

$$\int \frac{\mathrm{d}x}{\sqrt{x^2-a^2}} = \int \frac{1}{a\tan t} \cdot a\sec t\tan t\,\mathrm{d}t = \int \sec t\,\mathrm{d}t$$

$$= \ln|\sec t + \tan t| + C_1$$

$$= \ln\left|\frac{x}{a} + \frac{\sqrt{x^2-a^2}}{a}\right| + C_1$$

$$= \ln|x + \sqrt{x^2-a^2}| + C,$$

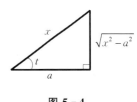

图 5 - 4

其中 $C = C_1 - \ln a$.

至于 $x \in (-\infty, -a)$,可令 $x = a\sec t, t \in \left(\dfrac{\pi}{2}, \pi\right)$,类似地可得到相同形式的结果.

以上三例所做代换均利用了三角恒等式,称为三角代换,目的是将被积函数中的无理式化为

三角函数的有理式. 一般地，若被积函数含有 $\sqrt{a^2-x^2}$，可做代换 $x=a\sin t$；若被积函数含有 $\sqrt{x^2-a^2}$，可做代换 $x=a\sec t$；若被积函数含有 $\sqrt{x^2+a^2}$，可做代换 $x=a\tan t$. 但具体解题时要分析被积函数的具体情况，选取尽可能简捷的代换，不要拘泥于上述变量代换.

例 16

求 $\displaystyle\int\frac{x+1}{\sqrt[3]{3x+1}}\mathrm{d}x$.

解　令 $3x+1=t^3$，即 $t=\sqrt[3]{3x+1}$，则

$$x=\frac{t^3-1}{3},\quad \mathrm{d}x=t^2\mathrm{d}t.$$

于是

$$\int\frac{x+1}{\sqrt[3]{3x+1}}\mathrm{d}x=\int\frac{\frac{1}{3}(t^3-1)+1}{t}\cdot t^2\mathrm{d}t=\frac{1}{3}\int(t^4+2t)\mathrm{d}t$$

$$=\frac{1}{3}\left(\frac{1}{5}t^5+t^2\right)+C=\frac{1}{15}(3x+1)^{\frac{5}{3}}+\frac{1}{3}(3x+1)^{\frac{2}{3}}+C$$

$$=\frac{1}{5}(x+2)(3x+1)^{\frac{2}{3}}+C.$$

下面通过例子来介绍一种在不定积分计算中很有用的代换——倒代换$\left(\text{令 }x=\frac{1}{t}\right)$，利用它常可消去在被积函数 $f(x)$ 的分母中的变量因子 x.

例 17

求 $\displaystyle\int\frac{\mathrm{d}x}{x\sqrt{x^2-1}}$.

解　令 $x=\frac{1}{t}$，则 $\mathrm{d}x=-\frac{\mathrm{d}t}{t^2}$，于是

$$\int\frac{\mathrm{d}x}{x\sqrt{x^2-1}}=-\int\frac{|t|}{t\sqrt{1-t^2}}\mathrm{d}t.$$

当 $x>0$ 时，有

$$\int\frac{\mathrm{d}x}{x\sqrt{x^2-1}}=-\int\frac{\mathrm{d}t}{\sqrt{1-t^2}}=-\arcsin t+C=-\arcsin\frac{1}{x}+C;$$

当 $x<0$ 时，有

$$\int\frac{\mathrm{d}x}{x\sqrt{x^2-1}}=\int\frac{\mathrm{d}t}{\sqrt{1-t^2}}=\arcsin t+C=\arcsin\frac{1}{x}+C.$$

综上，则有

$$\int\frac{\mathrm{d}x}{x\sqrt{x^2-1}}=-\arcsin\frac{1}{|x|}+C.$$

当被积函数中含有无理式 $\sqrt[n]{\dfrac{ax+b}{cx+d}}$（$a,b,c,d$ 为实数）时，我们常做代换

$$t=\sqrt[n]{\frac{ax+b}{cx+d}}.$$

例 18

求 $\displaystyle\int \frac{\mathrm{d}x}{\sqrt[3]{(x+1)^2\,(x-1)^4}}$.

解 设 $\sqrt[3]{\dfrac{x+1}{x-1}}=t$,则

$$x=\frac{t^3+1}{t^3-1}, \quad \mathrm{d}x=-\frac{6t^2}{(t^3-1)^2}\mathrm{d}t.$$

于是

$$\int \frac{\mathrm{d}x}{\sqrt[3]{(x+1)^2\,(x-1)^4}}=-\frac{3}{2}\int\mathrm{d}t=-\frac{3}{2}t+C=-\frac{3}{2}\sqrt[3]{\frac{x+1}{x-1}}+C.$$

例 19

求 $\displaystyle\int \frac{\sqrt{x+1}-\sqrt{x-1}}{\sqrt{x+1}+\sqrt{x-1}}\mathrm{d}x$.

解 $\displaystyle\int \frac{\sqrt{x+1}-\sqrt{x-1}}{\sqrt{x+1}+\sqrt{x-1}}\mathrm{d}x=\int \frac{(\sqrt{x+1}-\sqrt{x-1})^2}{(x+1)-(x-1)}\mathrm{d}x=\int(x-\sqrt{x^2-1})\mathrm{d}x$

$$=\frac{1}{2}x^2-\frac{1}{2}x\,\sqrt{x^2-1}+\frac{1}{2}\ln\mid x+\sqrt{x^2-1}\mid+C.$$

注意 例 19 也可令 $\sqrt{\dfrac{x+1}{x-1}}=t$ 来求解,但运算量显然要大得多,读者不妨自己试着用此方法求解,并比较.

在本节的例题中,有几个积分是以后经常会遇到的,所以它们通常也被当作公式使用(其中常数 $a>0$):

(14) $\displaystyle\int \tan x\mathrm{d}x=-\ln\mid\cos x\mid+C$;

(15) $\displaystyle\int \cot x\mathrm{d}x=\ln\mid\sin x\mid+C$;

(16) $\displaystyle\int \sec x\mathrm{d}x=\ln\mid\sec x+\tan x\mid+C$;

(17) $\displaystyle\int \csc x\mathrm{d}x=\ln\mid\csc x-\cot x\mid+C$;

(18) $\displaystyle\int \frac{\mathrm{d}x}{a^2+x^2}=\frac{1}{a}\arctan\frac{x}{a}+C$;

(19) $\displaystyle\int \frac{\mathrm{d}x}{x^2-a^2}=\frac{1}{2a}\ln\left|\frac{x-a}{x+a}\right|+C$;

(20) $\displaystyle\int \frac{\mathrm{d}x}{\sqrt{a^2-x^2}}=\arcsin\frac{x}{a}+C$;

(21) $\displaystyle\int \frac{\mathrm{d}x}{\sqrt{x^2+a^2}}=\ln\mid x+\sqrt{x^2+a^2}\mid+C$;

(22) $\displaystyle\int \frac{\mathrm{d}x}{\sqrt{x^2-a^2}}=\ln\mid x+\sqrt{x^2-a^2}\mid+C$.

例 20

求 $\displaystyle\int \frac{\mathrm{d}x}{x^2 + 2x + 3}$.

解 $\displaystyle\int \frac{\mathrm{d}x}{x^2 + 2x + 3} = \int \frac{\mathrm{d}(x+1)}{(x+1)^2 + (\sqrt{2})^2}$,

利用公式(18)，得

$$\int \frac{\mathrm{d}x}{x^2 + 2x + 3} = \frac{1}{\sqrt{2}} \arctan \frac{x+1}{\sqrt{2}} + C.$$

例 21

求 $\displaystyle\int \frac{\mathrm{d}x}{\sqrt{1 - 2x - x^2}}$.

解 $\displaystyle\int \frac{\mathrm{d}x}{\sqrt{1 - 2x - x^2}} = \int \frac{\mathrm{d}(x+1)}{\sqrt{(\sqrt{2})^2 - (x+1)^2}}$,

利用公式(20)，得

$$\int \frac{\mathrm{d}x}{\sqrt{1 - 2x - x^2}} = \arcsin \frac{x+1}{\sqrt{2}} + C.$$

例 22

求 $\displaystyle\int \frac{\mathrm{d}x}{\sqrt{x + x^2}}$.

解 $\displaystyle\int \frac{\mathrm{d}x}{\sqrt{x + x^2}} = \int \frac{\mathrm{d}\left(x + \frac{1}{2}\right)}{\sqrt{\left(x + \frac{1}{2}\right)^2 - \left(\frac{1}{2}\right)^2}}$,

利用公式(22)，得

$$\int \frac{\mathrm{d}x}{\sqrt{x + x^2}} = \ln \left| x + \frac{1}{2} + \sqrt{x + x^2} \right| + C.$$

习 题 5.2

1. 在下列式子等号右端的空白处填入适当的系数,使等式成立:

(1) $\mathrm{d}x = \underline{\hspace{1cm}} \mathrm{d}(ax + b)$ $(a \neq 0)$;

(2) $\mathrm{d}x = \underline{\hspace{1cm}} \mathrm{d}(7x - 3)$;

(3) $x\mathrm{d}x = \underline{\hspace{1cm}} \mathrm{d}(5x^2)$;

(4) $x\mathrm{d}x = \underline{\hspace{1cm}} \mathrm{d}(1 - x^2)$;

(5) $x^3 \mathrm{d}x = \underline{\hspace{1cm}} \mathrm{d}(3x^4 - 2)$;

(6) $\mathrm{e}^{2x} \mathrm{d}x = \underline{\hspace{1cm}} \mathrm{d}(\mathrm{e}^{2x})$;

(7) $\mathrm{e}^{-\frac{x}{2}} \mathrm{d}x = \underline{\hspace{1cm}} \mathrm{d}(1 + \mathrm{e}^{-\frac{x}{2}})$;

(8) $\dfrac{\mathrm{d}x}{x} = \underline{\hspace{1cm}} \mathrm{d}(5\ln |x|)$;

(9) $\dfrac{\mathrm{d}x}{\sqrt{1 - x^2}} = \underline{\hspace{1cm}} \mathrm{d}(1 - \arcsin x)$;

(10) $\dfrac{x\mathrm{d}x}{\sqrt{1 - x^2}} = \underline{\hspace{1cm}} \mathrm{d}(\sqrt{1 - x^2})$;

(11) $\dfrac{\mathrm{d}x}{1 + 9x^2} = \underline{\hspace{1cm}} \mathrm{d}(\arctan 3x)$;

(12) $\dfrac{\mathrm{d}x}{1 + 2x^2} = \underline{\hspace{1cm}} \mathrm{d}(\arctan \sqrt{2} x)$.

2. 求下列不定积分:

(1) $\displaystyle\int \mathrm{e}^{5x} \mathrm{d}x$;

(2) $\displaystyle\int (3 - 2x)^3 \mathrm{d}x$;

(3) $\int \dfrac{\mathrm{d}x}{1-2x}$;

(4) $\int \dfrac{\mathrm{d}x}{\sqrt[3]{2-3x}}$;

(5) $\int \dfrac{\sin \sqrt{x}}{\sqrt{x}}\mathrm{d}x$;

(6) $\int \dfrac{\mathrm{d}x}{x\ln x \ln \ln x}$;

(7) $\int \tan^{10}x \sec^2 x \mathrm{d}x$;

(8) $\int x e^{-x^2}\mathrm{d}x$;

(9) $\int \dfrac{\mathrm{d}x}{\sin x\cos x}$;

(10) $\int \tan \sqrt{1+x^2} \cdot \dfrac{x}{\sqrt{1+x^2}}\mathrm{d}x$;

(11) $\int \dfrac{\mathrm{d}x}{e^x + e^{-x}}$;

(12) $\int \dfrac{x}{\sqrt{2-3x^2}}\mathrm{d}x$;

(13) $\int \dfrac{3x^3}{1-x^4}\mathrm{d}x$;

(14) $\int \dfrac{\sin x}{\cos^3 x}\mathrm{d}x$;

(15) $\int \dfrac{1-x}{\sqrt{9-4x^2}}\mathrm{d}x$;

(16) $\int \dfrac{x^3}{9+x^2}\mathrm{d}x$;

(17) $\int \dfrac{\mathrm{d}x}{2x^2-1}$;

(18) $\int \dfrac{\mathrm{d}x}{(x+1)(x-2)}$;

(19) $\int \sin 2x\cos 3x \mathrm{d}x$;

(20) $\int \cos x\cos \dfrac{x}{2}\mathrm{d}x$;

(21) $\int \dfrac{\arctan \sqrt{x}}{\sqrt{x}(1+x)}\mathrm{d}x$;

(22) $\int \dfrac{\mathrm{d}x}{(\arcsin x)^2 \sqrt{1-x^2}}$;

(23) $\int \dfrac{x^2}{\sqrt{a^2-x^2}}\mathrm{d}x \quad (a>0)$;

(24) $\int \dfrac{\mathrm{d}x}{\sqrt{(x^2+1)^3}}$;

(25) $\int \dfrac{\sqrt{x^2-9}}{x}\mathrm{d}x$;

(26) $\int \sqrt{\dfrac{a+x}{a-x}}\mathrm{d}x \quad (a>0)$.

第三节　分部积分法

　　前面我们在复合函数的微分法的基础上,得到了换元积分法.现在我们利用两个函数乘积的求导法则,来推得另一个求积分的基本方法 —— **分部积分法**.

　　设函数 $u=u(x),v=v(x)$ 具有连续导数,则由两个函数乘积的导数公式

$$(uv)' = u'v + uv',$$

得

$$uv' = (uv)' - u'v.$$

对上式两边求不定积分,得

$$\int uv'\mathrm{d}x = uv - \int u'v\mathrm{d}x \tag{5-3}$$

或

$$\int u\mathrm{d}v = uv - \int v\mathrm{d}u. \tag{5-4}$$

　　公式(5-3)或(5-4)称为**分部积分公式**.一般地说,应适当选择 u,v 使等式右边的积分容易计算.

　　现在通过例子说明如何运用这个重要公式.

例 1

求 $\int t\mathrm{e}^t \mathrm{d}t$.

解 $\int t\mathrm{e}^t\mathrm{d}t = \int t\mathrm{d}(\mathrm{e}^t)$.

令 $t = u, \mathrm{e}^t = v$, 于是

$$\int t\mathrm{e}^t\mathrm{d}t = \int u\mathrm{d}v = uv - \int v\mathrm{d}u = t\mathrm{e}^t - \int \mathrm{e}^t\mathrm{d}t = t\mathrm{e}^t - \mathrm{e}^t + C.$$

例 2

求 $\int x\sin x\mathrm{d}x$.

解 $\int x\sin x\mathrm{d}x = \int x\mathrm{d}(-\cos x)$.

令 $x = u, -\cos x = v$, 那么

$$\int x\sin x\mathrm{d}x = \int u\mathrm{d}v = uv - \int v\mathrm{d}u = -x\cos x - \int(-\cos x)\mathrm{d}x = -x\cos x + \sin x + C.$$

如果考虑到 $\int x\sin x\mathrm{d}x = \int \sin x\mathrm{d}\left(\frac{1}{2}x^2\right)$, 而令 $u = \sin x, v = \frac{1}{2}x^2$, 则

$$\int x\sin x\mathrm{d}x = \int \sin x\mathrm{d}\left(\frac{1}{2}x^2\right) = \int u\mathrm{d}v = uv - \int v\mathrm{d}u = \frac{1}{2}x^2\sin x - \frac{1}{2}\int x^2\cos x\mathrm{d}x.$$

上式右端的积分比原积分更不易求出.

由此可见,如果 u, v 选取不当,就求不出结果,所以应用分部积分法时,适当选取 u, v 是关键.

此外,初学者在应用分部积分法时,应该如例 1 和例 2 那样,首先把 u, v 分别写出来,然后分别代入分部积分公式,这样可以避免出错,在熟练以后,就可以把这些步骤省去了.

例 3

求 $\int \arctan x\mathrm{d}x$.

解 $\int \arctan x\mathrm{d}x = x\arctan x - \int x\mathrm{d}(\arctan x) = x\arctan x - \int \frac{x}{1+x^2}\mathrm{d}x$

$$= x\arctan x - \frac{1}{2}\ln(x^2 + 1) + C.$$

对某些积分可能需要多次应用分部积分法求出.

例 4

求 $\int x^2\cos x\mathrm{d}x$.

解 类似例 2,有

$$\int x^2\cos x\mathrm{d}x = \int x^2\mathrm{d}(\sin x) = x^2\sin x - \int \sin x\mathrm{d}(x^2)$$

$$= x^2\sin x - 2\int x\sin x\mathrm{d}x = x^2\sin x + 2\int x\mathrm{d}(\cos x)$$

$$= x^2\sin x + 2x\cos x - 2\int \cos x\mathrm{d}x$$

$$= x^2\sin x + 2x\cos x - 2\sin x + C.$$

还有一些积分利用若干次分部积分法后,常常会重新出现原来要求的那个积分,从而成为求积分的一个方程式.解出这个方程(把原来要求的那个积分作为未知量),就得到所要求的积分.

例 5

求 $\int e^x \cos x \mathrm{d}x$.

解
$$
\begin{aligned}
\int e^x \cos x \mathrm{d}x &= \int e^x \mathrm{d}(\sin x) = e^x \sin x - \int \sin x \mathrm{d}(e^x) \\
&= e^x \sin x + \int e^x \mathrm{d}(\cos x) \\
&= e^x \sin x + e^x \cos x - \int \cos x \mathrm{d}(e^x) \\
&= e^x \sin x + e^x \cos x - \int e^x \cos x \mathrm{d}x,
\end{aligned}
$$

于是
$$
\int e^x \cos x \mathrm{d}x = \frac{1}{2} e^x (\sin x + \cos x) + C.
$$

注意 因为上式右端不包含不定积分项,所以必须加上任意常数 C.

同理可得
$$
\int e^x \sin x \mathrm{d}x = \frac{1}{2} e^x (\sin x - \cos x) + C.
$$

例 6

求 $\int \sec^3 x \mathrm{d}x$.

解
$$
\begin{aligned}
\int \sec^3 x \mathrm{d}x &= \int \sec x \mathrm{d}(\tan x) = \sec x \tan x - \int \tan x \mathrm{d}(\sec x) \\
&= \sec x \tan x - \int \tan^2 x \sec x \mathrm{d}x \\
&= \sec x \tan x - \int (\sec^2 x - 1) \sec x \mathrm{d}x \\
&= \sec x \tan x - \int \sec^3 x \mathrm{d}x + \int \sec x \mathrm{d}x \\
&= \sec x \tan x + \ln |\sec x + \tan x| - \int \sec^3 x \mathrm{d}x,
\end{aligned}
$$

于是
$$
\int \sec^3 x \mathrm{d}x = \frac{1}{2} (\sec x \tan x + \ln |\sec x + \tan x|) + C.
$$

例 7

求 $I = \int \sqrt{x^2 + a^2} \, \mathrm{d}x$.

解 利用分部积分法,有

$$I = \int \sqrt{x^2 + a^2}\, \mathrm{d}x$$

$$= x\sqrt{x^2 + a^2} - \int x \cdot \frac{x}{\sqrt{x^2 + a^2}}\, \mathrm{d}x$$

$$= x\sqrt{x^2 + a^2} - \int \frac{x^2 + a^2}{\sqrt{x^2 + a^2}}\, \mathrm{d}x + \int \frac{a^2}{\sqrt{x^2 + a^2}}\, \mathrm{d}x$$

$$= x\sqrt{x^2 + a^2} - \int \sqrt{x^2 + a^2}\, \mathrm{d}x + a^2 \int \frac{\mathrm{d}x}{\sqrt{x^2 + a^2}}$$

$$= x\sqrt{x^2 + a^2} - I + a^2 \ln(x + \sqrt{x^2 + a^2}),$$

于是

$$I = \int \sqrt{x^2 + a^2}\, \mathrm{d}x = \frac{1}{2}x\sqrt{x^2 + a^2} + \frac{a^2}{2}\ln(x + \sqrt{x^2 + a^2}) + C.$$

总结以上数例可知，凡属于以下类型的不定积分，常可利用分部积分法求得：

$$\int x^n \sin x\, \mathrm{d}x; \quad \int x^n \cos x\, \mathrm{d}x; \quad \int x^n \mathrm{e}^x\, \mathrm{d}x; \quad \int x^\alpha \ln^n x\, \mathrm{d}x \quad (\alpha \neq -1);$$

$$\int x^n \arcsin x\, \mathrm{d}x; \quad \int x^n \arccos x\, \mathrm{d}x; \quad \int x^n \arctan x\, \mathrm{d}x; \quad \int x^n \mathrm{arccot}\, x\, \mathrm{d}x;$$

……

从上面的例题可以看出，不定积分的计算具有很强的技巧性，这些方法必须通过大量的练习才能熟练掌握.

例 8

求 $\int \mathrm{e}^{\sqrt{x}}\, \mathrm{d}x$.

解　令 $\sqrt{x} = t$，则 $x = t^2$，$\mathrm{d}x = 2t\mathrm{d}t$，于是

$$\int \mathrm{e}^{\sqrt{x}}\, \mathrm{d}x = 2 \int t\mathrm{e}^t\, \mathrm{d}t.$$

利用例 1 的结果，并将 $t = \sqrt{x}$ 代回，便得所求积分

$$\int \mathrm{e}^{\sqrt{x}}\, \mathrm{d}x = 2 \int t\mathrm{e}^t\, \mathrm{d}t = 2\mathrm{e}^t(t - 1) + C = 2\mathrm{e}^{\sqrt{x}}(\sqrt{x} - 1) + C.$$

例 9

求 $\int \dfrac{x\mathrm{e}^x}{\sqrt{\mathrm{e}^x - 3}}\, \mathrm{d}x$.

解　令 $t = \sqrt{\mathrm{e}^x - 3}$，则 $x = \ln(t^2 + 3)$，$\mathrm{d}x = \dfrac{2t}{t^2 + 3}\mathrm{d}t$，于是

$$\int \frac{x\mathrm{e}^x}{\sqrt{\mathrm{e}^x - 3}}\, \mathrm{d}x = 2 \int \ln(t^2 + 3)\, \mathrm{d}t = 2t\ln(t^2 + 3) - \int \frac{4t^2}{t^2 + 3}\, \mathrm{d}t$$

$$= 2t\ln(t^2 + 3) - 4t + 4\sqrt{3} \arctan \frac{t}{\sqrt{3}} + C$$

$$= 2(x - 2)\sqrt{\mathrm{e}^x - 3} + 4\sqrt{3} \arctan \sqrt{\frac{\mathrm{e}^x}{3} - 1} + C.$$

1.求下列不定积分:

(1) $\displaystyle\int x\cos x\mathrm{d}x$;

(2) $\displaystyle\int x\mathrm{e}^{-x}\mathrm{d}x$;

(3) $\displaystyle\int \arcsin x\mathrm{d}x$;

(4) $\displaystyle\int \mathrm{e}^{-x}\cos x\mathrm{d}x$;

(5) $\displaystyle\int \mathrm{e}^{-2x}\sin\frac{x}{2}\mathrm{d}x$;

(6) $\displaystyle\int x\tan^2 x\mathrm{d}x$;

(7) $\displaystyle\int t\mathrm{e}^{-2t}\mathrm{d}t$;

(8) $\displaystyle\int (\arcsin x)^2\mathrm{d}x$;

(9) $\displaystyle\int \mathrm{e}^x\sin^2 x\mathrm{d}x$;

(10) $\displaystyle\int \mathrm{e}^{\sqrt[3]{x}}\mathrm{d}x$;

(11) $\displaystyle\int \cos(\ln x)\mathrm{d}x$;

(12) $\displaystyle\int (x^2-1)\sin 2x\mathrm{d}x$;

(13) $\displaystyle\int x\ln(x-1)\mathrm{d}x$;

(14) $\displaystyle\int x^2\cos^2\frac{x}{2}\mathrm{d}x$;

(15) $\displaystyle\int \frac{\ln^3 x}{x^2}\mathrm{d}x$;

(16) $\displaystyle\int x\sin x\cos x\mathrm{d}x$.

第四节　几种特殊类型函数的积分

一、有理函数的积分

设 $P(x)$ 和 $Q(x)$ 是两个多项式,则称形如

$$\frac{P(x)}{Q(x)} \tag{5-5}$$

的函数为**有理函数**. 例如,

$$\frac{1}{x^2+x-1}, \quad \frac{x^2+2x-1}{x-5}, \quad \frac{3x^3-2x}{x^4+1}$$

都是有理函数.这里,我们先举例说明有理函数的积分方法.

例 1

求 $\displaystyle\int \frac{2}{x^2-1}\mathrm{d}x$.

解　此时被积函数可表示为

$$\frac{2}{x^2-1}=\frac{1}{x-1}-\frac{1}{x+1},$$

于是

$$\int \frac{2}{x^2-1}\mathrm{d}x=\int \frac{\mathrm{d}x}{x-1}-\int \frac{\mathrm{d}x}{x+1}=\ln|x-1|-\ln|x+1|+C=\ln\left|\frac{x-1}{x+1}\right|+C.$$

这个例子说明,求有理函数不定积分的关键在于把被积函数分解为简单分式的和.一般可以用待定系数法进行分解.例如,在例 1 中,由于 $x^2-1=(x-1)(x+1)$,因此可分成

$$\frac{2}{x^2-1}=\frac{A}{x-1}+\frac{B}{x+1},$$

其中 A,B 是待定系数. 将上式右边通分，比较两边的分子得

$$2 = A(x+1) + B(x-1) = (A+B)x + (A-B).$$

于是

$$\begin{cases} A+B = 0, \\ A-B = 2. \end{cases}$$

解得 $A = 1, B = -1$，从而

$$\frac{2}{x^2-1} = \frac{1}{x-1} - \frac{1}{x+1}.$$

例 2

求 $\displaystyle\int \frac{x^3 - x^2 - x + 3}{x^2 - 1} \mathrm{d}x$.

解　此时被积函数分子的次数高于分母的次数，因此先用多项式的除法将其写成

$$\frac{x^3 - x^2 - x + 3}{x^2 - 1} = x - 1 + \frac{2}{x^2 - 1},$$

再利用例 1 的结果，即可求得

$$\int \frac{x^3 - x^2 - x + 3}{x^2 - 1}\mathrm{d}x = \int \left(x - 1 + \frac{2}{x^2 - 1}\right)\mathrm{d}x = \frac{x^2}{2} - x + \ln\left|\frac{x-1}{x+1}\right| + C.$$

例 2 说明，当被积函数分子的次数不低于分母的次数时，必须先用多项式的除法把它化成一个多项式和一个真分式的和. 多项式的积分容易求得，而要计算真分式的积分，需要用到以下四个最简真分式的积分（其中 A,B 为常数）：

(1) $\dfrac{A}{x-a}$　（a 为常数）；

(2) $\dfrac{A}{(x-a)^k}$　（$k > 1$ 为整数，a 为常数）；

(3) $\dfrac{Ax+B}{x^2+px+q}$　（p,q 为常数且 $p^2 - 4q < 0$）；

(4) $\dfrac{Ax+B}{(x^2+px+q)^k}$　（p,q 为常数且 $p^2 - 4q < 0, k > 1$ 为整数）.

由代数学理论，任何一个真分式都可以分解成若干最简真分式之和. 于是，求任何一个真分式的不定积分问题就化成以上四种类型的积分.

显然，类型 (1) 与 (2) 的积分容易求出，类型 (3) 与 (4) 的积分现在分别以例 3 和例 4 为例来说明.

例 3

求 $\displaystyle\int \frac{x-2}{x^2+2x+3}\mathrm{d}x$.

解　因为 $x^2 + 2x + 3$ 为二次质因式，所以被积函数为最简真分式. 于是

$$\int \frac{x-2}{x^2+2x+3}\mathrm{d}x = \int \frac{\dfrac{1}{2}(x^2+2x+3)' - 3}{x^2+2x+3}\mathrm{d}x$$

$$= \frac{1}{2}\int \frac{\mathrm{d}(x^2+2x+3)}{x^2+2x+3} - 3\int \frac{\mathrm{d}x}{(x+1)^2+2}$$

$$= \frac{1}{2}\ln(x^2+2x+3) - \frac{3}{2}\int \frac{\mathrm{d}x}{1 + \left(\dfrac{x+1}{\sqrt{2}}\right)^2}$$

$$= \frac{1}{2}\ln(x^2+2x+3) - \frac{3}{\sqrt{2}}\int \frac{\mathrm{d}\left(\frac{x+1}{\sqrt{2}}\right)}{1+\left(\frac{x+1}{\sqrt{2}}\right)^2}$$

$$= \frac{1}{2}\ln(x^2+2x+3) - \frac{3}{\sqrt{2}}\arctan\frac{x+1}{\sqrt{2}} + C.$$

注意 例 3 中的积分 $\displaystyle\int \frac{\mathrm{d}x}{(x+1)^2+2}$ 也可直接利用第二节中的积分公式(18)求得.

例 4

求 $\displaystyle\int \frac{x+1}{(x^2+1)^2}\mathrm{d}x$.

解 $\displaystyle\int \frac{x+1}{(x^2+1)^2}\mathrm{d}x = \frac{1}{2}\int \frac{\mathrm{d}(x^2+1)}{(x^2+1)^2} + \int \frac{\mathrm{d}x}{(x^2+1)^2}$

$$= -\frac{1}{2(x^2+1)} + \frac{x}{2(x^2+1)} + \frac{1}{2}\arctan x + C.$$

注意 例 4 中的 $\displaystyle\int \frac{\mathrm{d}x}{(x^2+1)^2}$ 可由三角代换 $x = \tan t$ 求得.

一般地,对任何一个有理函数都可以通过以下步骤求出它的原函数:

(1) 若式(5-5)是假分式,则将其表示成一个多项式与一个真分式之和,分别求其原函数.

(2) 若式(5-5)已经是一个真分式,则可以将其分解成若干最简真分式之和,分别求其原函数.

(3) 将上述过程中分别求出的原函数相加,就得到有理函数(5-5)的原函数.

例 5

求 $\displaystyle\int \frac{\mathrm{d}x}{x(x-1)^2}$.

解 设 $\displaystyle\frac{1}{x(x-1)^2} = \frac{A}{x} + \frac{B}{x-1} + \frac{C}{(x-1)^2}$,两边去分母,得

$$1 = A(x-1)^2 + Bx(x-1) + Cx.$$

此式为恒等式,对任何 x 均成立,故对特殊的 x 值也成立.

取 $x=1$,得 $C=1$;取 $x=0$,得 $A=1$;取 $x=2$,得 $B=-1$. 因此

$$\int \frac{\mathrm{d}x}{x(x-1)^2} = \int \frac{\mathrm{d}x}{x} - \int \frac{\mathrm{d}x}{x-1} + \int \frac{\mathrm{d}x}{(x-1)^2}$$

$$= \ln|x| - \ln|x-1| - \frac{1}{x-1} + C$$

$$= \ln\left|\frac{x}{x-1}\right| - \frac{1}{x-1} + C.$$

例 6

求 $\displaystyle\int \frac{\mathrm{d}x}{x^4-1}$.

解 $\displaystyle\int \frac{\mathrm{d}x}{x^4-1} = \frac{1}{2}\int \left(\frac{1}{x^2-1} - \frac{1}{x^2+1}\right)\mathrm{d}x = \frac{1}{4}\ln\left|\frac{x-1}{x+1}\right| - \frac{1}{2}\arctan x + C.$

本题若用待定系数法,会比较麻烦.读者可以用例 5 的方法尝试一下.

二、三角函数有理式的积分

三角函数有理式是指三角函数和常数经过有限次四则运算构成的函数. 由于各种三角函数都可以用 $\sin x$ 和 $\cos x$ 的有理式表示, 故三角函数有理式也就是 $\sin x$ 和 $\cos x$ 的有理式, 记作 $R(\sin x, \cos x)$.

对于三角函数有理式的积分 $\int R(\sin x, \cos x)\mathrm{d}x$, 总可以做代换 $t = \tan\dfrac{x}{2}$ 使被积函数有理化. 事实上, 做这样的代换后, 就有

$$\sin x = 2\sin\frac{x}{2}\cos\frac{x}{2} = \frac{2\tan\dfrac{x}{2}}{\sec^2\dfrac{x}{2}} = \frac{2t}{1+t^2},$$

$$\cos x = \cos^2\frac{x}{2} - \sin^2\frac{x}{2} = \frac{1-\tan^2\dfrac{x}{2}}{\sec^2\dfrac{x}{2}} = \frac{1-t^2}{1+t^2},$$

$$\mathrm{d}x = \frac{2\mathrm{d}t}{1+t^2},$$

于是

$$\int R(\sin x, \cos x)\mathrm{d}x = \int R\left(\frac{2t}{1+t^2}, \frac{1-t^2}{1+t^2}\right)\cdot\frac{2}{1+t^2}\mathrm{d}t.$$

这样就把积分有理化了.

例 7

求 $\displaystyle\int\frac{\mathrm{d}x}{3+5\cos x}$.

解 令 $t = \tan\dfrac{x}{2}$, 则

$$\int\frac{\mathrm{d}x}{3+5\cos x} = \int\frac{1}{3+5\dfrac{1-t^2}{1+t^2}}\cdot\frac{2}{1+t^2}\mathrm{d}t = \int\frac{\mathrm{d}t}{4-t^2}$$

$$= \frac{1}{4}\ln\left|\frac{2+t}{2-t}\right| + C = \frac{1}{4}\ln\left|\frac{2+\tan\dfrac{x}{2}}{2-\tan\dfrac{x}{2}}\right| + C.$$

值得注意的是, 虽然对于形如 $\int R(\sin x, \cos x)\mathrm{d}x$ 的积分, 总可以通过代换 $t = \tan\dfrac{x}{2}$ 将其有理化, 然而有时做这样的代换运算比较复杂. 对于某些类型的三角函数的积分, 我们不必做这样的代换, 而是利用一些三角恒等式, 也可以比较方便地求出积分.

例 8

求 $\displaystyle\int\frac{\mathrm{d}x}{1+\cos x}$.

解 **方法 1** $\displaystyle\int\frac{\mathrm{d}x}{1+\cos x} = \frac{1}{2}\int\frac{\mathrm{d}x}{\cos^2\dfrac{x}{2}} = \frac{1}{2}\int\sec^2\frac{x}{2}\mathrm{d}x$

$$= \int \sec^2 \frac{x}{2} \mathrm{d}\left(\frac{x}{2}\right) = \tan \frac{x}{2} + C.$$

方法 2 $\displaystyle\int \frac{\mathrm{d}x}{1+\cos x} = \int \frac{1-\cos x}{1-\cos^2 x}\mathrm{d}x = \int \frac{\mathrm{d}x}{\sin^2 x} - \int \frac{\mathrm{d}(\sin x)}{\sin^2 x}$

$$= -\cot x + \frac{1}{\sin x} + C = \csc x - \cot x + C$$

$$= \tan \frac{x}{2} + C.$$

以上我们介绍了几种积分方法,关键不在于求出了几个具体的积分,而是应领会其思想方法. 必须通过一定的训练,才能得到举一反三、触类旁通的效果.

对初等函数来讲,在其定义区间上,它的原函数一定存在,但原函数不一定都是初等函数,如 $\displaystyle\int \mathrm{e}^{-x^2}\mathrm{d}x, \int \frac{\sin x}{x}\mathrm{d}x, \int \frac{\mathrm{d}x}{\ln x}, \int \frac{\mathrm{d}x}{\sqrt{1+x^4}}$ 等就都不是初等函数. 这就是说,这些积分不能用初等函数明显表示出来. 我们常称这样的积分为"积不出来"的积分.

习 题 5.4

1. 求下列不定积分:

(1) $\displaystyle\int \frac{\mathrm{d}x}{x^3+1}$;

(2) $\displaystyle\int \frac{x^5+x^4-8}{x^3-x}\mathrm{d}x$;

(3) $\displaystyle\int \frac{\sin x}{1+\sin x}\mathrm{d}x$;

(4) $\displaystyle\int \frac{\cot x}{\sin x+\cos x+1}\mathrm{d}x$;

(5) $\displaystyle\int \frac{\mathrm{d}x}{3+\cos x}$;

(6) $\displaystyle\int \frac{\mathrm{d}x}{2+\sin x}$;

(7) $\displaystyle\int \frac{x^6+1}{x^4+1}\mathrm{d}x$;

(8) $\displaystyle\int \frac{x^4+1}{x^6+1}\mathrm{d}x$;

(9) $\displaystyle\int \frac{\mathrm{d}x}{\sin x+\cos x}$;

(10) $\displaystyle\int \frac{\mathrm{d}x}{(2+\cos x)\sin x}$.

综合习题五

1. 求下列不定积分(其中 a,b 为常数):

(1) $\displaystyle\int \frac{\mathrm{d}x}{\mathrm{e}^x-\mathrm{e}^{-x}}$;

(2) $\displaystyle\int \frac{x}{(1-x)^3}\mathrm{d}x$;

(3) $\displaystyle\int \frac{x^2}{a^6-x^6}\mathrm{d}x \quad (a>0)$;

(4) $\displaystyle\int \frac{1+\cos x}{x+\sin x}\mathrm{d}x$;

(5) $\displaystyle\int \frac{\ln \ln x}{x}\mathrm{d}x$;

(6) $\displaystyle\int \frac{\sin x\cos x}{1+\sin^4 x}\mathrm{d}x$;

(7) $\displaystyle\int \tan^4 x\mathrm{d}x$;

(8) $\displaystyle\int \sin x\sin 2x\sin 3x\mathrm{d}x$;

(9) $\displaystyle\int \frac{\mathrm{d}x}{x(x^6+4)}$;

(10) $\displaystyle\int \frac{\mathrm{d}x}{\sqrt{x}(1+x)}$;

(11) $\displaystyle\int x\cos^2 x\mathrm{d}x$;

(12) $\displaystyle\int \mathrm{e}^{ax}\cos bx\,\mathrm{d}x$;

(13) $\displaystyle\int \frac{\mathrm{d}x}{\sqrt{1+\mathrm{e}^x}}$;

(14) $\displaystyle\int \frac{\mathrm{d}x}{x^2\sqrt{x^2-1}}$;

(15) $\displaystyle\int \sqrt{x}\sin\sqrt{x}\,\mathrm{d}x$;

(16) $\displaystyle\int \frac{\mathrm{d}x}{x^4\sqrt{1+x^2}}$;

(17) $\displaystyle\int \frac{\mathrm{d}x}{(a^2-x^2)^{\frac{5}{2}}}$;

(18) $\displaystyle\int \ln(1+x^2)\,\mathrm{d}x$;

(19) $\displaystyle\int \frac{\sin^2 x}{\cos^3 x}\,\mathrm{d}x$;

(20) $\displaystyle\int \arctan\sqrt{x}\,\mathrm{d}x$;

(21) $\displaystyle\int \frac{\sqrt{1+\cos x}}{\sin x}\,\mathrm{d}x$;

(22) $\displaystyle\int \frac{x^3}{(1+x^8)^2}\,\mathrm{d}x$;

(23) $\displaystyle\int \frac{\mathrm{d}x}{16-x^4}$;

(24) $\displaystyle\int \frac{x^{11}}{x^8+3x^4+2}\,\mathrm{d}x$;

(25) $\displaystyle\int \frac{x+\sin x}{1+\cos x}\,\mathrm{d}x$;

(26) $\displaystyle\int \mathrm{e}^{\sin x}\,\frac{x\cos^3 x-\sin x}{\cos^2 x}\,\mathrm{d}x$;

(27) $\displaystyle\int \frac{\sqrt[3]{x}}{x(\sqrt{x}+\sqrt[3]{x})}\,\mathrm{d}x$;

(28) $\displaystyle\int \frac{\mathrm{d}x}{(1+\mathrm{e}^x)^2}$;

(29) $\displaystyle\int \frac{\mathrm{e}^{3x}+\mathrm{e}^x}{\mathrm{e}^{4x}-\mathrm{e}^{2x}+1}\,\mathrm{d}x$;

(30) $\displaystyle\int \frac{x\mathrm{e}^x}{(\mathrm{e}^x+1)^2}\,\mathrm{d}x$;

(31) $\displaystyle\int \ln^2(x+\sqrt{1+x^2})\,\mathrm{d}x$;

(32) $\displaystyle\int \frac{\ln x}{(1+x^2)^{\frac{3}{2}}}\,\mathrm{d}x$;

(33) $\displaystyle\int \sqrt{1-x^2}\arcsin x\,\mathrm{d}x$;

(34) $\displaystyle\int \frac{x^3\arccos x}{\sqrt{1-x^2}}\,\mathrm{d}x$;

(35) $\displaystyle\int \frac{\cot x}{1+\sin x}\,\mathrm{d}x$;

(36) $\displaystyle\int \frac{\mathrm{d}x}{\sin^3 x\cos x}$;

(37) $\displaystyle\int \frac{\sin x\cos x}{\sin x+\cos x}\,\mathrm{d}x$.

第六章

定 积 分

本章将讨论积分学的另一个基本问题 —— 定积分问题.下面,我们先从几何问题出发引进定积分的定义,再讨论它的性质、计算方法及其应用.

第一节　定积分的概念与性质

一、定积分问题举例

设函数 $y = f(x)$ 在闭区间 $[a,b]$ 上非负、连续,由直线 $x = a,x = b,y = 0$ 及曲线 $y = f(x)$ 所围成的图形(见图 6-1)称为**曲边梯形**,其中曲线弧称为**曲边**.

如何计算这个曲边梯形的面积呢?

我们知道,矩形的面积可按公式

$$矩形面积 = 底 \times 高$$

来计算.

由于曲边梯形在底边上各点处的高 $f(x)$ 在 $[a,b]$ 上是变动的,故它的面积不能直接按上述公式来计算. 但可求其近似值,把区间 $[a,b]$ 划分为许多小区间,每一个小区间就对应一个窄曲边梯形,而每一个窄曲边梯形都可以近似看成一个窄矩形. 因此,曲边梯形的面积也就可以近似看成若干个

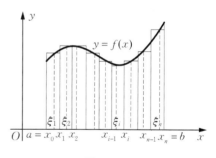

图 6-1

窄矩形的面积之和,换句话说,这些窄矩形面积之和就是所要求的曲边梯形面积的近似值. 可以想象,如果分割得越细,那么近似程度就越高. 我们知道,为了得到精确值,必须利用极限这一工具,由此给出了计算曲边梯形面积的方法. 现详述如下.

在闭区间 $[a,b]$ 上任意插入若干个分点

$$a = x_0 < x_1 < x_2 < \cdots < x_{n-1} < x_n = b,$$

把 $[a,b]$ 分成 n 个小区间

$$[x_0,x_1],\quad [x_1,x_2],\quad \cdots,\quad [x_{n-1},x_n].$$

它们的长度依次为

$$\Delta x_1 = x_1 - x_0,\quad \Delta x_2 = x_2 - x_1,\quad \cdots,\quad \Delta x_n = x_n - x_{n-1}.$$

经过每一个分点作平行于 y 轴的直线段,把曲边梯形分成 n 个窄曲边梯形,在每一个小区间 $[x_{i-1},x_i]$ 上任取一点 ξ_i,用以 $[x_{i-1},x_i]$ 为底、以 $f(\xi_i)$ 为高的窄矩形近似替代第 i 个窄曲边梯形 $(i = 1,2,\cdots,n)$.把这样得到的 n 个窄矩形面积之和作为所求曲边梯形面积 A 的近似值,即

$$A \approx f(\xi_1)\Delta x_1 + f(\xi_2)\Delta x_2 + \cdots + f(\xi_n)\Delta x_n = \sum_{i=1}^{n} f(\xi_i)\Delta x_i.$$

为了保证所有小区间的长度都无限缩小，我们要求小区间长度中的最大值趋于零. 例如记 $\lambda = \max\{\Delta x_1, \Delta x_2, \cdots, \Delta x_n\}$，则上述条件可表示为 $\lambda \to 0$. 当 $\lambda \to 0$ 时（这时分段数 n 无限增大，即 $n \to \infty$），取上述和式的极限，便得到曲边梯形的面积

$$A = \lim_{\lambda \to 0} \sum_{i=1}^{n} f(\xi_i)\Delta x_i.$$

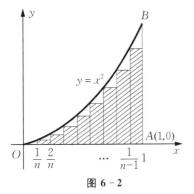

图 6 - 2

人们发现，大量的问题，尽管它们在表面上和形式上来看是各不相关、互不相同的，但是却提出了一个同样的要求：计算一个和式的极限. 这就是定积分的概念. 这种方法，很早就已经被人们提出来了. 阿基米德（Archimedes）就用过这种方法求曲边形 AOB 的面积（见图 6 - 2）. 方法如下.

用下列各点

$$0, \frac{1}{n}, \frac{2}{n}, \cdots, \frac{n-1}{n}, 1$$

将区间 $[0,1]$ 分成 n 个相等的小段，计算出有阴影的矩形面积之和为

$$S_n = 0 \cdot \frac{1}{n} + \left(\frac{1}{n}\right)^2 \cdot \frac{1}{n} + \cdots + \left(\frac{n-1}{n}\right)^2 \cdot \frac{1}{n}$$

$$= \frac{1}{n^3}[1^2 + 2^2 + \cdots + (n-1)^2].$$

利用数学归纳法，可以证明

$$1^2 + 2^2 + \cdots + (n-1)^2 = \frac{1}{6}(n-1)n(2n-1),$$

于是

$$S_n = \frac{1}{6n^3}(n-1)n(2n-1).$$

此值就可作为曲边形 AOB 的面积的近似值. 如果要得出精确值，那么对 S_n 取极限得

$$\lim_{n \to \infty} S_n = \frac{1}{3}.$$

这就是曲边形 AOB 的面积.

下面我们给出定积分的精确定义.

二、定积分的定义

定义 1　设函数 $y = f(x)$ 在闭区间 $[a,b]$ 上有界，在 $[a,b]$ 上任意插入若干个分点

$$a = x_0 < x_1 < x_2 < \cdots < x_{n-1} < x_n = b,$$

把区间 $[a,b]$ 分成 n 个小区间

$$[x_0, x_1], \quad [x_1, x_2], \quad \cdots, \quad [x_{n-1}, x_n],$$

记 $\Delta x_i = x_i - x_{i-1}$ 为第 i 个小区间的长度 $(i = 1, 2, \cdots, n)$，在每个小区间 $[x_{i-1}, x_i]$ 上任取一点 $\xi_i (x_{i-1} \leqslant \xi_i \leqslant x_i)$，做和式

$$S_n = \sum_{i=1}^{n} f(\xi_i)\Delta x_i, \tag{6-1}$$

记 $\lambda = \max\{\Delta x_1, \Delta x_2, \cdots, \Delta x_n\}$. 如果不论对区间 $[a,b]$ 怎样划分，也不论在小区间 $[x_{i-1}, x_i]$ 上点 ξ_i 怎样选取，只要当 $\lambda \to 0$ 时，S_n 总趋于确定的极限值 I，则称这个极限值 I 为函数 $f(x)$ 在区间

$[a,b]$ 上的**定积分**,记作 $\int_a^b f(x)dx$,即

$$\int_a^b f(x)dx = \lim_{\lambda \to 0} \sum_{i=1}^n f(\xi_i)\Delta x_i = I, \qquad (6-2)$$

其中 $f(x)$ 叫作**被积函数**,$f(x)dx$ 叫作**被积表达式**,x 叫作**积分变量**,a 叫作**积分下限**,b 叫作**积分上限**,$[a,b]$ 叫作**积分区间**.

注意 当 $\sum_{i=1}^n f(\xi_i)\Delta x_i$ 的极限存在时,其极限值仅与被积函数 $f(x)$ 和积分区间 $[a,b]$ 有关,而与积分变量用什么字母表达无关,即

$$\int_a^b f(x)dx = \int_a^b f(t)dt = \int_a^b f(u)du.$$

如果函数 $f(x)$ 在闭区间 $[a,b]$ 上的定积分存在,我们就称 $f(x)$ 在 $[a,b]$ 上**可积**.

对于定积分,有这样一个重要问题:函数 $f(x)$ 在闭区间 $[a,b]$ 上满足怎样的条件时,$f(x)$ 在 $[a,b]$ 上一定可积. 对于这个问题,我们不做深入讨论,而只给出以下两个充分条件.

$\boxed{\text{定理 1}}$ 设函数 $f(x)$ 在闭区间 $[a,b]$ 上连续,则 $f(x)$ 在 $[a,b]$ 上可积.

$\boxed{\text{定理 2}}$ 设函数 $f(x)$ 在闭区间 $[a,b]$ 上有界,且只有有限个间断点,则 $f(x)$ 在 $[a,b]$ 上可积.

利用定积分的定义,前面所讨论的实际问题可以表述如下:

曲线 $y = f(x)(f(x) \geqslant 0)$,$x$ 轴及两直线 $x = a, x = b$ 所围成的曲边梯形的面积 A 等于函数 $f(x)$ 在闭区间 $[a,b]$ 上的定积分,即

$$A = \int_a^b f(x)dx,$$

故

$$S_{AOB} = \int_0^1 x^2 dx = \frac{1}{3}.$$

三、定积分的几何意义

在闭区间 $[a,b]$ 上,当 $f(x) \geqslant 0$ 时,我们已经知道,定积分 $\int_a^b f(x)dx$ 在几何上表示由曲线 $y = f(x)$,两条直线 $x = a, x = b$ 与 x 轴所围成的曲边梯形的面积. 在 $[a,b]$ 上,当 $f(x) \leqslant 0$ 时,由曲线 $y = f(x)$,两条直线 $x = a, x = b$ 与 x 轴所围成的曲边梯形位于 x 轴的下方,定积分 $\int_a^b f(x)dx$ 在几何上表示上述曲边梯形面积的负值. 在 $[a,b]$ 上,当 $f(x)$ 既取得正值,又取得负值时,函数 $f(x)$ 的图形某些部分位于 x 轴上方,而其他部分位于 x 轴下方(见图 $6-3$),则定积分 $\int_a^b f(x)dx$ 在几何上表示介于 x 轴,曲线 $y = f(x)$ 及两条直线 $x = a, x = b$ 之间的各部分面积的代数和.

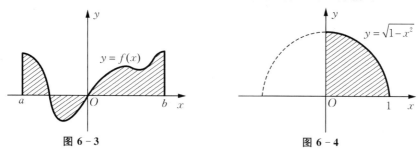

图 6-3   图 6-4

例 1

利用定积分的几何意义，计算 $\int_0^1 \sqrt{1-x^2}\,\mathrm{d}x$.

解 显然，根据定积分的定义来求解是比较困难的. 根据定积分的几何意义可知，$\int_0^1 \sqrt{1-x^2}\,\mathrm{d}x$ 就是图 6-4 所示的半径为 1 的圆在第一象限部分的面积，所以

$$\int_0^1 \sqrt{1-x^2}\,\mathrm{d}x = \frac{1}{4}\pi \cdot 1^2 = \frac{\pi}{4}.$$

四、定积分的性质

为了以后计算及应用方便起见，我们对定积分做以下两点规定：

(1) 当 $a = b$ 时，$\int_a^b f(x)\,\mathrm{d}x = 0$；

(2) 当 $a > b$ 时，$\int_a^b f(x)\,\mathrm{d}x = -\int_b^a f(x)\,\mathrm{d}x$.

由规定(2)可知，交换定积分的积分上、下限时，积分的绝对值不变，而符号相反.

下面我们讨论定积分的性质. 下列情形中积分上、下限的大小，如无特别指明，均不加限制，并假定各性质中所列出的定积分都是存在的.

性质 1 $\int_a^b \big(f(x) \pm g(x)\big)\mathrm{d}x = \int_a^b f(x)\,\mathrm{d}x \pm \int_a^b g(x)\,\mathrm{d}x$.

证
$$\int_a^b \big(f(x) \pm g(x)\big)\mathrm{d}x = \lim_{\lambda \to 0} \sum_{i=1}^n \big(f(\xi_i) \pm g(\xi_i)\big)\Delta x_i$$
$$= \lim_{\lambda \to 0} \sum_{i=1}^n f(\xi_i)\Delta x_i \pm \lim_{\lambda \to 0} \sum_{i=1}^n g(\xi_i)\Delta x_i$$
$$= \int_a^b f(x)\,\mathrm{d}x \pm \int_a^b g(x)\,\mathrm{d}x.$$

性质 1 对任意有限个函数都是成立的. 类似地，可以证明以下性质.

性质 2 $\int_a^b kf(x)\,\mathrm{d}x = k\int_a^b f(x)\,\mathrm{d}x$ （k 为常数）.

性质 3 设 $a < c < b$，则

$$\int_a^b f(x)\,\mathrm{d}x = \int_a^c f(x)\,\mathrm{d}x + \int_c^b f(x)\,\mathrm{d}x.$$

由定积分的几何意义容易看出这一结论. 这个性质表明，定积分对于积分区间具有可加性.

按定积分的补充规定，不论 a,b,c 的相对位置如何，总有等式

$$\int_a^b f(x)\,\mathrm{d}x = \int_a^c f(x)\,\mathrm{d}x + \int_c^b f(x)\,\mathrm{d}x$$

成立. 例如，当 $a < b < c$ 时，由于

$$\int_a^c f(x)\,\mathrm{d}x = \int_a^b f(x)\,\mathrm{d}x + \int_b^c f(x)\,\mathrm{d}x,$$

因此

$$\int_a^b f(x)\,\mathrm{d}x = \int_a^c f(x)\,\mathrm{d}x - \int_b^c f(x)\,\mathrm{d}x = \int_a^c f(x)\,\mathrm{d}x + \int_c^b f(x)\,\mathrm{d}x.$$

性质 4 如果在闭区间 $[a,b]$ 上，$f(x) \equiv 1$，则

$$\int_a^b 1 \mathrm{d}x = \int_a^b \mathrm{d}x = b - a.$$

特别地,$\int_a^b k \mathrm{d}x = k(b-a)$($k$ 为常数).

性质 5 如果在闭区间$[a,b]$上,$f(x) \geqslant 0$,则

$$\int_a^b f(x)\mathrm{d}x \geqslant 0 \quad (a < b).$$

推论 1 如果在闭区间$[a,b]$上,$f(x) \leqslant g(x)$,则

$$\int_a^b f(x)\mathrm{d}x \leqslant \int_a^b g(x)\mathrm{d}x \quad (a < b).$$

证 因为 $f(x) \leqslant g(x)$,所以 $g(x) - f(x) \geqslant 0$,于是由性质 5 得

$$\int_a^b (g(x) - f(x))\mathrm{d}x \geqslant 0.$$

再利用性质 1,便得到要证的不等式.

推论 2 $\left| \int_a^b f(x)\mathrm{d}x \right| \leqslant \int_a^b | f(x) | \mathrm{d}x \quad (a < b).$

证 因为

$$-| f(x) | \leqslant f(x) \leqslant | f(x) |,$$

所以由推论 1 及性质 2 得

$$-\int_a^b | f(x) | \mathrm{d}x \leqslant \int_a^b f(x)\mathrm{d}x \leqslant \int_a^b | f(x) | \mathrm{d}x,$$

即

$$\left| \int_a^b f(x)\mathrm{d}x \right| \leqslant \int_a^b | f(x) | \mathrm{d}x.$$

性质 6 设 M 及 m 分别是函数 $f(x)$ 在闭区间$[a,b]$上的最大值和最小值,则

$$m(b-a) \leqslant \int_a^b f(x)\mathrm{d}x \leqslant M(b-a) \quad (a < b).$$

证 因为 $m \leqslant f(x) \leqslant M$,所以由推论 1 得

$$\int_a^b m \mathrm{d}x \leqslant \int_a^b f(x)\mathrm{d}x \leqslant \int_a^b M \mathrm{d}x.$$

再由性质 2 及性质 4,即得到要证的不等式.

这个性质说明,由被积函数在积分区间上的最大值和最小值可以估计积分值的大致范围.

例 2

估计积分 $\int_0^1 \mathrm{e}^{-x^2} \mathrm{d}x$ 的范围.

解 由于当 $0 \leqslant x \leqslant 1$ 时,有

$$-1 \leqslant -x^2 \leqslant 0,$$

根据指数函数的单调性,有

$$\mathrm{e}^{-1} \leqslant \mathrm{e}^{-x^2} \leqslant 1,$$

于是

$$\int_0^1 \mathrm{e}^{-1} \mathrm{d}x \leqslant \int_0^1 \mathrm{e}^{-x^2} \mathrm{d}x \leqslant \int_0^1 1 \mathrm{d}x,$$

即

$$\mathrm{e}^{-1} \leqslant \int_0^1 \mathrm{e}^{-x^2}\mathrm{d}x \leqslant 1.$$

性质 7（定积分中值定理） 如果函数 $f(x)$ 在闭区间 $[a,b]$ 上连续，则在积分区间 $[a,b]$ 上至少存在一点 ξ，使得下式成立：

$$\int_a^b f(x)\mathrm{d}x = f(\xi)(b-a) \quad (a \leqslant \xi \leqslant b).$$

证 由性质 6 得

$$m \leqslant \frac{1}{b-a}\int_a^b f(x)\mathrm{d}x \leqslant M.$$

这表明，确定的数值 $\dfrac{1}{b-a}\displaystyle\int_a^b f(x)\mathrm{d}x$ 介于函数 $f(x)$ 的最大值 M 和最小值 m 之间。由闭区间上连续函数的介值定理，在闭区间 $[a,b]$ 上至少存在一点 ξ，使得函数 $f(x)$ 在点 ξ 处的值与这个确定的数值相等，即

$$\frac{1}{b-a}\int_a^b f(x)\mathrm{d}x = f(\xi) \quad (a \leqslant \xi \leqslant b).$$

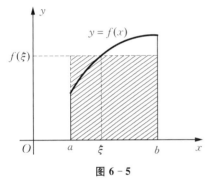

图 6-5

上式两端各乘以 $b-a$，即得到要证的等式。

定积分中值定理有如下几何解释：在闭区间 $[a,b]$ 上至少存在一点 ξ，使得以区间 $[a,b]$ 为底边、曲线 $y=f(x)$ 为曲边的曲边梯形的面积等于同一底边而高为 $f(\xi)$ 的一个矩形的面积（见图 6-5）。

显然，定积分中值定理

$$\int_a^b f(x)\mathrm{d}x = f(\xi)(b-a) \quad (\xi \text{ 在 } a,b \text{ 之间})$$

不论 $a > b$ 或 $a < b$ 都是成立的。

例 3

求 $\displaystyle\lim_{n\to+\infty}\int_0^{\frac{1}{2}} \frac{x^n}{\sqrt{1+x^2}}\mathrm{d}x$.

解 由于当 $0 \leqslant x \leqslant \dfrac{1}{2}$ 时，有

$$0 \leqslant \frac{x^n}{\sqrt{1+x^2}} \leqslant x^n,$$

因此

$$0 \leqslant \int_0^{\frac{1}{2}} \frac{x^n}{\sqrt{1+x^2}}\mathrm{d}x \leqslant \int_0^{\frac{1}{2}} x^n \mathrm{d}x.$$

又由定积分中值定理有

$$\lim_{n\to+\infty}\int_0^{\frac{1}{2}} x^n \mathrm{d}x = \lim_{n\to+\infty}\frac{1}{2}\xi^n = 0 \quad \left(0 \leqslant \xi \leqslant \frac{1}{2}\right),$$

故由夹逼定理可得

$$\lim_{n\to+\infty}\int_0^{\frac{1}{2}} \frac{x^n}{\sqrt{1+x^2}}\mathrm{d}x = 0.$$

性质 8 设函数 $f(x) \in C([a,b])$，$f(x)$ 在闭区间 $[a,b]$ 上非负且不恒等于零，则

$$\int_a^b f(x)\mathrm{d}x > 0.$$

由性质 8 立即可得下面的推论.

推论 1　设函数 $f(x),g(x) \in C([a,b])$，且在闭区间 $[a,b]$ 上满足 $f(x) \geqslant g(x)$ 及 $f(x) \not\equiv g(x)$，则

$$\int_a^b f(x)\mathrm{d}x > \int_a^b g(x)\mathrm{d}x.$$

推论 2　设函数 $f(x) \in C([a,b])$，且 $\int_a^b |f(x)|\mathrm{d}x = 0$，则 $\forall x \in [a,b]$，有

$$f(x) \equiv 0.$$

性质 8 及其推论，读者可自行证明.

习题 6.1

1. 利用定积分的定义，计算由直线 $y = x+1, x = a, x = b(a < b)$ 及 x 轴所围成的图形的面积.

2. 利用定积分的几何意义，求下列定积分：

(1) $\displaystyle\int_0^1 2x\mathrm{d}x$；

(2) $\displaystyle\int_0^a \sqrt{a^2 - x^2}\,\mathrm{d}x$　$(a > 0)$.

3. 根据定积分的性质，比较下列积分值的大小：

(1) $\displaystyle\int_0^1 x^2\mathrm{d}x$ 与 $\displaystyle\int_0^1 x^3\mathrm{d}x$；

(2) $\displaystyle\int_0^1 \mathrm{e}^x\mathrm{d}x$ 与 $\displaystyle\int_0^1 (1 + x)\mathrm{d}x$.

4. 估计下列积分值的范围：

(1) $\displaystyle\int_1^4 (x^2 + 1)\mathrm{d}x$；

(2) $\displaystyle\int_{\frac{1}{\sqrt{3}}}^{\sqrt{3}} x\arctan x\mathrm{d}x$；

(3) $\displaystyle\int_{-a}^a \mathrm{e}^{-x^2}\mathrm{d}x$　$(a > 0)$；

(4) $\displaystyle\int_2^0 \mathrm{e}^{x^2 - x}\mathrm{d}x$.

5. 设函数 $f(x)$ 在区间 $[0, +\infty)$ 上连续单调减少，证明：$\forall \alpha \in (0,1)$，有

$$\int_0^\alpha f(x)\mathrm{d}x \geqslant \alpha\int_0^1 f(x)\mathrm{d}x.$$

第二节　微积分基本公式

在第一节中，我们介绍了定积分的定义和性质，但并未给出一个有效的计算方法. 即使被积函数是简单的二次函数 $f(x) = x^2$，直接用定义来计算它的定积分也已经不是很容易的事了. 如果被积函数是其他复杂的函数，其难度就更大了. 因此，我们必须寻求计算定积分的新方法.

一、积分上限函数

设函数 $f(t)$ 在闭区间 $[a,b]$ 上连续，对于 $x \in [a,b]$，$f(t)$ 在 $[a,x]$ 上可积. 定积分 $\displaystyle\int_a^x f(t)\mathrm{d}t$ 对每一个取定的 x 值都有一个对应值，记为

$$F(x) = \int_a^x f(t)\mathrm{d}t \quad (a \leqslant x \leqslant b),$$

$F(x)$ 是积分上限 x 的函数，称为**积分上限函数**.

积分上限函数具有下述重要性质.

定理1（原函数存在定理） 设函数 $f(x)$ 在闭区间 $[a,b]$ 上连续，则积分上限函数 $F(x) = \int_a^x f(t)\mathrm{d}t$ 就是 $f(x)$ 在 $[a,b]$ 上的一个原函数，即

$$F'(x) = \frac{\mathrm{d}}{\mathrm{d}x}\int_a^x f(t)\mathrm{d}t = f(x) \quad (a \leqslant x \leqslant b). \tag{6-3}$$

证 我们只对 $x \in (a,b)$ 来证明（点 $x = a$ 处的右导数与点 $x = b$ 处的左导数也可类似证明）.

取 $|\Delta x|$ 充分小，使得 $x + \Delta x \in (a,b)$，则函数 $F(x)$（见图 6-6）在点 $x + \Delta x$ 处的函数值为

$$F(x + \Delta x) = \int_a^{x+\Delta x} f(t)\mathrm{d}t,$$

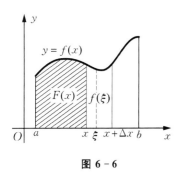

图 6-6

由此得函数的增量为

$$\begin{aligned}
\Delta F &= F(x + \Delta x) - F(x) \\
&= \int_a^{x+\Delta x} f(t)\mathrm{d}t - \int_a^x f(t)\mathrm{d}t \\
&= \int_a^x f(t)\mathrm{d}t + \int_x^{x+\Delta x} f(t)\mathrm{d}t - \int_a^x f(t)\mathrm{d}t \\
&= \int_x^{x+\Delta x} f(t)\mathrm{d}t.
\end{aligned}$$

因为函数 $f(x)$ 在闭区间 $[a,b]$ 上连续，由定积分中值定理有

$$\Delta F = f(\xi)\Delta x \quad (\xi \text{ 介于 } x \text{ 与 } x + \Delta x \text{ 之间}),$$

即

$$\frac{\Delta F}{\Delta x} = f(\xi).$$

由于 $\Delta x \to 0$ 时，$\xi \to x$，而 $f(x)$ 是连续函数，因此上式两边取极限有

$$\lim_{\Delta x \to 0} \frac{\Delta F}{\Delta x} = \lim_{\Delta x \to 0} f(\xi) = \lim_{\xi \to x} f(\xi) = f(x),$$

即

$$F'(x) = f(x).$$

另外，同样可以定义积分下限函数 $\int_x^b f(t)\mathrm{d}t$. 它的相关性质及运算可直接通过关系式

$$\int_x^b f(t)\mathrm{d}t = -\int_b^x f(t)\mathrm{d}t$$

转化为积分上限函数而获得.

这个定理的重要意义是：一方面，它肯定了连续函数的原函数是存在的；另一方面，它初步揭示了积分学中的定积分与原函数之间的联系. 因此，我们就有可能通过原函数来计算定积分.

二、牛顿-莱布尼茨公式

现在我们根据定理1来证明一个重要定理，它给出了用原函数计算定积分的公式.

定理2 设函数 $f(x)$ 在闭区间 $[a,b]$ 上连续，$F(x)$ 是 $f(x)$ 的一个原函数，则

$$\int_a^b f(x)\mathrm{d}x = F(b) - F(a). \tag{6-4}$$

证 由已知 $F(x)$ 及 $\int_a^x f(t)\mathrm{d}t$ 都是 $f(x)$ 在 $[a,b]$ 上的原函数，故

$$\int_a^x f(t)\mathrm{d}t = F(x) + C.$$

令 $x = a$，得 $C = -F(a)$，因此

$$\int_a^x f(t)\mathrm{d}t = F(x) - F(a).$$

在上式中令 $x = b$，得

$$\int_a^b f(t)\mathrm{d}t = F(b) - F(a),$$

就得到要证的公式(6-4).

为方便起见，以后我们把 $F(b) - F(a)$ 记成 $F(x)\Big|_a^b$，于是公式(6-4) 又可写成

$$\int_a^b f(x)\mathrm{d}x = F(x)\Big|_a^b.$$

通常称公式(6-4) 为**微积分基本公式**或**牛顿-莱布尼茨**(Newton-Leibniz)**公式**. 它表明，一个连续函数在闭区间 $[a,b]$ 上的定积分等于它的任一原函数在 $[a,b]$ 上的增量. 这个公式进一步揭示了定积分与被积函数的原函数或不定积分之间的联系，给定积分提供了一个有效而简便的计算方法，大大简化了定积分的计算过程.

下面举几个应用公式(6-4) 来计算定积分的简单例子.

例 1

计算 $\displaystyle\int_0^1 x^2\mathrm{d}x$.

解　由于 $\dfrac{x^3}{3}$ 是函数 x^2 的一个原函数，因此由牛顿-莱布尼茨公式有

$$\int_0^1 x^2\mathrm{d}x = \frac{1}{3}x^3\Big|_0^1 = \frac{1}{3}(1^3 - 0^3) = \frac{1}{3}.$$

例 2

计算 $\displaystyle\int_0^4 (2x + 3)\mathrm{d}x$.

解　由于 $x^2 + 3x$ 是函数 $2x + 3$ 的一个原函数，因此

$$\int_0^4 (2x + 3)\mathrm{d}x = (x^2 + 3x)\Big|_0^4 = 16 + 12 = 28.$$

例 3

计算 $\displaystyle\int_{-1}^1 \frac{\mathrm{d}x}{1 + x^2}$.

解　$\displaystyle\int_{-1}^1 \frac{\mathrm{d}x}{1 + x^2} = \arctan x\Big|_{-1}^1 = \frac{\pi}{4} - \left(-\frac{\pi}{4}\right) = \frac{\pi}{2}.$

例 4

计算 $\displaystyle\int_{-2}^{-1} \frac{\mathrm{d}x}{x}$.

解　当 $x < 0$ 时，$\dfrac{1}{x}$ 的一个原函数是 $\ln|x|$，故

$$\int_{-2}^{-1} \frac{\mathrm{d}x}{x} = \ln|x|\,\Big|_{-2}^{-1} = \ln 1 - \ln 2 = -\ln 2.$$

通过例 4,我们应特别注意,公式(6-4)中的 $F(x)$ 必须是函数 $f(x)$ 在该积分区间 $[a,b]$ 上的原函数.

例 5

设函数 $f(x)$ 在闭区间 $[a,b]$ 上连续,证明:在开区间 (a,b) 内至少存在一点 ξ,使得

$$\int_a^b f(x)\mathrm{d}x = f(\xi)(b-a) \quad (a < \xi < b).$$

证 因函数 $f(x)$ 连续,故它的原函数一定存在,设为 $F(x)$,即

$$F'(x) = f(x) \quad (x \in [a,b]).$$

由牛顿-莱布尼茨公式有

$$\int_a^b f(x)\mathrm{d}x = F(b) - F(a),$$

显然函数 $F(x)$ 在闭区间 $[a,b]$ 上满足微分中值定理的条件,因此由微分中值定理可知,在开区间 (a,b) 内至少存在一点 ξ,使得

$$F(b) - F(a) = F'(\xi)(b-a) \quad (\xi \in (a,b)),$$

故

$$\int_a^b f(x)\mathrm{d}x = f(\xi)(b-a) \quad (\xi \in (a,b)).$$

例 5 的结论是第一节所述定积分中值定理的改进. 从例 5 的证明中不难看出定积分中值定理与微分中值定理的联系.

下面再举两个例子说明公式(6-3)的应用.

例 6

求极限 $\lim\limits_{x \to 0} \dfrac{\displaystyle\int_{\cos x}^1 \mathrm{e}^{-t^2}\mathrm{d}t}{x^2}$.

解 易知这是一个 $\dfrac{0}{0}$ 型未定式,我们用洛必达法则来计算. 分子 $\displaystyle\int_{\cos x}^1 \mathrm{e}^{-t^2}\mathrm{d}t$ 作为 x 的函数,可看作以 $u = \cos x$ 为中间变量的复合函数,于是由公式(6-3)有 $\dfrac{\mathrm{d}}{\mathrm{d}x}\displaystyle\int_{\cos x}^1 \mathrm{e}^{-t^2}\mathrm{d}t = -\dfrac{\mathrm{d}}{\mathrm{d}x}\displaystyle\int_1^{\cos x} \mathrm{e}^{-t^2}\mathrm{d}t = \mathrm{e}^{-\cos^2 x}\sin x$. 因此

$$\lim_{x \to 0} \frac{\displaystyle\int_{\cos x}^1 \mathrm{e}^{-t^2}\mathrm{d}t}{x^2} = \lim_{x \to 0} \frac{\mathrm{e}^{-\cos^2 x}\sin x}{2x} = \frac{1}{2\mathrm{e}}.$$

例 7

设函数 $f(x)$ 在闭区间 $[a,b]$ 上连续,在开区间 (a,b) 内可导,且 $f'(x) \leqslant 0$,

$$F(x) = \frac{1}{x-a}\int_a^x f(t)\mathrm{d}t.$$

证明:在 (a,b) 内,有 $F'(x) \leqslant 0$.

证 由已知条件可知,$f(x)$ 在 (a,b) 内是单调减少函数,且对任意的 $x \in (a,b)$,有

$$F'(x) = \left(\frac{1}{x-a}\right)'\int_a^x f(t)\mathrm{d}t + \frac{1}{x-a}\left(\int_a^x f(t)\mathrm{d}t\right)'$$

$$= -\frac{1}{(x-a)^2}\int_a^x f(t)\mathrm{d}t + \frac{1}{x-a}f(x)$$

$$= -\frac{1}{(x-a)^2}\left(\int_a^x f(t)\,\mathrm{d}t - (x-a)f(x)\right)$$

$$= -\frac{1}{(x-a)^2}\left(\int_a^x f(t)\,\mathrm{d}t - \int_a^x f(x)\,\mathrm{d}t\right)$$

$$= -\frac{1}{(x-a)^2}\int_a^x (f(t)-f(x))\,\mathrm{d}t.$$

由于 $a \leqslant t \leqslant x$，因此 $f(t) \geqslant f(x)$，从而

$$F'(x) = -\frac{1}{(x-a)^2}\int_a^x (f(t)-f(x))\,\mathrm{d}t \leqslant 0.$$

习 题 6.2

1. 求下列导数：

(1) $\dfrac{\mathrm{d}}{\mathrm{d}x}\displaystyle\int_0^{x^2}\sqrt{1+t^2}\,\mathrm{d}t$；

(2) $\dfrac{\mathrm{d}^2}{\mathrm{d}x^2}\displaystyle\int_x^\pi \dfrac{\sin t}{t}\,\mathrm{d}t \quad (x>0)$；

(3) $\dfrac{\mathrm{d}}{\mathrm{d}x}\displaystyle\int_a^x xf(t)\,\mathrm{d}t$；

(4) $\dfrac{\mathrm{d}}{\mathrm{d}x}\displaystyle\int_1^{\tan x}\dfrac{\arctan t}{t}\,\mathrm{d}t$.

2. 求下列极限：

(1) $\displaystyle\lim_{x\to 0}\dfrac{\displaystyle\int_x^0 \arctan t\,\mathrm{d}t}{x^2}$；

(2) $\displaystyle\lim_{x\to 0}\dfrac{\displaystyle\int_0^{x^2}\sin 3t\,\mathrm{d}t}{\displaystyle\int_0^x t^3\,\mathrm{e}^{-t}\,\mathrm{d}t}$；

(3) $\displaystyle\lim_{x\to\infty}\dfrac{\mathrm{e}^{-x^2}}{x}\displaystyle\int_0^x t^2\,\mathrm{e}^{t^2}\,\mathrm{d}t$.

3. 求由方程 $\displaystyle\int_0^y \mathrm{e}^t\,\mathrm{d}t + \int_0^x \cos t\,\mathrm{d}t = 0$ 所确定的隐函数 $y=y(x)$ 的导数.

4. 当 x 为何值时，函数 $I(x) = \displaystyle\int_0^x t\mathrm{e}^{-t^2}\,\mathrm{d}t$ 有极值？

5. 计算下列定积分：

(1) $\displaystyle\int_3^4 \sqrt{x}\,\mathrm{d}x$；

(2) $\displaystyle\int_{-1}^2 |x^2-x|\,\mathrm{d}x$；

(3) $\displaystyle\int_0^\pi f(x)\,\mathrm{d}x$，其中函数 $f(x)=\begin{cases} x, & 0\leqslant x \leqslant \dfrac{\pi}{2}, \\[2mm] \sin x, & \dfrac{\pi}{2} < x \leqslant \pi; \end{cases}$

(4) $\displaystyle\int_{-2}^2 \max\{x^2,1\}\,\mathrm{d}x$.

6. 设函数 $f(x)=\begin{cases} \dfrac{1}{2}\sin x, & 0\leqslant x \leqslant \pi, \\[2mm] 0, & \text{其他,} \end{cases}$ 求 $\displaystyle\int_0^x f(t)\,\mathrm{d}t$ 在区间 $(-\infty,+\infty)$ 上的表达式.

第三节　定积分的换元法与分部积分法

由第二节知道，计算定积分 $\displaystyle\int_a^b f(x)\,\mathrm{d}x$ 的简便方法是把它转化为求函数 $f(x)$ 的原函数的增量. 在第五章中，我们知道换元积分法和分部积分法可以求出一些函数的原函数，因此在一定的

条件下，可以用换元积分法和分部积分法来计算定积分.

一、定积分的换元法

定理1 假设函数 $f(x)$ 在闭区间 $[a,b]$ 上连续，函数 $x = \varphi(t)$ 满足条件

（1）当 $t \in [\alpha,\beta]$ 时，$a \leqslant \varphi(t) \leqslant b$，且 $\varphi(\alpha) = a$，$\varphi(\beta) = b$，

（2）$\varphi(t)$ 在 $[\alpha,\beta]$ 上具有连续导数，

则有

$$\int_a^b f(x)\mathrm{d}x = \int_\alpha^\beta f(\varphi(t))\varphi'(t)\mathrm{d}t. \tag{6-5}$$

公式(6-5)叫作**定积分的换元公式**.

证 由假设知道，上式两边的被积函数都是连续的，因此上式两边的定积分都存在. 又由第二节定理1可知，被积函数的原函数也都存在，所以式(6-5)两边的定积分都可用牛顿-莱布尼茨公式计算. 现假设 $F(x)$ 是函数 $f(x)$ 的一个原函数，则

$$\int_a^b f(x)\mathrm{d}x = F(b) - F(a).$$

又由复合函数的求导法则，$\Phi(t) = F(\varphi(t))(t \in (\alpha,\beta))$ 是 $f(\varphi(t))\varphi'(t)$ 的一个原函数，因此

$$\int_\alpha^\beta f(\varphi(t))\varphi'(t)\mathrm{d}t = F(\varphi(\beta)) - F(\varphi(\alpha)) = F(b) - F(a),$$

故

$$\int_a^b f(x)\mathrm{d}x = \int_\alpha^\beta f(\varphi(t))\varphi'(t)\mathrm{d}t.$$

应用换元公式时有两点值得注意：一是用 $x = \varphi(t)$ 把原来变量 x 代换成新变量 t 时，原积分限也要换成相应于新变量 t 的积分限；二是求出 $f(\varphi(t))\varphi'(t)$ 的一个原函数 $\Phi(t)$ 后，不必像计算不定积分那样把 $\Phi(t)$ 变换成原来变量 x 的函数，而只要把新变量 t 的积分上、下限分别代入 $\Phi(t)$ 中，然后相减即可.

例1

计算 $\displaystyle\int_0^a \sqrt{a^2 - x^2}\,\mathrm{d}x$ $(a > 0)$.

解 设 $x = a\sin t$，则 $\mathrm{d}x = a\cos t\mathrm{d}t$，且当 $x = 0$ 时，$t = 0$；当 $x = a$ 时，$t = \dfrac{\pi}{2}$. 于是

$$\int_0^a \sqrt{a^2 - x^2}\,\mathrm{d}x = a^2\int_0^{\frac{\pi}{2}} \cos^2 t\,\mathrm{d}t = \frac{a^2}{2}\int_0^{\frac{\pi}{2}} (1 + \cos 2t)\mathrm{d}t$$

$$= \frac{a^2}{2}\left(t + \frac{1}{2}\sin 2t\right)\Big|_0^{\frac{\pi}{2}} = \frac{\pi a^2}{4}.$$

换元公式也可以反过来使用. 把换元公式中左、右两边对调位置，同时把 t 改记为 x，而 x 改记为 t，得

$$\int_a^b f(\varphi(x))\varphi'(x)\mathrm{d}x = \int_\alpha^\beta f(t)\mathrm{d}t.$$

这样，我们可用 $t = \varphi(x)$ 来引入新变量 t，而 $\alpha = \varphi(a)$，$\beta = \varphi(b)$.

例2

计算 $\displaystyle\int_0^{\frac{\pi}{2}} \cos^5 x\sin x\mathrm{d}x$.

解 设 $t = \cos x$,则 $\mathrm{d}t = -\sin x\,\mathrm{d}x$,且当 $x = 0$ 时,$t = 1$;当 $x = \dfrac{\pi}{2}$ 时,$t = 0$. 于是

$$\int_0^{\frac{\pi}{2}} \cos^5 x \sin x\,\mathrm{d}x = -\int_1^0 t^5\,\mathrm{d}t = \int_0^1 t^5\,\mathrm{d}t = \frac{1}{6}t^6 \Big|_0^1 = \frac{1}{6}.$$

在例 2 中,如果我们不明显地写出新变量 t,那么定积分的积分上、下限就不要变更,于是

$$\int_0^{\frac{\pi}{2}} \cos^5 x \sin x\,\mathrm{d}x = -\int_0^{\frac{\pi}{2}} \cos^5 x\,\mathrm{d}(\cos x) = -\frac{1}{6}\cos^6 x \Big|_0^{\frac{\pi}{2}} = -\left(0 - \frac{1}{6}\right) = \frac{1}{6}.$$

例 3

证明:

(1) 若函数 $f(x)$ 在闭区间 $[-a, a]$ 上连续且为偶函数,则

$$\int_{-a}^a f(x)\,\mathrm{d}x = 2\int_0^a f(x)\,\mathrm{d}x;$$

(2) 若函数 $f(x)$ 在闭区间 $[-a, a]$ 上连续且为奇函数,则

$$\int_{-a}^a f(x)\,\mathrm{d}x = 0.$$

证 因为

$$\int_{-a}^a f(x)\,\mathrm{d}x = \int_{-a}^0 f(x)\,\mathrm{d}x + \int_0^a f(x)\,\mathrm{d}x,$$

对积分 $\displaystyle\int_{-a}^0 f(x)\,\mathrm{d}x$ 做代换 $x = -t$,则得

$$\int_{-a}^0 f(x)\,\mathrm{d}x = -\int_a^0 f(-t)\,\mathrm{d}t = \int_0^a f(-x)\,\mathrm{d}x,$$

于是

$$\int_{-a}^a f(x)\,\mathrm{d}x = \int_0^a f(-x)\,\mathrm{d}x + \int_0^a f(x)\,\mathrm{d}x = \int_0^a (f(x) + f(-x))\,\mathrm{d}x.$$

(1) 当 $f(x)$ 为偶函数时,有

$$f(x) + f(-x) = 2f(x),$$

从而

$$\int_{-a}^a f(x)\,\mathrm{d}x = 2\int_0^a f(x)\,\mathrm{d}x.$$

(2) 当 $f(x)$ 为奇函数时,有

$$f(x) + f(-x) = 0,$$

从而

$$\int_{-a}^a f(x)\,\mathrm{d}x = 0.$$

利用例 3 的结论,常可简化偶函数、奇函数在对称区间上的定积分的计算,例如:

$$\int_{-1}^1 \frac{x^2 \sin x}{1 + x^2}\,\mathrm{d}x = 0, \qquad \int_{-a}^a \frac{x \sin |x|}{2 + x^2}\,\mathrm{d}x = 0.$$

例 4

已知函数 $f(x)$ 连续,证明:

$$\int_0^{2a} f(x)\,\mathrm{d}x = \int_0^a (f(x) + f(2a - x))\,\mathrm{d}x,$$

并由此计算 $\int_0^\pi \dfrac{x\sin x}{1+\cos^2 x}\mathrm{d}x.$

证 方法同例 3. 因为

$$\int_0^{2a} f(x)\mathrm{d}x = \int_0^a f(x)\mathrm{d}x + \int_a^{2a} f(x)\mathrm{d}x,$$

对于积分 $\int_a^{2a} f(x)\mathrm{d}x$ 做代换 $x = 2a - t$,则得

$$\int_a^{2a} f(x)\mathrm{d}x = -\int_a^0 f(2a-t)\mathrm{d}t = \int_0^a f(2a-t)\mathrm{d}t = \int_0^a f(2a-x)\mathrm{d}x,$$

于是

$$\int_0^{2a} f(x)\mathrm{d}x = \int_0^a f(x)\mathrm{d}x + \int_0^a f(2a-x)\mathrm{d}x = \int_0^a (f(x)+f(2a-x))\mathrm{d}x,$$

从而

$$
\begin{aligned}
\int_0^\pi \frac{x\sin x}{1+\cos^2 x}\mathrm{d}x &= \int_0^{\frac{\pi}{2}} \left[\frac{x\sin x}{1+\cos^2 x} + \frac{(\pi-x)\sin(\pi-x)}{1+\cos^2(\pi-x)} \right]\mathrm{d}x \\
&= \int_0^{\frac{\pi}{2}} \left[\frac{x\sin x}{1+\cos^2 x} + \frac{(\pi-x)\sin x}{1+\cos^2 x} \right]\mathrm{d}x \\
&= \pi \int_0^{\frac{\pi}{2}} \frac{\sin x}{1+\cos^2 x}\mathrm{d}x = -\pi\int_0^{\frac{\pi}{2}} \frac{\mathrm{d}(\cos x)}{1+\cos^2 x} \\
&= -\pi \arctan(\cos x)\Big|_0^{\frac{\pi}{2}} = \frac{\pi^2}{4}.
\end{aligned}
$$

例 4 中的积分 $\int_0^\pi \dfrac{x\sin x}{1+\cos^2 x}\mathrm{d}x$ 也可采用下述方法计算.

由奇偶性得

$$
\begin{aligned}
\int_0^\pi \frac{x\sin x}{1+\cos^2 x}\mathrm{d}x &= \frac{1}{2}\int_{-\pi}^\pi \frac{x\sin x}{1+\cos^2 x}\mathrm{d}x \\
&= \frac{1}{2}\left(\int_{-\pi}^0 \frac{x\sin x}{1+\cos^2 x}\mathrm{d}x + \int_0^\pi \frac{x\sin x}{1+\cos^2 x}\mathrm{d}x \right) \\
&= \frac{1}{2}\int_0^\pi \frac{(\pi-x)\sin x}{1+\cos^2 x}\mathrm{d}x + \frac{1}{2}\int_0^\pi \frac{x\sin x}{1+\cos^2 x}\mathrm{d}x \\
&= \frac{1}{2}\int_0^\pi \frac{\pi\sin x}{1+\cos^2 x}\mathrm{d}x = -\frac{\pi}{2}\int_0^\pi \frac{\mathrm{d}(\cos x)}{1+\cos^2 x} \\
&= -\frac{\pi}{2}\arctan(\cos x)\Big|_0^\pi = -\frac{\pi}{2}\left(-\frac{\pi}{4} - \frac{\pi}{4} \right) = \frac{\pi^2}{4}.
\end{aligned}
$$

例 5

设函数 $f(x)$ 在区间 $(-\infty, +\infty)$ 上连续,且满足

$$\int_0^x tf(x-t)\mathrm{d}t = 1 - \cos x,$$

求函数 $f(x)$.

解 设 $u = x - t$,则 $t = x - u$, $\mathrm{d}t = -\mathrm{d}u$,且当 $t = 0$ 时, $u = x$;当 $t = x$ 时, $u = 0$. 于是

$$
\begin{aligned}
\int_0^x tf(x-t)\mathrm{d}t &= -\int_x^0 (x-u)f(u)\mathrm{d}u = \int_0^x (x-u)f(u)\mathrm{d}u \\
&= x\int_0^x f(u)\mathrm{d}u - \int_0^x uf(u)\mathrm{d}u.
\end{aligned}
$$

由题意可知,函数 $f(x)$ 满足

$$x\int_0^x f(u)\mathrm{d}u - \int_0^x uf(u)\mathrm{d}u = 1 - \cos x.$$

上式两边对 x 求导,得

$$\int_0^x f(u)\mathrm{d}u = \sin x,$$

于是

$$f(x) = \cos x.$$

二、定积分的分部积分法

由不定积分的分部积分法得

$$\begin{aligned}
\int_a^b u(x)v'(x)\mathrm{d}x &= \left(\int u(x)v'(x)\mathrm{d}x\right)\Big|_a^b \\
&= \left(u(x)v(x) - \int v(x)u'(x)\mathrm{d}x\right)\Big|_a^b \\
&= u(x)v(x)\Big|_a^b - \int_a^b v(x)u'(x)\mathrm{d}x,
\end{aligned}$$

简记作

$$\int_a^b uv'\mathrm{d}x = uv\Big|_a^b - \int_a^b vu'\mathrm{d}x \tag{6-6}$$

或

$$\int_a^b u\mathrm{d}v = uv\Big|_a^b - \int_a^b v\mathrm{d}u. \tag{6-7}$$

这就是**定积分的分部积分公式**.

例 6

计算 $\displaystyle\int_0^{\frac{1}{2}} \arcsin x\mathrm{d}x$.

解　$\displaystyle\int_0^{\frac{1}{2}} \arcsin x\mathrm{d}x = x\arcsin x\Big|_0^{\frac{1}{2}} - \int_0^{\frac{1}{2}} \frac{x}{\sqrt{1-x^2}}\mathrm{d}x = \frac{1}{2}\cdot\frac{\pi}{6} + \sqrt{1-x^2}\Big|_0^{\frac{1}{2}}$

$$= \frac{\pi}{12} + \frac{\sqrt{3}}{2} - 1.$$

例 7

计算 $\displaystyle\int_0^1 \mathrm{e}^{\sqrt{x}}\mathrm{d}x$.

解　先用换元法. 令 $\sqrt{x} = t$,则 $x = t^2$,$\mathrm{d}x = 2t\mathrm{d}t$,且当 $x = 0$ 时,$t = 0$;当 $x = 1$ 时,$t = 1$. 于是

$$\int_0^1 \mathrm{e}^{\sqrt{x}}\mathrm{d}x = 2\int_0^1 t\mathrm{e}^t\mathrm{d}t = 2\int_0^1 t\mathrm{d}(\mathrm{e}^t) = 2t\mathrm{e}^t\Big|_0^1 - 2\int_0^1 \mathrm{e}^t\mathrm{d}t$$

$$= 2\mathrm{e} - 2\mathrm{e}^t\Big|_0^1 = 2\mathrm{e} - 2\mathrm{e} + 2 = 2.$$

例 8

计算 $\int_0^{\frac{\pi}{2}} \mathrm{e}^x \sin x \mathrm{d}x$.

解
$$\int_0^{\frac{\pi}{2}} \mathrm{e}^x \sin x \mathrm{d}x = \int_0^{\frac{\pi}{2}} \sin x \mathrm{d}(\mathrm{e}^x) = \mathrm{e}^x \sin x \Big|_0^{\frac{\pi}{2}} - \int_0^{\frac{\pi}{2}} \mathrm{e}^x \mathrm{d}(\sin x)$$

$$= \mathrm{e}^{\frac{\pi}{2}} - \int_0^{\frac{\pi}{2}} \mathrm{e}^x \cos x \mathrm{d}x = \mathrm{e}^{\frac{\pi}{2}} - \int_0^{\frac{\pi}{2}} \cos x \mathrm{d}(\mathrm{e}^x)$$

$$= \mathrm{e}^{\frac{\pi}{2}} - \mathrm{e}^x \cos x \Big|_0^{\frac{\pi}{2}} + \int_0^{\frac{\pi}{2}} \mathrm{e}^x \mathrm{d}(\cos x)$$

$$= \mathrm{e}^{\frac{\pi}{2}} + 1 - \int_0^{\frac{\pi}{2}} \mathrm{e}^x \sin x \mathrm{d}x,$$

于是

$$\int_0^{\frac{\pi}{2}} \mathrm{e}^x \sin x \mathrm{d}x = \frac{1}{2}(\mathrm{e}^{\frac{\pi}{2}} + 1).$$

例 9

计算 $I_n = \int_0^{\frac{\pi}{2}} \sin^n x \mathrm{d}x$.

解
$$I_n = \int_0^{\frac{\pi}{2}} \sin^n x \mathrm{d}x = -\int_0^{\frac{\pi}{2}} \sin^{n-1} x \mathrm{d}(\cos x)$$

$$= -\sin^{n-1} x \cos x \Big|_0^{\frac{\pi}{2}} + \int_0^{\frac{\pi}{2}} \cos x \cdot (n-1)\sin^{n-2} x \cos x \mathrm{d}x$$

$$= (n-1)\int_0^{\frac{\pi}{2}} \sin^{n-2} x (1 - \sin^2 x)\mathrm{d}x$$

$$= (n-1)I_{n-2} - (n-1)I_n,$$

由此得到递推公式

$$I_n = \frac{n-1}{n}I_{n-2}.$$

又易求得

$$I_0 = \int_0^{\frac{\pi}{2}} \mathrm{d}x = \frac{\pi}{2}, \quad I_1 = \int_0^{\frac{\pi}{2}} \sin x \mathrm{d}x = 1.$$

故当 n 为偶数时,有

$$I_n = \frac{n-1}{n} \cdot \frac{n-3}{n-2} \cdot \cdots \cdot \frac{3}{4} \cdot \frac{1}{2} \cdot \frac{\pi}{2};$$

当 n 为奇数时,有

$$I_n = \frac{n-1}{n} \cdot \frac{n-3}{n-2} \cdot \cdots \cdot \frac{4}{5} \cdot \frac{2}{3} \cdot 1.$$

例 10

利用分部积分法,证明:

$$\int_0^x f(u)(x-u)\mathrm{d}u = \int_0^x \left(\int_0^u f(x)\mathrm{d}x \right) \mathrm{d}u,$$

其中 f 为连续函数.

证　令函数 $F(u) = \int_0^u f(x)\mathrm{d}x$，则
$$F'(u) = f(u).$$
于是，由分部积分法得
$$\int_0^x \left(\int_0^u f(x)\mathrm{d}x \right)\mathrm{d}u = \int_0^x F(u)\mathrm{d}u = (F(u) \cdot u)\Big|_0^x - \int_0^x u\mathrm{d}F(u)$$
$$= xF(x) - \int_0^x uf(u)\mathrm{d}u = x\int_0^x f(u)\mathrm{d}u - \int_0^x uf(u)\mathrm{d}u$$
$$= \int_0^x (x-u)f(u)\mathrm{d}u.$$

习题 6.3

1.计算下列定积分：

(1) $\int_{\frac{\pi}{3}}^{\pi} \sin\left(x + \frac{\pi}{3}\right)\mathrm{d}x$；

(2) $\int_{-2}^1 \dfrac{\mathrm{d}x}{(11+5x)^3}$；

(3) $\int_0^{\frac{\pi}{2}} \sin x\cos^3 x\mathrm{d}x$；

(4) $\int_0^{\pi} (1 - \sin^3 x)\mathrm{d}x$；

(5) $\int_{\frac{\pi}{6}}^{\frac{\pi}{2}} \cos^2 x\mathrm{d}x$；

(6) $\int_0^{\sqrt{2}} \sqrt{2 - x^2}\,\mathrm{d}x$；

(7) $\int_{-\sqrt{2}}^{\sqrt{2}} \sqrt{8 - 2x^2}\,\mathrm{d}x$；

(8) $\int_{\frac{1}{\sqrt{2}}}^1 \dfrac{\sqrt{1-x^2}}{x^2}\mathrm{d}x$；

(9) $\int_0^1 t\mathrm{e}^{-\frac{t^2}{2}}\mathrm{d}t$；

(10) $\int_1^4 \dfrac{\mathrm{d}x}{1 + \sqrt{x}}$；

(11) $\int_{-1}^1 \dfrac{x}{\sqrt{5 - 4x}}\mathrm{d}x$；

(12) $\int_{-\frac{\pi}{2}}^{\frac{\pi}{2}} \cos x\cos 2x\mathrm{d}x$；

(13) $\int_{-2}^0 \dfrac{\mathrm{d}x}{x^2 + 2x + 2}$；

(14) $\int_1^{\sqrt{3}} \dfrac{\mathrm{d}x}{x^2\sqrt{1+x^2}}$；

(15) $\int_{-\frac{\pi}{2}}^{\frac{\pi}{2}} \sqrt{\cos x - \cos^3 x}\,\mathrm{d}x$；

(16) $\int_0^{\pi} \sqrt{1 + \cos 2x}\,\mathrm{d}x$。

2.利用函数的奇偶性，计算下列定积分：

(1) $\int_{-\pi}^{\pi} x^4 \sin x\mathrm{d}x$；

(2) $\int_{-\frac{\pi}{2}}^{\frac{\pi}{2}} 4\cos^4\theta\mathrm{d}\theta$；

(3) $\int_{-\frac{1}{2}}^{\frac{1}{2}} \dfrac{(\arcsin x)^2}{\sqrt{1-x^2}}\mathrm{d}x$；

(4) $\int_{-5}^5 \dfrac{x^3 \sin^2 x}{x^4 + 2x^2 + 1}\mathrm{d}x$。

3.证明下列等式：

(1) $\int_0^a x^3 f(x^2)\mathrm{d}x = \dfrac{1}{2}\int_0^{a^2} xf(x)\mathrm{d}x$　(a 为正整数)；

(2) $\int_x^1 \dfrac{\mathrm{d}x}{1+x^2} = \int_1^{\frac{1}{x}} \dfrac{\mathrm{d}x}{1+x^2}$　($x > 0$)。

4.计算下列定积分：

(1) $\int_0^1 x\mathrm{e}^{-x}\mathrm{d}x$；

(2) $\int_1^{\mathrm{e}} x\ln x\mathrm{d}x$；

(3) $\int_1^4 \dfrac{\ln x}{\sqrt{x}}\mathrm{d}x$；

(4) $\int_{\frac{\pi}{4}}^{\frac{\pi}{3}} \dfrac{x}{\sin^2 x}\mathrm{d}x$；

(5) $\int_0^{\frac{\pi}{2}} \mathrm{e}^{2x}\cos x\mathrm{d}x$；

(6) $\int_0^{\pi} (x\sin x)^2\mathrm{d}x$；

$(7) \int_1^e \sin(\ln x)\mathrm{d}x;$ $(8) \int_{\frac{1}{e}}^e |\ln x|\,\mathrm{d}x;$

$(9) \int_0^1 x\arctan x\mathrm{d}x;$ $(10) \int_0^1 (1-x^2)^{\frac{m}{2}}\mathrm{d}x$ （m 为正整数）.

5. 已知 $f(2) = \dfrac{1}{2}, f'(2) = 0, \int_0^2 f(x)\mathrm{d}x = 1$，求 $\int_0^2 x^2 f''(x)\mathrm{d}x.$

6. 设函数 $f(x)$ 在区间 $(-\infty,+\infty)$ 上连续，且 $F(x) = \int_0^x (x-2t)f(t)\mathrm{d}t$，证明：若 $f(x)$ 是不减的，则 $F(x)$ 是不增的.

第四节　定积分的应用

本节中，我们将运用前面学过的定积分理论来分析和解决一些实际问题.

一、定积分的元素法

由定积分的定义可知，若函数 $f(x)$ 在闭区间 $[a,b]$ 上可积，则对于 $[a,b]$ 的任一划分 $a = x_0 < x_1 < \cdots < x_{n-1} < x_n = b$ 及 $[x_{i-1},x_i]$ 中任一点 ξ_i，有

$$\int_a^b f(x)\mathrm{d}x = \lim_{\lambda \to 0}\sum_{i=1}^n f(\xi_i)\Delta x_i. \tag{6-8}$$

这里 $\Delta x_i = x_i - x_{i-1}(i = 1,2,\cdots,n), \lambda = \max\limits_{1\leqslant i\leqslant n}\{\Delta x_i\}$. 此式表明，定积分的本质就是某一特定和式的极限. 基于此，我们可以将一些实际问题中有关量的计算问题归结为定积分的计算.

根据定积分的定义，如果某一实际问题中的所求量 Q 符合下列条件：

(1) Q 是与一个变量 x 的变化区间 $[a,b]$ 有关的量，

(2) Q 对于区间 $[a,b]$ 具有可加性，就是说，如果把区间 $[a,b]$ 分成许多部分区间，则 Q 相应地分成许多部分量，而 Q 等于所有部分量之和，

(3) 部分量 ΔQ_i 的近似值可表示为 $f(\xi_i)\Delta x_i$，

那么就可考虑用定积分来表达这个量 Q.

通常写出这个量 Q 的积分表达式的步骤是：

(1) 根据问题的具体情况，选取一个变量如 x 为积分变量，并确定它的变化区间 $[a,b]$.

(2) 设想把区间 $[a,b]$ 分成 n 个小区间，取其中任一小区间并记作 $[x,x+\mathrm{d}x]$，求出相应于这个小区间的部分量 ΔQ 的近似值. 如果 ΔQ 能近似表示为 $[a,b]$ 上的一个连续函数在点 x 处的值 $f(x)$ 与 $\mathrm{d}x$ 的乘积，就把 $f(x)\mathrm{d}x$ 称为量 Q 的元素，且记作 $\mathrm{d}Q$，即

$$\mathrm{d}Q = f(x)\mathrm{d}x.$$

(3) 以所求量 Q 的元素 $f(x)\mathrm{d}x$ 为被积表达式，在闭区间 $[a,b]$ 上做定积分，得

$$Q = \int_a^b f(x)\mathrm{d}x.$$

这就是所求量 Q 的积分表达式.

这个方法通常叫作**元素法**. 下面我们利用元素法来解决一些实际问题.

二、定积分的几何学应用

1. 平面图形的面积

由定积分的几何意义我们知道，若 $f(x)$ 是区间 $[a,b]$ 上的连续函数，且对任意的 $x \in [a,b]$，

$f(x) \geqslant 0$,则 $\int_a^b f(x)\mathrm{d}x$ 表示由连续曲线 $y=f(x)$ 及直线 $x=a, x=b(a<b)$ 与 x 轴所围成的曲边梯形的面积. 如果 $f(x)$ 在 $[a,b]$ 上不都是非负的,那么所围成的图形的面积为 $\int_a^b |f(x)|\,\mathrm{d}x$.

一般地,由上、下两条连续曲线 $y=f(x), y=g(x)$ 及直线 $x=a$ 和 $x=b(a<b)$ 所围成的平面图形(见图 6-7),它的面积计算公式为

$$A = \int_a^b |f(x)-g(x)|\,\mathrm{d}x. \tag{6-9}$$

类似地,若一平面图形由左、右两条连续曲线 $x=\psi(y), x=\varphi(y)$ 及直线 $y=c$ 和 $y=d(c<d)$ 所围成(见图 6-8),则其面积计算公式为

$$A = \int_c^d |\psi(y)-\varphi(y)|\,\mathrm{d}y. \tag{6-10}$$

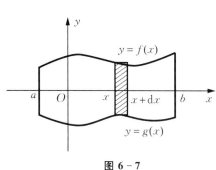

图 6-7

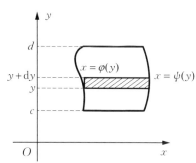

图 6-8

例 1

计算由抛物线 $y=-x^2+1$ 与 $y=x^2-x$ 所围成的平面图形的面积.

解　两抛物线的交点由

$$\begin{cases} y=-x^2+1, \\ y=x^2-x \end{cases}$$

解得为 $\left(-\dfrac{1}{2}, \dfrac{3}{4}\right)$ 及 $(1,0)$,于是平面图形位于直线 $x=-\dfrac{1}{2}$ 与 $x=1$ 之间(见图 6-9).取 x 为积分变量,由公式(6-9)得

$$\begin{aligned} A &= \int_{-\frac{1}{2}}^{1} |(-x^2+1)-(x^2-x)|\,\mathrm{d}x \\ &= \int_{-\frac{1}{2}}^{1} (-2x^2+x+1)\mathrm{d}x \\ &= \left(-\frac{2}{3}x^3+\frac{1}{2}x^2+x\right)\Big|_{-\frac{1}{2}}^{1} = \frac{9}{8}. \end{aligned}$$

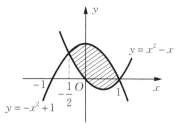

图 6-9

例 2

计算由抛物线 $y^2=2x$ 与直线 $y=x-4$ 所围成的平面图形的面积.

解　两线的交点由

$$\begin{cases} y^2=2x, \\ y=x-4 \end{cases}$$

解得为 $(2,-2)$ 及 $(8,4)$,于是平面图形位于直线 $y=-2$ 与 $y=4$ 之间(见图 6-10).这时取 y 为

积分变量，由公式（6-10）得

$$A = \int_{-2}^{4} \left| y + 4 - \frac{y^2}{2} \right| \mathrm{d}y = \left(\frac{y^2}{2} + 4y - \frac{1}{6}y^3 \right) \bigg|_{-2}^{4} = 18.$$

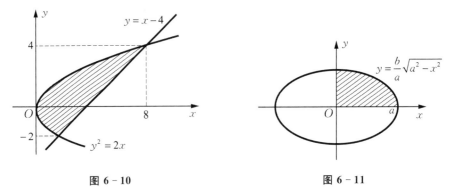

图 6-10   图 6-11

值得注意的是，若例 1 中取 y 为积分变量，例 2 中取 x 为积分变量，则所求面积的计算要复杂得多（具体做法请读者思考），因此适当选择积分变量可使计算简便.

例 3

求椭圆 $\dfrac{x^2}{a^2} + \dfrac{y^2}{b^2} = 1$ 所围成的平面图形的面积.

解   由对称性可知，所求平面图形的面积是第一象限那部分面积的 4 倍（见图 6-11），于是由公式（6-9）有

$$A = 4 \int_0^a \frac{b}{a} \sqrt{a^2 - x^2}\, \mathrm{d}x.$$

由定积分的换元法，令 $x = a\cos t, t \in \left[0, \dfrac{\pi}{2}\right]$，则 $y = b\sin t, \mathrm{d}x = -a\sin t\, \mathrm{d}t$，且当 $x = 0$ 时，

$t = \dfrac{\pi}{2}$；当 $x = a$ 时，$t = 0$. 于是

$$A = 4 \int_{\frac{\pi}{2}}^{0} b\sin t \cdot (-a\sin t)\, \mathrm{d}t = 4ab \int_0^{\frac{\pi}{2}} \sin^2 t\, \mathrm{d}t$$

$$= 4ab \cdot \frac{\pi}{4} = \pi ab.$$

显然，当 $a = b = r$ 时，A 就是圆的面积 πr^2.

2. 平行截面面积为已知的立体体积

考虑介于过 x 轴上点 $x = a$ 及 $x = b$ 且垂直于 x 轴的两平行平面之间的立体（见图 6-12）.

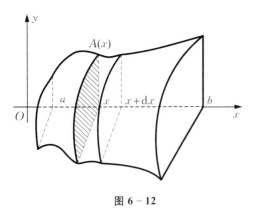

图 6-12

设在点 $x(a \leqslant x \leqslant b)$ 处垂直于 x 轴的截面面积可以用 x 的连续函数 $A(x)$ 来表示. 为了求其体积，在 $[a, b]$ 上任取一小区间 $[x, x + \mathrm{d}x]$，用以底面积为 $A(x)$、高为 $\mathrm{d}x$ 的柱体体积近似代替小区间 $[x, x + \mathrm{d}x]$ 对应的体积部分量，则得其体积元素为

$$\mathrm{d}V = A(x)\mathrm{d}x,$$

从而

$$V = \int_a^b A(x)\,\mathrm{d}x. \qquad\qquad (6-11)$$

类似地,对于介于过 y 轴上点 $y = c$ 及 $y = d$ 且垂直于 y 轴的两平行平面之间的立体,若在点 $y(c \leqslant y \leqslant d)$ 处垂直于 y 轴的截面面积可以用 y 的连续函数 $B(y)$ 来表示,则其体积为

$$V = \int_c^d B(y)\,\mathrm{d}y. \qquad\qquad (6-12)$$

例 4

求以半径为 R 的圆为底、平行且等于底圆直径的线段为顶、高为 h 的正劈锥体的体积.

解 取底圆所在的平面为 xOy 平面,圆心 O 为原点,并使 x 轴与正劈锥体的顶平行(见图 6-13),于是底面的方程为 $x^2 + y^2 = R^2$. 过 x 轴上的点 $x(-R \leqslant x \leqslant R)$ 作垂直于 x 轴的平面,截正劈锥体得等腰三角形. 这一截面的面积为

$$A(x) = hy = h\sqrt{R^2 - x^2},$$

于是所求正劈锥体的体积为

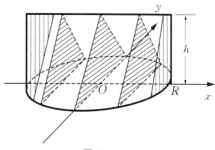

图 6-13

$$V = \int_{-R}^R A(x)\,\mathrm{d}x = h \int_{-R}^R \sqrt{R^2 - x^2}\,\mathrm{d}x$$

$$= 2R^2 h \int_0^{\frac{\pi}{2}} \sin^2\theta\,\mathrm{d}\theta = \frac{\pi R^2 h}{2}.$$

3. 旋转体的体积

旋转体就是由一个平面图形绕这一平面内一条直线旋转一周而成的立体. 这直线叫作**旋转轴**. 例如,圆柱、圆锥、圆台等都是旋转体.

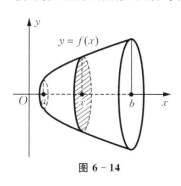

图 6-14

下面讨论如何计算旋转体的体积. 如图 6-14 所示,设一旋转体是由连续曲线 $y = f(x)$,直线 $x = a$, $x = b(a < b)$ 与 x 轴所围成的曲边梯形绕 x 轴旋转一周而成的,则对任意 $x \in [a, b]$,相应于点 x 处垂直于 x 轴的截面是一个圆盘,其面积为 $\pi f^2(x)$,从而知其体积为

$$V = \pi \int_a^b f^2(x)\,\mathrm{d}x. \qquad\qquad (6-13)$$

类似地,若一旋转体是由连续曲线 $x = \varphi(y)$,直线 $y = c$, $y = d(c < d)$ 与 y 轴所围成的曲边梯形绕 y 轴旋转一周而成的,则其体积为

$$V = \pi \int_c^d \varphi^2(y)\,\mathrm{d}y. \qquad\qquad (6-14)$$

例 5

计算由椭圆 $\dfrac{x^2}{a^2} + \dfrac{y^2}{b^2} = 1$ 所围成的平面图形绕 x 轴旋转一周而成的旋转体(称为**旋转椭球体**,见图 6-15)的体积.

解 这个旋转体实际上就是由半个椭圆 $y = \dfrac{b}{a}\sqrt{a^2 - x^2}$ 与 x 轴所围成的曲边梯形绕 x 轴旋转一周而成的,于是由公式(6-13)得

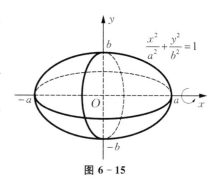

图 6-15

$$V = \pi \int_{-a}^a \frac{b^2}{a^2}(a^2 - x^2)\,\mathrm{d}x = 2\pi \int_0^a \frac{b^2}{a^2}(a^2 - x^2)\,\mathrm{d}x$$

$$= 2\pi \frac{b^2}{a^2} \left(a^2 x - \frac{1}{3} x^3 \right) \bigg|_0^a = \frac{4}{3} \pi ab^2.$$

特别地，当 $a = b = r$ 时，V 就是球的体积 $\frac{4}{3} \pi r^3$.

三、定积分的经济学应用

1. 由边际函数求原函数

我们由定积分元素法的分析思路，可得如下结果：

设某产品的固定成本为 C_0，边际成本为 $C'(Q)$，边际收益为 $R'(Q)$，其中 Q 为产量，并假定该产品处于产销平衡状态，则有

总成本函数为 $C(Q) = \int_0^Q C'(Q) \mathrm{d}Q + C_0$；

总收益函数为 $R(Q) = \int_0^Q R'(Q) \mathrm{d}Q$；

总利润函数为 $L(Q) = \int_0^Q (R'(Q) - C'(Q)) \mathrm{d}Q - C_0$.

例 6

已知某商品每周生产 x 单位时，总费用 $F(x)$ 的变化率（单位：元／单位）为 $f(x) = 0.4x - 12$，且 $F(0) = 80$（单位：元），求：

（1）总费用函数 $F(x)$；

（2）如果该商品的销售单价为 20 元／单位，求总利润 $L(x)$，并求每周生产多少单位时，才能获得最大利润？

解 （1）求总费用函数.

$$F(x) = \int_0^x f(t) \mathrm{d}t + F(0) = \int_0^x (0.4t - 12) \mathrm{d}t + F(0)$$

$$= (0.2t^2 - 12t) \bigg|_0^x + F(0) = 0.2x^2 - 12x + 80.$$

（2）求总利润 $L(x)$.

因总收益函数（单位：元）为 $R(x) = 20x$，故

$$L(x) = R(x) - F(x) = 20x - (0.2x^2 - 12x + 80) = -0.2x^2 + 32x - 80.$$

由利润最大的必要条件，有

$$L'(x) = 32 - 0.4x = 0,$$

得 $x = 80$ 单位.

这是一个实际问题，最大利润是存在的，而极大值点又唯一，故当 $x = 80$ 单位时，总利润最大，最大利润（单位：元）为

$$L(80) = -0.2 \times 80^2 + 32 \times 80 - 80 = 1\,200.$$

2. 资本现值与投资问题

我们知道，现有货币 A 元，若按年利率 r 做连续复利计息，则 t 年后的价值为 $A\mathrm{e}^{rt}$ 元；反之，若 t 年后要有货币 A 元，则按连续复利计息，现在应有 $A\mathrm{e}^{-rt}$ 元，称此值为**资本现值**.

设在时间区间 $[0, T]$ 上 t 时刻的单位时间收入，即边际收入（或称收入率）为 $f(t)$. 若按年利率 r 做连续复利计息，则在时间区间 $[t, t + \mathrm{d}t]$ 上的收入现值为 $f(t)\mathrm{e}^{-rt}\mathrm{d}t$. 按照定积分的元素法，

在$[0,T]$上得到的总收入现值为

$$y = \int_0^T f(t) \mathrm{e}^{-rt} \mathrm{d}t.$$

若收入率 $f(t) = a$(a 为常数,称为**均匀收入率**),且年利率 r 也为常数,则总收入现值为

$$y = \int_0^T a\mathrm{e}^{-rt} \mathrm{d}t = \frac{a}{r}(1 - \mathrm{e}^{-rT}).$$

例 7

某企业有一投资项目,期初总投入为 A 元.经测算,该企业在未来 T 年中可以按每年 a 元的均匀收入率获得收入.若年利率为 r,试求:

(1) 该投资的纯收入现值;

(2) 收回该笔投资的时间.

解 (1) 投资后的 T 年中获得的总收入现值为

$$y = \int_0^T a\mathrm{e}^{-rt} \mathrm{d}t = \frac{a}{r}(1 - \mathrm{e}^{-rT}),$$

从而投资所获得的纯收入现值为

$$R = y - A = \frac{a}{r}(1 - \mathrm{e}^{-rT}) - A.$$

(2) 收回投资,即为总收入现值等于投资,故有

$$\frac{a}{r}(1 - \mathrm{e}^{-rT}) = A,$$

解得 $T = \dfrac{1}{r}\ln\dfrac{a}{a - Ar}$ 年.此即为收回投资的时间.

例如,若某企业投资 $A = 800$ 万元,年利率 $r = 5\%$,设在 20 年中的均匀收入率为 $a = 200$ 万元 / 年,则总收入现值(单位:万元)为

$$y = \frac{200}{0.05}(1 - \mathrm{e}^{-0.05 \times 20}) = 4\,000(1 - \mathrm{e}^{-1}) \approx 2\,528.5.$$

投资所获得的纯收入现值(单位:万元)为

$$R = y - A = 2\,528.5 - 800 = 1\,728.5,$$

投资回收期(单位:年)为

$$T = \frac{1}{0.05}\ln\frac{200}{200 - 800 \times 0.05} = 20\ln 1.25 \approx 4.46.$$

3. 消费者剩余和生产者剩余

在经济学中,生产并销售某一商品的数量可由该商品的供给曲线与需求曲线来描述.供给曲线描述的是生产者根据不同的价格水平所提供的商品数量,它是单调增加的;需求曲线则反映了顾客的购买能力,它是单调减少的.在市场经济下,价格和数量在不断调整,最后趋向于平衡价格和平衡数量,分别用 P^* 和 Q^* 表示,即供给曲线与需求曲线的交点 E(见图 6-16).

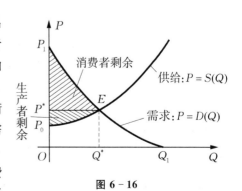

图 6-16

消费者剩余(CS) 又称为**消费者的净收益**,是指消费者在购买一定数量的某种商品时愿意支付的最高总价格

和实际支付的总价格之间的差额.消费者剩余衡量了消费者自己感觉所获得的额外收益.例如，一场电影的票价为 20 元,可消费者对它的意愿价是 50 元,那么消费者剩余则是 30 元.如果想尊重消费者的偏好,那么消费者剩余不失为"经济福利"的一种好的衡量标准.从几何的角度看,它等于价格之上、需求曲线以下的区域.

生产者剩余(PS)是指生产者得到的量减去其生产成本.它等于厂商生产一种商品的总利润加上补偿给要素所有者超出或低于他们所要求的最小收益的数量.简单来讲,生产者剩余就是指生产者出售一种商品或服务得到的价格减去生产者的成本.例如,电影公司提供一部电影的成本是 10 元,可票价是 40 元,那么生产者剩余就是 30 元.从几何的角度看,它等于价格之下、供给曲线之上的区域.

结合图 6-16,关于消费者剩余和生产者剩余有如下的计算公式：

$$\text{CS} = \int_0^{Q^*} D(Q)\mathrm{d}Q - P^* Q^*, \quad \text{PS} = P^* Q^* - \int_0^{Q^*} S(Q)\mathrm{d}Q.$$

例 8

假设需求函数为 $D(Q) = 48 - 3Q$,供给函数为 $S(Q) = 6Q + 12$,求生产者剩余和消费者剩余.

解 由 $D(Q) = S(Q)$,即

$$48 - 3Q = 6Q + 12,$$

解出平衡数量为 $Q^* = 4$,于是平衡价格为

$$P^* = D(Q^*) = 48 - 3 \times 4 = 36,$$

从而

$$\text{CS} = \int_0^4 (48 - 3Q)\mathrm{d}Q - 36 \times 4 = \left(48Q - \frac{3}{2}Q^2\right)\Big|_0^4 - 144 = 24,$$

$$\text{PS} = 36 \times 4 - \int_0^4 (6Q + 12)\mathrm{d}Q = 144 - (3Q^2 + 12Q)\Big|_0^4 = 48.$$

四、定积分在其他方面的应用

例 9

城市人口数的分布规律是：离市中心越近人口密度越大,离市中心越远人口密度越小.若假设该城市的边缘处人口密度为 0,且以市中心为圆心,r 为半径的圆形区域上人口的分布密度（单位：人/km²）为

$$\rho(r) = 1\,000(20 - r),$$

求这个城市的人口总数 N.

解 由假设,该城市的边缘处人口密度为 0,这个城市的半径可由 $\rho(r) = 1\,000(20 - r) = 0$ 求得,即 $r = 20\ \text{km}$.于是,该城市的人口总数（单位：人）应为

$$N = \int_0^{20} \rho(r) \cdot 2\pi r \mathrm{d}r = 2\,000\pi \int_0^{20} (20 - r) r \mathrm{d}r \approx 8\,377\,580.$$

例 10

自地面垂直向上发射火箭,火箭的初速度至少为多少,才能使火箭飞向太空一去不复返？

解 设地球的半径为 R,地球的质量为 M,火箭的质量为 m,则当火箭离开地面的距离为 x 时,按万有引力公式,火箭受地球引力为

$$f = \frac{GMm}{(R+x)^2},$$

其中 G 为万有引力常数,如图 $6-17$ 所示.

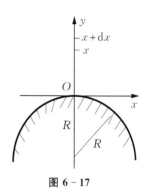

图 $6-17$

已知当 $x = 0$ 时, $f = mg$(g 为重力加速度),于是

$$GM = R^2 g,$$

从而有

$$f = \frac{R^2 gm}{(R+x)^2}.$$

当火箭再上升距离 $\mathrm{d}x$ 时,其势能 W 将增加

$$\mathrm{d}W = f\mathrm{d}x = \frac{R^2 gm}{(R+x)^2}\mathrm{d}x,$$

故当火箭自地面($x = 0$)达到高度为 h 处时,按定积分的元素法,所获得的势能总量为

$$W = \int_0^h \mathrm{d}W = \int_0^h \frac{R^2 gm}{(R+x)^2}\mathrm{d}x = R^2 gm\left(\frac{1}{R} - \frac{1}{R+h}\right).$$

如果火箭飞向太空一去不复返,那么 $h \to +\infty$,此时应获得的势能为

$$W = \lim_{h \to +\infty}\int_0^h \frac{R^2 gm}{(R+x)^2}\mathrm{d}x = Rgm.$$

该势能来自动能,若火箭离开地面的初速度为 v_0,则应具有动能 $\frac{1}{2}mv_0^2$.为使火箭上升后一去不复

返,必须 $\frac{1}{2}mv_0^2 \geqslant Rgm$,即

$$v_0 \geqslant \sqrt{2Rg}.$$

将 $g = 980\ \mathrm{cm/s^2}$,地球半径 $R = 6.370 \times 10^8\ \mathrm{cm}$ 代入上式得

$$v_0 \geqslant \sqrt{2 \times 6\,370 \times 10^5 \times 980} \approx 11.2 \times 10^5\ \mathrm{cm/s} = 11.2\ \mathrm{km/s},$$

因此火箭上升初速度至少为 $11.2\ \mathrm{km/s}$.

说明:(1) 人造卫星发射的初速度为 $7.9\ \mathrm{km/s}$,称为**第一宇宙速度**,此时卫星刚摆脱地球的引力.

(2) 火箭进入太阳系的初速度为 $11.2\ \mathrm{km/s}$,称为**第二宇宙速度**,即为宇宙飞船应有的发射初速度.

习 题 6.4

1.求由下列曲线所围成的平面图形的面积:

(1) $y = \mathrm{e}^x$ 与直线 $x = 0$ 及 $y = \mathrm{e}$;

(2) $y = x^3$ 与 $y = 2x$;

(3) $y = x^2$ 与 $4y = x^3$;

(4) $y = x^2$ 与直线 $y = x$ 及 $y = 2x$;

(5) $y = \frac{1}{x}$, x 轴与直线 $y = x$ 及 $x = 2$;

(6) $y = (x-1)(x-2)$ 与 x 轴;

(7) $y = \ln x$, y 轴与直线 $y = \ln a, y = \ln b$ $(0 < a < b)$;

(8) 曲线 $\sqrt{x} + \sqrt{y} = \sqrt{b}$ 与坐标轴.

2.求由下列曲线所围成的平面图形绕指定轴旋转一周而成的旋转体的体积:

(1) $y = \mathrm{e}^x$, $x = 0$, $y = 0$, $x = 1$, 绕 y 轴；

(2) $y = x^3$, $x = 2$, x 轴, 分别绕 x 轴与 y 轴；

(3) $y = x^2$, $x = y^2$, 绕 y 轴；

(4) $(x - 2)^2 + y^2 \leqslant 1$, 绕 y 轴.

3. 已知曲线 $y = a\sqrt{x}$ $(a > 0)$ 与 $y = \ln\sqrt{x}$ 在点 (x_0, y_0) 处有公共切线, 求：

(1) 常数 a 及切点 (x_0, y_0)；

(2) 两曲线与 x 轴所围成的平面图形的面积.

4. 一抛物线 $y = ax^2 + bx + c$ 通过 $(0,0)$, $(1,2)$ 两点, 且 $a < 0$, 试确定 a, b, c 的值, 以使抛物线与 x 轴所围成的平面图形的面积最小.

5. 已知某产品产量的变化率是时间 t（单位：月）的函数

$$f(t) = 2t + 5 \quad (t \geqslant 0).$$

第 1 个 5 月和第 2 个 5 月的总产量各是多少？

6. 某厂生产某产品 Q（单位：百台）的总成本 C（单位：万元）的变化率为 $C'(Q) = 2$（设固定成本为零）, 总收益 R（单位：万元）的变化率为产量 Q（单位：百台）的函数 $R'(Q) = 7 - 2Q$.

(1) 产量为多少时, 总利润最大？最大利润为多少？

(2) 在利润最大的基础上又生产了 50 台, 总利润减少了多少？

7. 某项目的投资成本为 100 万元, 在 10 年中每年可获收益 25 万元, 年利率为 5%, 试求这 10 年中该投资的纯收入现值.

第五节　广义积分初步

前面所讨论的定积分都是在有限的积分区间和被积函数为有界的条件下进行的. 在科学技术和经济管理中常常需要处理积分区间为无限区间, 或被积函数在有限的积分区间上为无界函数的积分问题, 这两种积分都称为**广义积分**（或**反常积分**）. 相应地, 前面讨论的积分称为**常义积分**.

一、无限区间的广义积分

定义 1　设函数 $f(x)$ 在区间 $[a, +\infty)$ 上连续, 取 $t > a$. 如果极限

$$\lim_{t \to +\infty} \int_a^t f(x)\,\mathrm{d}x$$

存在, 则称此极限值为函数 $f(x)$ 在无限区间 $[a, +\infty)$ 上的**广义积分**, 记作 $\int_a^{+\infty} f(x)\,\mathrm{d}x$, 即

$$\int_a^{+\infty} f(x)\,\mathrm{d}x = \lim_{t \to +\infty} \int_a^t f(x)\,\mathrm{d}x. \tag{6-15}$$

这时也称广义积分 $\int_a^{+\infty} f(x)\,\mathrm{d}x$ **存在**或**收敛**. 如果上述极限不存在, 则称广义积分 $\int_a^{+\infty} f(x)\,\mathrm{d}x$ **不存在**或**发散**.

类似地, 若 $f(x) \in C((-\infty, b])$, 则定义广义积分

$$\int_{-\infty}^b f(x)\,\mathrm{d}x = \lim_{t \to -\infty} \int_t^b f(x)\,\mathrm{d}x;$$

若 $f(x) \in C((-\infty, +\infty))$, 则定义广义积分

$$\int_{-\infty}^{+\infty} f(x)\,\mathrm{d}x = \int_{-\infty}^{c} f(x)\,\mathrm{d}x + \int_{c}^{+\infty} f(x)\,\mathrm{d}x$$

$$= \lim_{s\to -\infty}\int_{s}^{c} f(x)\,\mathrm{d}x + \lim_{t\to +\infty}\int_{c}^{t} f(x)\,\mathrm{d}x, \quad c \in (-\infty, +\infty).$$

当且仅当上式右端两个广义积分都收敛时,上式左端的广义积分才收敛.

例 1

求 $\displaystyle\int_{0}^{+\infty} \frac{\mathrm{d}x}{1+x^2}$.

解 $\displaystyle\int_{0}^{+\infty} \frac{\mathrm{d}x}{1+x^2} = \lim_{t\to +\infty}\int_{0}^{t} \frac{\mathrm{d}x}{1+x^2} = \lim_{t\to +\infty}\left(\arctan x \Big|_{0}^{t}\right) = \frac{\pi}{2}$.

例 2

求 $\displaystyle\int_{0}^{+\infty} x\mathrm{e}^{-x^2}\,\mathrm{d}x$.

解 $\displaystyle\int_{0}^{+\infty} x\mathrm{e}^{-x^2}\,\mathrm{d}x = \lim_{t\to +\infty}\int_{0}^{t} x\mathrm{e}^{-x^2}\,\mathrm{d}x = \lim_{t\to +\infty}\left(-\frac{1}{2}\mathrm{e}^{-x^2}\Big|_{0}^{t}\right) = \frac{1}{2}$.

设 $F(x)$ 是函数 $f(x)$ 的一个原函数. 对于广义积分 $\displaystyle\int_{a}^{+\infty} f(x)\,\mathrm{d}x$,为书写方便起见,今后记

$$\lim_{t\to +\infty} F(x)\Big|_{a}^{t} = F(x)\Big|_{a}^{+\infty};$$

对于广义积分 $\displaystyle\int_{-\infty}^{b} f(x)\,\mathrm{d}x$,记

$$\lim_{s\to -\infty} F(x)\Big|_{s}^{b} = F(x)\Big|_{-\infty}^{b}.$$

例如,对于例 2,有

$$\int_{0}^{+\infty} x\mathrm{e}^{-x^2}\,\mathrm{d}x = -\frac{1}{2}\int_{0}^{+\infty} \mathrm{e}^{-x^2}\,\mathrm{d}(-x^2) = -\frac{1}{2}\mathrm{e}^{-x^2}\Big|_{0}^{+\infty} = \frac{1}{2}.$$

与定积分的情况类似,我们也可考虑无限区间上的广义积分的几何意义:若对一切 $x \in [a, +\infty)$,有 $f(x) \geqslant 0$,且 $\displaystyle\int_{a}^{+\infty} f(x)\,\mathrm{d}x$ 收敛,则 $\displaystyle\int_{a}^{+\infty} f(x)\,\mathrm{d}x$ 表示的就是由曲线 $y = f(x)$,直线 $x = a$ 和 x 轴所围成的无穷区域的面积(见图 6-18). 若 $\displaystyle\int_{a}^{+\infty} f(x)\,\mathrm{d}x$ 发散,则该无穷区域没有有限面积.

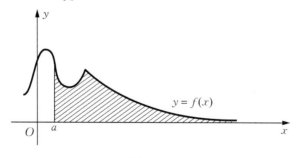

图 6-18

例 3

讨论 p-积分 $\displaystyle\int_{a}^{+\infty} \frac{\mathrm{d}x}{x^p}(a, p$ 为常数且 $a > 0)$ 的敛散性.

解 当 $p = 1$ 时,

$$\int_a^{+\infty} \frac{\mathrm{d}x}{x^p} = \int_a^{+\infty} \frac{\mathrm{d}x}{x} = \ln|x| \Big|_a^{+\infty} = +\infty;$$

当 $p \neq 1$ 时，

$$\int_a^{+\infty} \frac{\mathrm{d}x}{x^p} = \frac{1}{1-p} x^{1-p} \Big|_a^{+\infty} = \begin{cases} +\infty, & p < 1, \\ -\dfrac{a^{1-p}}{1-p}, & p > 1. \end{cases}$$

综上，当 $p \leqslant 1$ 时，原积分发散；当 $p > 1$ 时，原积分收敛，其积分值为 $-\dfrac{a^{1-p}}{1-p}$.

在无限区间上的广义积分中，可引进绝对收敛和条件收敛的概念.

若 $\int_a^{+\infty} |f(x)| \mathrm{d}x$ 收敛，则称 $\int_a^{+\infty} f(x)\mathrm{d}x$ **绝对收敛**；若 $\int_a^{+\infty} |f(x)| \mathrm{d}x$ 发散，而 $\int_a^{+\infty} f(x)\mathrm{d}x$ 收敛，则称 $\int_a^{+\infty} f(x)\mathrm{d}x$ **条件收敛**.

不难证明：绝对收敛的广义积分必收敛，反之不然.

下面我们不加证明地引入两个判别广义积分敛散性的方法，使用这两个判别法可以不做具体计算就能判别广义积分的敛散性.

定理 1（比较判别法）　设函数 $f(x), g(x)$ 在区间 $[a, +\infty)$ 上连续，且 $0 \leqslant f(x) \leqslant g(x)$. 若 $\int_a^{+\infty} g(x)\mathrm{d}x$ **收敛**，则 $\int_a^{+\infty} f(x)\mathrm{d}x$ **收敛**；若 $\int_a^{+\infty} f(x)\mathrm{d}x$ **发散**，则 $\int_a^{+\infty} g(x)\mathrm{d}x$ **发散**.

定理 2（极限判别法）　设函数 $f(x)$ 在区间 $[a, +\infty)$ 上连续，且 $f(x) \geqslant 0$. 若极限 $\lim\limits_{x \to +\infty} x^p f(x)$ 当 $p > 1$ 时存在，则 $\int_a^{+\infty} f(x)\mathrm{d}x$ **收敛**；若极限 $\lim\limits_{x \to +\infty} x^p f(x)$ 当 $0 < p \leqslant 1$ 时存在且大于零，则 $\int_a^{+\infty} f(x)\mathrm{d}x$ **发散**.

例 4

讨论 $\int_1^{+\infty} x^{a-1} \mathrm{e}^{-x} \mathrm{d}x$ 的敛散性.

解　令 $f(x) = x^{a-1} \mathrm{e}^{-x}$. 因为

$$\lim_{x \to +\infty} x^2 f(x) = \lim_{x \to +\infty} (x^2 \cdot x^{a-1} \mathrm{e}^{-x}) = \lim_{x \to +\infty} \frac{x^{a+1}}{\mathrm{e}^x} = \lim_{x \to +\infty} \frac{(x^{a+1})'}{(\mathrm{e}^x)'}$$

$$= \lim_{x \to +\infty} \frac{(a+1)x^a}{\mathrm{e}^x} = 0,$$

这里 $p = 2 > 1$，所以由定理 2 可知，$\int_1^{+\infty} x^{a-1} \mathrm{e}^{-x} \mathrm{d}x$ 收敛.

二、无界函数的广义积分

如果函数 $f(x)$ 在点 a 的任一邻域内都无界，那么称点 a 为函数 $f(x)$ 的**瑕点**. 例如，点 $x = 2$ 是函数 $f(x) = \dfrac{1}{2-x}$ 的瑕点；点 $x = 0$ 是函数 $g(x) = \dfrac{1}{\ln|x-1|}$ 的瑕点. 但要注意点 $x = 0$ 不是函数 $h(x) = \dfrac{\sin x}{x}$ 的瑕点. 容易知道，若点 x_0 是函数 $f(x)$ 的无穷间断点，则它必为瑕点.

定义 2　设函数 $f(x)$ 在区间 $(a, b]$ 上连续，点 a 为 $f(x)$ 的瑕点，取 $\varepsilon > 0$. 如果极限

$$\lim_{\varepsilon \to 0^+} \int_{a+\varepsilon}^b f(x)\mathrm{d}x$$

存在,则称此极限值为 $f(x)$ 在 $(a,b]$ 上的**广义积分**(**瑕积分**),仍记作 $\int_a^b f(x)\mathrm{d}x$,即

$$\int_a^b f(x)\mathrm{d}x = \lim_{\varepsilon \to 0^+} \int_{a+\varepsilon}^b f(x)\mathrm{d}x. \tag{6-16}$$

这时也称广义积分 $\int_a^b f(x)\mathrm{d}x$ 收敛;如果上述极限不存在,则称广义积分 $\int_a^b f(x)\mathrm{d}x$ 发散.

类似地,设函数 $f(x)$ 在区间 $[a,b)$ 上连续,点 b 为 $f(x)$ 的瑕点,取 $\varepsilon > 0$. 如果极限

$$\lim_{\varepsilon \to 0^+} \int_a^{b-\varepsilon} f(x)\mathrm{d}x$$

存在,则定义广义积分

$$\int_a^b f(x)\mathrm{d}x = \lim_{\varepsilon \to 0^+} \int_a^{b-\varepsilon} f(x)\mathrm{d}x. \tag{6-17}$$

设函数 $f(x)$ 在区间 $[a,b]$ 上除点 $c(a < c < b)$ 外连续,点 c 为 $f(x)$ 的瑕点,则定义广义积分

$$\begin{aligned}\int_a^b f(x)\mathrm{d}x &= \int_a^c f(x)\mathrm{d}x + \int_c^b f(x)\mathrm{d}x \\ &= \lim_{\varepsilon_1 \to 0^+} \int_a^{c-\varepsilon_1} f(x)\mathrm{d}x + \lim_{\varepsilon_2 \to 0^+} \int_{c+\varepsilon_2}^b f(x)\mathrm{d}x,\end{aligned} \tag{6-18}$$

其中 $\varepsilon_1 > 0, \varepsilon_2 > 0$. 此时,$\int_a^b f(x)\mathrm{d}x$ 收敛的充要条件是 $\int_a^c f(x)\mathrm{d}x$ 和 $\int_c^b f(x)\mathrm{d}x$ 同时收敛.

注意 在式(6-18)中,两个极限过程是相互独立的.

例 5 ====

求 $\int_0^1 \dfrac{\mathrm{d}x}{x^2}$.

解 显然,点 $x=0$ 是函数 $f(x) = \dfrac{1}{x^2}$ 的一个瑕点,取 $\varepsilon > 0$,于是

$$\int_0^1 \frac{\mathrm{d}x}{x^2} = \lim_{\varepsilon \to 0^+} \int_{0+\varepsilon}^1 \frac{\mathrm{d}x}{x^2} = \lim_{\varepsilon \to 0^+} \left(-\frac{1}{x} \bigg|_\varepsilon^1 \right) = +\infty,$$

故 $\int_0^1 \dfrac{\mathrm{d}x}{x^2}$ 发散.

设 $F(x)$ 是函数 $f(x)$ 的一个原函数,我们也可对瑕积分引入下述记号,以便书写:

$$\int_a^b f(x)\mathrm{d}x = F(x) \bigg|_a^b = F(b) - F(a^+) \quad (a\text{ 为瑕点});$$

$$\int_a^b f(x)\mathrm{d}x = F(x) \bigg|_a^b = F(b^-) - F(a) \quad (b\text{ 为瑕点}).$$

例 6 ====

求 $\int_0^a \dfrac{\mathrm{d}x}{\sqrt{a^2 - x^2}}$ $(a > 0)$.

解 显然,点 $x=a$ 是函数 $f(x) = \dfrac{1}{\sqrt{a^2 - x^2}}$ 的一个瑕点,于是

$$\int_0^a \frac{\mathrm{d}x}{\sqrt{a^2 - x^2}} = \arcsin \frac{x}{a} \bigg|_0^a = \lim_{x \to a^-} \arcsin \frac{x}{a} - 0 = \frac{\pi}{2}.$$

例 7 ====

证明:广义积分 $\int_0^1 \dfrac{\mathrm{d}x}{x^q}$ 当 $q < 1$ 时收敛;当 $q \geqslant 1$ 时发散.

证 当 $q \neq 1$ 时，有

$$\int_0^1 \frac{\mathrm{d}x}{x^q} = \lim_{\varepsilon \to 0^+} \int_\varepsilon^1 \frac{\mathrm{d}x}{x^q} = \lim_{\varepsilon \to 0^+} \left(\frac{1}{1-q} x^{1-q} \Big|_\varepsilon^1 \right)$$

$$= \lim_{\varepsilon \to 0^+} \frac{1}{1-q} (1 - \varepsilon^{1-q}) = \begin{cases} \dfrac{1}{1-q}, & q < 1, \\ +\infty, & q > 1, \end{cases}$$

即广义积分 $\displaystyle\int_0^1 \frac{\mathrm{d}x}{x^q}$ 当 $q < 1$ 时收敛；当 $q > 1$ 时发散.

当 $q = 1$ 时，有

$$\int_0^1 \frac{\mathrm{d}x}{x^q} = \int_0^1 \frac{\mathrm{d}x}{x} = \lim_{\varepsilon \to 0^+} \int_\varepsilon^1 \frac{\mathrm{d}x}{x} = \lim_{\varepsilon \to 0^+} \left(\ln|x| \Big|_\varepsilon^1 \right) = -\lim_{\varepsilon \to 0^+} \ln \varepsilon = +\infty,$$

从而当 $q = 1$ 时，广义积分 $\displaystyle\int_0^1 \frac{\mathrm{d}x}{x^2}$ 发散.

综上可得，广义积分 $\displaystyle\int_0^1 \frac{\mathrm{d}x}{x^q}$ 当 $q < 1$ 时收敛；当 $q \geqslant 1$ 时发散.

与无限区间上的广义积分一样，无界函数的广义积分也有比较判别法和极限判别法，可以直接利用这两个判别法来判断有限区间上无界函数的广义积分的敛散性.

三、Γ 函数

下面我们介绍一类由广义积分定义的且在理论和应用上都有重要意义的 Γ 函数.

定义 3 广义积分

$$\Gamma(t) = \int_0^{+\infty} x^{t-1} \mathrm{e}^{-x} \mathrm{d}x \quad (t > 0)$$

是参变量 t 的函数，称为 **Γ 函数**.

可以证明这个积分当 $t > 0$ 时是收敛的.

Γ 函数具有如下递推公式：

$$\Gamma(t+1) = t\Gamma(t) \quad (t > 0).$$

特别地，当 $t = n$ 为正整数时，有

$$\Gamma(n+1) = n\Gamma(n) = n!.$$

事实上，

$$\Gamma(t+1) = \int_0^{+\infty} x^t \mathrm{e}^{-x} \mathrm{d}x = \int_0^{+\infty} x^t \mathrm{d}(-\mathrm{e}^{-x})$$

$$= -x^t \mathrm{e}^{-x} \Big|_0^{+\infty} + t \int_0^{+\infty} x^{t-1} \mathrm{e}^{-x} \mathrm{d}x = t\Gamma(t).$$

当 $t = n$ 时，连续使用递推公式，得

$$\Gamma(n+1) = n\Gamma(n) = n(n-1)\Gamma(n-1) = \cdots$$

$$= n \cdot (n-1) \cdot \cdots \cdot 2 \cdot \Gamma(1) = n!\Gamma(1),$$

而 $\Gamma(1) = \displaystyle\int_0^{+\infty} \mathrm{e}^{-x} \mathrm{d}x = 1$，所以

$$\Gamma(n+1) = n!.$$

Γ 函数具有**余元公式**

$$\Gamma(t)\Gamma(1-t) = \frac{\pi}{\sin \pi t} \quad (0 < t < 1).$$

在余元公式中,取 $t = \dfrac{1}{2}$,则有

$$\Gamma\left(\dfrac{1}{2}\right) = \sqrt{\pi}.$$

上式也可通过多元函数的二重积分求得.

例 8

证明:$\Gamma(t) = 2\displaystyle\int_0^{+\infty} u^{2t-1} \mathrm{e}^{-u^2} \mathrm{d}u.$

证 在 $\Gamma(t) = \displaystyle\int_0^{+\infty} x^{t-1} \mathrm{e}^{-x} \mathrm{d}x$ 中做变量代换 $x = u^2$,即得

$$\Gamma(t) = \int_0^{+\infty} (u^2)^{t-1} \mathrm{e}^{-u^2} \cdot 2u\mathrm{d}u = 2\int_0^{+\infty} u^{2t-1} \mathrm{e}^{-u^2} \mathrm{d}u.$$

对上式,若取 $t = \dfrac{1}{2}$,则有

$$\Gamma\left(\dfrac{1}{2}\right) = 2\int_0^{+\infty} \mathrm{e}^{-u^2} \mathrm{d}u.$$

因此

$$\int_0^{+\infty} \mathrm{e}^{-u^2} \mathrm{d}u = \dfrac{\Gamma\left(\dfrac{1}{2}\right)}{2} = \dfrac{\sqrt{\pi}}{2}.$$

这是概率论中常用的积分,称为**泊松积分**.

习 题 6.5

1.判断下列广义积分的敛散性;若收敛,则求其值:

(1) $\displaystyle\int_1^{+\infty} \dfrac{\mathrm{d}x}{x^4}$;

(2) $\displaystyle\int_1^{+\infty} \dfrac{\mathrm{d}x}{\sqrt{x}}$;

(3) $\displaystyle\int_0^{+\infty} \mathrm{e}^{-ax} \mathrm{d}x \quad (a > 0)$;

(4) $\displaystyle\int_0^{+\infty} \cos x\mathrm{d}x$;

(5) $\displaystyle\int_0^{+\infty} \mathrm{e}^x \sin x\mathrm{d}x$;

(6) $\displaystyle\int_{-\infty}^{+\infty} \dfrac{\mathrm{d}x}{x^2 + 2x + 2}$;

(7) $\displaystyle\int_1^2 \dfrac{x\mathrm{d}x}{\sqrt{x-1}}$;

(8) $\displaystyle\int_0^1 \ln x\mathrm{d}x$;

(9) $\displaystyle\int_1^{\mathrm{e}} \dfrac{\mathrm{d}x}{x\sqrt{1 - \ln^2 x}}$;

(10) $\displaystyle\int_0^2 \dfrac{\mathrm{d}x}{(1-x)^2}$.

2.当 k 为何值时,广义积分 $\displaystyle\int_2^{+\infty} \dfrac{\mathrm{d}x}{x(\ln x)^k}$ 收敛?当 k 为何值时,这个广义积分发散?

3.利用递推公式计算广义积分 $I_n = \displaystyle\int_0^{+\infty} x^n \mathrm{e}^{-x} \mathrm{d}x.$

综合习题六

1.求下列定积分:

(1) $\int_0^5 \dfrac{x^3}{x^2+1}\mathrm{d}x$;

(2) $\int_{-1}^1 \dfrac{\tan x}{\sin^2 x+1}\mathrm{d}x$;

(3) $\int_1^5 \dfrac{\sqrt{x-1}}{x}\mathrm{d}x$;

(4) $\int_0^{\ln 2} \sqrt{\mathrm{e}^x-1}\,\mathrm{d}x$;

(5) $\int_0^2 x^2\sqrt{4-x^2}\,\mathrm{d}x$;

(6) $\int_0^1 \dfrac{x^2}{(1+x^2)^2}\mathrm{d}x$;

(7) $\int_1^2 \dfrac{\sqrt{x^2-1}}{x}\mathrm{d}x$;

(8) $\int_0^1 x^2\mathrm{e}^{-x}\mathrm{d}x$;

(9) $\int_1^{\mathrm{e}} (\ln x)^3\mathrm{d}x$;

(10) $\int_0^{\frac{\pi}{2}} \mathrm{e}^{-x}\cos x\mathrm{d}x$;

(11) $\int_0^{\frac{\pi}{2}} \dfrac{x+\sin x}{1+\cos x}\mathrm{d}x$;

(12) $\int_0^{\frac{\pi}{4}} \ln(1+\tan x)\mathrm{d}x$;

(13) $\int_0^a \dfrac{\mathrm{d}x}{x+\sqrt{a^2-x^2}}$;

(14) $\int_0^{\frac{\pi}{2}} \sqrt{1-\sin 2x}\,\mathrm{d}x$.

2. 计算下列极限:

(1) $\lim\limits_{n\to\infty} \dfrac{1}{n}\sum\limits_{i=1}^n \sqrt{1+\dfrac{i}{n}}$;

(2) $\lim\limits_{n\to\infty} \dfrac{1^3+2^3+3^3+\cdots+n^3}{n^4}$;

(3) $\lim\limits_{n\to\infty}\ln\left(\dfrac{\sqrt[n]{n!}}{n}\right)$;

(4) $\lim\limits_{x\to a}\left(\dfrac{x}{x-a}\int_a^x f(t)\mathrm{d}t\right)$, 其中函数 $f(x)$ 连续;

(5) $\lim\limits_{x\to+\infty} \dfrac{\int_0^x (\arctan t)^2\mathrm{d}t}{\sqrt{x^2+1}}$;

(6) $\lim\limits_{n\to\infty}\int_0^1 \dfrac{x^n}{1+x^2}\mathrm{d}x$.

3. 求下列广义积分:

(1) $\int_0^{+\infty} \dfrac{\arctan x}{(1+x^2)^{\frac{3}{2}}}\mathrm{d}x$;

(2) $\int_0^1 \dfrac{x}{\sqrt{1-x^2}}\mathrm{d}x$;

(3) $\int_0^{+\infty} \dfrac{x}{1+x^4}\mathrm{d}x$;

(4) $\int_0^{\frac{\pi}{2}} \ln\sin x\mathrm{d}x$.

4. 求 k 的值,使得 $\lim\limits_{x\to+\infty}\left(\dfrac{x+k}{x-k}\right)^x = \int_{-\infty}^k t\mathrm{e}^{2t}\mathrm{d}t$ 成立.

5. 若 $b>0$,且 $\int_1^b \ln x\mathrm{d}x=1$,求 b 的值.

6. 求函数 $I(x)=\int_0^x \dfrac{3t+1}{t^2-t+1}\mathrm{d}t$ 在闭区间 $[0,1]$ 上的最大值和最小值.

7. 求下列平面图形的面积:

(1) 由曲线 $y=\mathrm{e}^x$,$y=\mathrm{e}^{-x}$ 及直线 $x=1$ 所围成的平面图形;

(2) 由曲线 $y=\dfrac{1}{2}x^2$,$y=\dfrac{1}{1+x^2}$ 与直线 $x=-\sqrt{3}$,$x=\sqrt{3}$ 所围成的平面图形.

8. 有一半径为 r 的圆柱形木料,现过底圆的中心与底面成 α 角(锐角)作一平面,截下该木料上一块楔形木块,求该楔形木块的体积.

9. 若某公路在距第一个收费站 x km 处的汽车密度(以每千米多少辆汽车为单位)为 $\rho(x)=20(1+\cos x)$,试求距第一个收费站 40 km 的一段公路上有多少辆汽车.

10. 设某产品的边际成本(单位:万元/百台)为 $C'(Q)=4+\dfrac{Q}{4}$,固定成本为 $C_0=1$ 万元,边际收益(单位:万元/百台)为 $R'(Q)=8-Q$. 求:

(1) 产量从 100 台增加到 500 台时的成本增量;

(2) 总成本函数 $C(Q)$ 和总收益函数 $R(Q)$;

(3) 产量为多少时,总利润最大?并求最大利润.

习题参考答案

习题 1.1

1. (1) $\{x \mid x > 6\}$;   (2) $\{(x,y) \mid x^2 + y^2 < 25\}$;

    (3) $\{(x,y) \mid y = x^2$ 且 $x - y = 0\}$.

2. (1) $\{2,6\}$;   (2) $\{(0,0),(1,1)\}$;

    (3) $\{-3,-2,-1,0,1,2,3,4,5\}$.

3. $\{1\},\{2\},\{3\},\{4\},\{1,2\},\{1,3\},\{1,4\},\{2,3\},\{2,4\},\{3,4\},\{1,2,3\},\{1,2,4\},\{1,3,4\},\{2,3,4\},$
    $\{1,2,3,4\},\varnothing;2^n,2^n-1$.

4. (1) $\{1,2,3,5\}$;   (2) $\{1,3\}$;   (3) $\{1,2,3,4,5,6\}$;

    (4) $\varnothing$;   (5) $\{2\}$.

5. (1) $\{x \mid x > 3\}$;   (2) $\{x \mid 4 < x < 5\}$;   (3) $\{x \mid 3 < x \leqslant 4\}$.

6. (1) $(2,6]$;   (2) $(-3,3)$;   (3) $[1,5]$;

    (4) $(-\infty,-4] \cup [4,+\infty)$;   (5) $(-1,1) \cup (3,5)$.

习题 1.2

1. (1) 既非单射亦非满射;   (2) 满射;   (3) 单射;

    (4) 双射,逆映射为 $f^{-1}: x \mapsto \dfrac{1}{3}(x+1)$;   (5) 满射;

    (6) 双射,逆映射为 $f^{-1}: (x,y) \mapsto (y,-x)$.

2. $f \circ g: x \mapsto 9x+3; g \circ f: x \mapsto 9x+1; g \circ h: x \mapsto 9x+7; f \circ g \circ h: x \mapsto 27x+21$.

习题 1.3

1. (1) $(-\infty,0) \cup \left(0,\dfrac{1}{2}\right) \cup \left(\dfrac{1}{2},+\infty\right)$;   (2) $[-3,3]$;

    (3) $[-2,-1) \cup (-1,1) \cup (1,+\infty)$;   (4) $(-1,1]$;

    (5) $[-1,0]$;   (6) $(-2,3]$;

    (7) $[1,4]$;   (8) $(-\infty,0)$.

2. (1) $y = \dfrac{x-1}{2}$;   (2) $y = \dfrac{1-x}{1+x}$;   (3) $y = \mathrm{e}^{x-1} - 2$;

    (4) $y = -\sqrt{1-x^2}, 0 \leqslant x \leqslant 1$;   (5) $y = \begin{cases} x, & 0 \leqslant x \leqslant 1, \\ 1-x, & 1 < x \leqslant 2. \end{cases}$

3. (1) $y = x^2 - 1, x \in \mathbf{R}, y \in [-1,+\infty)$;

    (2) $y = \sqrt{\tan^2 x + 1}, x \neq k\pi + \dfrac{\pi}{2}, k \in \mathbf{Z}, y \in [1,+\infty)$;

    (3) $y = \sqrt{x + \sqrt{x}}, x \geqslant 0, y \in [0,+\infty)$;

(4) $y = \begin{cases} 2, & x \leqslant 0, \\ x^6, & x > 0, \end{cases} x \in \mathbf{R}, y \in (0, +\infty).$

4. $y = f(g(x)) = \mathrm{e}^{x^2}, f(g(1)) = \mathrm{e}, f(g(2)) = \mathrm{e}^4; y = g(f(x)) = \mathrm{e}^{2x}, g(f(1)) = \mathrm{e}^2, g(f(2)) = \mathrm{e}^4.$

5. (1) $y = \sqrt{u}, u = 3x - 1;$ (2) $y = \mathrm{e}^u, u = \dfrac{1}{x};$

   (3) $y = \mathrm{e}^u, u = v^3, v = \sin x;$ (4) $y = u^3, u = \sin v, v = \ln t, t = x + 1.$

6. $f(x) = x^2 - 2.$

7. $y = 2a\left(x^2 + \dfrac{2V}{x}\right),$ 其中 y 为总造价，a 为水池四周单位面积的造价，$x \in (0, +\infty).$

8. $L = \left(1 + \dfrac{\pi}{4}\right)x + \dfrac{2S_0}{x}, 0 < x < \sqrt{\dfrac{8S_0}{\pi}}.$

9. 140 828.06 万人.

习题 1.4

1. (1) 在区间 $(-\infty, +\infty)$ 上单调增加;   (2) 在区间 $(-\infty, +\infty)$ 上单调增加;

   (3) 在区间 $(0, +\infty)$ 上单调增加;   (4) 在区间 $(-\infty, 0), (0, +\infty)$ 上单调减少.

2. (1) 在区间 $(-\infty, +\infty)$ 上有界;   (2) 在区间 $(-\infty, +\infty)$ 上有界;

   (3) 在区间 $(-\infty, 0), (0, +\infty)$ 上有界; (4) 在区间 $(-\infty, +\infty)$ 上无界.

3. (1) 偶函数;   (2) 非奇非偶;   (3) 奇函数;

   (4) 非奇非偶;   (5) 偶函数;   (6) 奇函数;   (7) 奇函数.

4. (1) $\dfrac{2\pi}{\omega};$ (2) $\pi;$ (3) $2\pi;$

   (4) 非周期函数;   (5) $\pi;$ (6) 非周期函数.

习题 1.5

1. $R = -10x^2 + 40x, x \geqslant 0.$

2. $C = 60x + 1\,300, 0 \leqslant x \leqslant 100.$

3. (1) 略;   (2) $12\,000P - 200P^2;$ (3) 略.

4. (1) 1 000 台;   (2) 亏损 170 000 元;   (3) 1 240 台.

5. $R = \begin{cases} 4\,000x, & 0 \leqslant x \leqslant 1\,000, \\ 4\,000\,000 + 3\,960(x - 1\,000), & 1\,000 < x \leqslant 1\,200, \\ 4\,792\,000, & x > 1\,200. \end{cases}$

6. (1) $P = 80, Q_S(80) = Q_D(80) = 70;$ (2) 略;   (3) 略.

综合习题一

1. (1) 同一函数;   (2) 同一函数;   (3) 不同的函数;

   (4) 不同的函数;   (5) 不同的函数.

2. (1) $(k\pi, (k+1)\pi)(k = 0, \pm 1, \pm 2, \cdots);$ (2) $[0, 1);$

   (3) $(0, 10);$ (4) $(0, +\infty).$

3. (1) 奇函数;   (2) 非奇非偶;   (3) 奇函数;   (4) 奇函数.

4. (1) $y = \dfrac{1}{2}(3x + x^3);$ (2) $y = \begin{cases} x, & x < 1, \\ \sqrt[3]{x}, & 1 \leqslant x \leqslant 8, \\ \log_3 x, & x > 9. \end{cases}$

5. (1) 2;   (2) $\pi;$ (3) 2;   (4) 非周期函数.

6. (1) $[-1,1]$;   (2) $[2k\pi,(2k+1)\pi](k \in \mathbf{Z})$;   (3) $\left[a,1-a\right)\left(a \leqslant \dfrac{1}{2}\right)$.

7. (1) $f(x) = x^2 - 2$;   (2) $f(x) = -2x + \dfrac{1}{1-x}$;   (3) $f(x) = \dfrac{a\mathrm{e}^x - b\mathrm{e}^{\frac{1}{x}}}{a^2 - b^2}$.

8. $f(f(x)) = \dfrac{(1-x^2)^2}{x^2(x^2-2)}$, $f\left(\dfrac{1}{f(x)}\right) = \dfrac{1}{x^2(2-x^2)}$.

9. $f(f(x)) = 1$.

10. $\sim$ 11. 略.

12. $f(x) + f(-x)$ 为偶函数,$f(x) - f(-x)$ 为奇函数.

13. $\sim$ 15. 略.

16. $V = (a-2x)^2 x, 0 \leqslant x \leqslant \dfrac{a}{2}$.

17. $y = \begin{cases} 1.2k, & 20(k-1) < x \leqslant 20k, & k = 1,2,3,4,5, \\ 6+2j, & 100j < x \leqslant 100(j+1), & j = 1,2,\cdots,19. \end{cases}$

18. $y = 450\,000\left(\dfrac{2}{3}\right)^t, t \geqslant 0$.

19. $y = (60-x)(200+5x) - 2\,000 - 40(60-x) = -5(x-14)^2 + 8\,580$,

每套客房定价 270 元,最大利润 8 580 元.

20. 至少销售 18 000 本可保本,销售量达到 28 000 本时可获利 1 000 元.

习题 2.1

1. (1) $x_n = \dfrac{n-2}{n}, 1$;   (2) $x_n = \cos n\pi = (-1)^n$,不存在;

(3) $x_n = (-1)^{n+1}\dfrac{1}{2^n}, 0$;   (4) $x_n = \begin{cases} n, & n = 2k-1, \\ \dfrac{1}{n}, & n = 2k, \end{cases} k = 1,2,\cdots,$不存在.

2. $\sim$ 3. 略.

4. (1) 不对;   (2) 不对;   (3) 不对.

5. (1) 1;   (2) $\dfrac{1}{3}$;   (3) $\dfrac{1}{2}$.

习题 2.2

1. 不对.

2. 不对.

3. 略.

4. $\lim\limits_{x \to -1} f(x) = 0$;$\lim\limits_{x \to 0} f(x)$ 不存在.

5. (1) $\dfrac{3}{5}$;   (2) $\dfrac{4}{3}$;   (3) $\dfrac{1}{2}$;   (4) $-\dfrac{\sqrt{2}}{4}$;

(5) 0;   (6) $\left(\dfrac{2}{3}\right)^{10}$;   (7) $3a^2$;   (8) $\dfrac{n(n+1)}{2}$.

6. 略.

习题 2.3

1. (1) 当 $x \to 1$ 时,$y \to +\infty$,   当 $x \to \infty$ 时,$y \to 0$;

(2) 当 $x \to \left(k\pi + \dfrac{\pi}{2}\right)^{\mp}$ 时,$y \to \pm\infty$,   当 $x \to k\pi$ 时,$y \to 0$;

(3) 当 $x \to -\infty$ 时, $y \to +\infty$, 当 $x \to +\infty$ 时, $y \to 0$;

(4) 当 $x \to 0^-$ 时, $y \to +\infty$, 当 $x \to 0^+$ 时, $y \to 0$;

(5) 当 $x \to -2^+$ 时, $y \to -\infty$, 当 $x \to -1$ 时, $y \to 0$.

2.(1) $x^2 - x^3$ 是比 $2x - x^2$ 高阶的无穷小量; (2) 同阶无穷小量.

3.(1) 不存在; (2) -1; (3) 16; (4) $\dfrac{n(n+1)}{2}$.

4. $a = 1, b = 2$.

习题 2.4

1. 提示: $\dfrac{k}{n} \leqslant 1, k = 1, 2, \cdots, n$.

2. 略.

3.(1) 1;

(2) 用夹逼定理, 分别讨论 $0 \leqslant x \leqslant 1$ 和 $x > 1$ 的情形:
$$\lim_{n \to \infty} \sqrt[n]{1 + x^n} = \begin{cases} 1, & x \in [0, 1], \\ x, & x > 1. \end{cases}$$

4.(1) 2; (2) $\dfrac{1}{2}$; (3) $\dfrac{1}{3}$; (4) 2; (5) 1;

(6) 0; (7) $\dfrac{1}{2}$; (8) e^4; (9) e; (10) 1.

5. $\sim$ 6. 略.

习题 2.5

1.(1) $x = 0$, 第一类(可去)间断点; (2) $x = 2$, 第一类(跳跃)间断点;

(3) $x = 0$, 第一类(可去)间断点; (4) $x = 1$, 第二类(无穷)间断点;

(5) $x = 0$, 第一类(跳跃)间断点; (6) $x = 0$, 第一类(跳跃)间断点.

2. $(-\infty, -3), (-3, 2), (2, +\infty)$; $\lim\limits_{x \to -3} f(x) = -\dfrac{8}{5}, \lim\limits_{x \to 2} f(x) = \infty$.

3.(1) $\dfrac{n}{m}$; (2) $\dfrac{\pi}{3}$; (3) $\dfrac{2}{\pi}$; (4) 3.

4. 当 $a = 0, b \neq 1$ 时, $x = 0$ 为无穷间断点; 当 $a \neq 1, b = \mathrm{e}$ 时, $x = 1$ 为可去间断点.

习题 2.6

1. $\sim$ 4. 略.

综合习题二

1. 略.

2. $a = 0$,

3. 不存在.

4.(1) e; (2) $\dfrac{1}{2}$; (3) 不存在; (4) 2;

(5) $\dfrac{1}{2}$ (提示: 令 $\dfrac{\pi}{4} - x = y$); (6) 4; (7) $\dfrac{1}{2}$.

5. 单调减少有下界; $\lim\limits_{n \to \infty} x_n = 3$.

6. $a = \ln 2$.

7. $a = 1, b = -1$.

8.三阶.

9. ～ 10.略.

11.$a = 0, b = 1$.考虑 $|x| < 1, |x| = 1, |x| > 1$ 的情形.

12. ～ 13.略.

习题 3.1

1. -20.

2. $(2, 4)$.

3.(1) 在点 $x = 0$ 处连续,不可导;   (2) 在点 $x = 0$ 处连续,不可导.

4.不存在.

5. $x - 4y + 4 = 0; 4x + y - 18 = 0$.

6.(1) 1;   (2) -2;   (3) $2a$.

习题 3.2

1.(1) 2;   (2) $-\dfrac{1}{18}$;   (3) -1;   (4) 2.

2.(1) $-1 - \dfrac{1}{2\sqrt{x}}$;   (2) $\sqrt{x}\left(\dfrac{\sin x}{2x} + \cos x\right)$;

  (3) $\dfrac{x^2}{(x\cos x - \sin x)^2}$;   (4) $2x\ln x\cos x + x\cos x - x^2\ln x\sin x$.

3.(1) $\dfrac{2x+1}{(x^2+x+1)\ln a}$;   (2) $\dfrac{-x}{\sqrt{a^2-x^2}}$;   (3) $\dfrac{1}{2\sqrt{x}\ \sqrt{1-x}}$;

  (4) $\dfrac{1}{\sqrt{a^2+x^2}}$;   (5) $n\sin^{n-1}x\cos(n+1)x$;   (6) $\dfrac{1-\sqrt{1-x^2}}{x^2\sqrt{1-x^2}}$;

  (7) $\dfrac{1}{x^2}\sin\dfrac{2}{x}\mathrm{e}^{-\sin^2\frac{1}{x}}$;   (8) $\dfrac{2\sqrt{x}+1}{4\sqrt{x}\ \sqrt{x+\sqrt{x}}}$.

4.(1) $2xf'(x^2)$;   (2) $\sin 2x(f'(\sin^2 x) - f'(\cos^2 x))$.

习题 3.3

1. $\dfrac{\mathrm{e}^x}{\sqrt{1+\mathrm{e}^{2x}}}$.

2.2.

3.(1) $\alpha > 1$;   (2) $\alpha > 2$.

4.(1) $\mathrm{e}^{f(x)}f'(x)$;   (2) $\dfrac{-2f(x)f'(x)}{(1+f^2(x))^2}$;

  (3) $\dfrac{1}{2\sqrt{x}}f'(\sqrt{x}+1)$;   (4) $\dfrac{f'(x)}{1+(f(x))^2}$.

5. $f'(0) = 2g(0)$.

6. $\dfrac{2}{1-x^2}$ $(x \neq \pm 1)$.

7.在点 $x = 0$ 处连续且可导;在点 $x = \ln 3$ 处不连续,因此也不可导.

习题 3.4

1.(1) $\dfrac{ay-x^2}{y^2-ax}$;   (2) $\dfrac{\mathrm{e}^{x+y}-y}{x-\mathrm{e}^{x+y}}$;   (3) $-\dfrac{1}{y^2}-1$;

(4) $\dfrac{e^y}{1-xe^y}$; (5) $\dfrac{x+y}{x-y}(x \neq y)$.

2. (1) $\dfrac{1}{5} \sqrt[5]{\dfrac{x-5}{\sqrt[5]{x^2+2}}} \left[\dfrac{1}{x-5} - \dfrac{2x}{5(x^2+2)} \right]$;

(2) $\left(\dfrac{x}{1+x} \right)^x \left(\ln \dfrac{x}{1+x} + \dfrac{1}{1+x} \right)$.

3. $y = x$.

4. $\dfrac{1+\sin t + \cos t}{1+\sin t - \cos t}, \dfrac{1+\sin t - \cos t}{1+\sin t + \cos t}$.

习题 3.5

1. (1) $\dfrac{-4\cos 2x}{(\sin 2x)^2}$; (2) $x^x \left[(\ln x + 1)^2 + \dfrac{1}{x} \right]$;

(3) $\dfrac{-a^2}{(a^2-x^2)^{\frac{3}{2}}}$; (4) $\dfrac{-x}{(1+x^2)^{\frac{3}{2}}}$.

2. (1) $n!$; (2) $2^{n-1} \sin \left(2x + (n-1)\dfrac{\pi}{2} \right)$;

(3) $(-1)^n \dfrac{(n-2)!}{x^{n-1}}$ $(n \geqslant 2)$.

3. (1) $2f'(x^2) + 4x^2 f''(x^2)$; (2) $\dfrac{f(x)f''(x) - (f'(x))^2}{f^2(x)}$.

4. (1) $\dfrac{e^{x+y}(x-y)^2}{(x-e^{x+y})^3} - \dfrac{2(e^{x+y}-y)}{(x-e^{x+y})^2}$; (2) $-\dfrac{2(1+y^2)}{y^5}$.

5. $-\dfrac{1}{2} e^{-3t}$.

6. $4x$ $(|x| \leqslant 1)$.

习题 3.6

1. (1) $8x\tan(1+2x^2)\sec^2(1+2x^2)\mathrm{d}x$; (2) $e^{-x}(\sin(3-x) - \cos(3-x))\mathrm{d}x$;

(3) $\begin{cases} \dfrac{1}{\sqrt{1-x^2}}\mathrm{d}x, & -1 < x < 0, \\ \dfrac{-1}{\sqrt{1-x^2}}\mathrm{d}x, & 0 < x < 1; \end{cases}$ (4) $\dfrac{2}{x-1}\ln(1-x)\mathrm{d}x$.

2. (1) $-\dfrac{1}{2}e^{-2x} + C$; (2) $2\sqrt{x} + C$;

(3) $\dfrac{1}{3}\tan 3x + C$; (4) $\dfrac{1}{2}\ln^2 x + C$.

3. (1) $(-2f'(1-2x) + \cos f(x) \cdot f'(x))\mathrm{d}x$;

(2) $f'(x^2 + \varphi(x))(2x + \varphi'(x))\mathrm{d}x$.

4. (1) $0.492\,4$; (2) $0.523\,83$; (3) $9.986\,7$.

5. 略.

习题 3.7

1. $0.02x + 10$; $0.02(1\,000 - x)$.

2. 12.

3. -3.

综合习题三

1. 1.

2. 0.

3. 3.

4. 0.

5. $(-1)^n \dfrac{1}{n(n+1)}$.

6. a.

7. (1) $\dfrac{e^x}{\sqrt{1+e^{2x}}}$;   (2) $\dfrac{1}{\sqrt{(1+x^2)^3}}$;   (3) $\dfrac{x}{\sqrt{1+x^2}}e^{\sqrt{1+x^2}}$.

8. (1) $\dfrac{x^3-\sqrt{1+x^2}}{x^2\sqrt{1+x^2}}e^{f\left(\frac{1}{x}+\sqrt{1+x^2}\right)}f'\left(\dfrac{1}{x}+\sqrt{1+x^2}\right)$;

    (2) $f'(f(f(\sin x+\cos x)))f'(f(\sin x+\cos x))f'(\sin x+\cos x)(\cos x-\sin x)$.

9. $\dfrac{y^2-e^x}{\cos y-2xy}$.

10. (1) $(1+x^3)^{\cos x^2}\left(\dfrac{3x^2\cos x^2}{1+x^3}-2x\sin x^2\ln(1+x^2)\right)$;

    (2) $\begin{cases}(3-x)(3x-5), & x<1,\\(x-3)(3x-5), & x>1.\end{cases}$

11. $e^x f'(e^x+x)+(e^x+1)^2 f''(e^x+x)$.

12. $c=0,b=1$，函数 $f(x)$ 在点 $x=0$ 处具有一阶连续导数；$a\neq-\dfrac{1}{2}$，$f''(0)$ 不存在.

13. $\dfrac{3\cdot 100!}{2}\left[\dfrac{1}{(x-1)^{101}}-\dfrac{1}{(x+1)^{101}}\right]$.

14. $\dfrac{2xy+2ye^y-y^2e^y}{(x+e^y)^3}$.

15. $(2x\ln x^2+2x-\sin x)dx$.

16. $\varphi'(x)e^{\varphi(x)}f'(e^{\varphi(x)})dx$.

17. $-2dx$.

18. $x+2y-3=0$.

19. 略.

20. $60-0.2Q$； 30.

21. (1) $\dfrac{eQ-d}{eQ}$;   (2) $\dfrac{d-b}{2(e+a)}$.

习题 4.1

1. 略.

2. $\xi=\arccos\dfrac{2}{\pi}$.

3. ~ 4. 略.

5. $f'(x)=0$ 有三个实根，分别位于区间 $(1,2),(2,3)$ 和 $(3,4)$ 内.

6. ~ 8. 略.

习题 4.2

1.(1) $\dfrac{b}{a}$；　　　　　　(2) ∞；　　　　　　(3) -1；

　(4) $\dfrac{3}{2}$；　　　　　　(5) 0；　　　　　　(6) ∞；

　(7) 0；　　　　　　(8) 0；　　　　　　(9) $\dfrac{1}{2}$.

2.在点 $x=0$ 处连续.

习题 4.3

1.$f(x)=(x-1)^4-(x-1)^3-8(x-1)^2-9(x-1)+1$.

2.$f(x)=x^6-9x^5+30x^4-45x^3+30x^2-9x+1$.

3.～5.略.

习题 4.4

1.单调增加.

2.$(-\infty,1),(2,+\infty)$ 上单调增加，$(1,2)$ 内单调减少.

3.$(-\infty,+\infty)$ 上单调增加.

4.$(0,2)$ 内单调减少，$(2,+\infty)$ 上单调增加，$f(2)=8$ 是极小值.

5.～6.略.

习题 4.5

1.$(-\infty,2)$ 上凸，$(2,+\infty)$ 上凹，点 $(2,0)$ 是拐点.

2.$(-\infty,0)$，$\left(\dfrac{2}{3},+\infty\right)$ 上凹，$\left(0,\dfrac{2}{3}\right)$ 内凸，点 $(0,1)$ 与 $\left(\dfrac{2}{3},\dfrac{11}{27}\right)$ 是两个拐点.

3.(1) $(0,+\infty)$ 上凹；　　　　　　(2) $(-\infty,+\infty)$ 上凹.

4.(1) 拐点为 $\left(\dfrac{5}{3},\dfrac{20}{27}\right)$，$\left(-\infty,\dfrac{5}{3}\right)$ 上凸，$\left(\dfrac{5}{3},+\infty\right)$ 上凹；

　(2) 拐点为 $(0,0)$ 和 $\left(\dfrac{1}{4},\dfrac{3}{16^{\frac{4}{3}}}\right)$，$(-\infty,0)$，$\left(\dfrac{1}{4},+\infty\right)$ 上凹，$\left(0,\dfrac{1}{4}\right)$ 上凸；

　(3) 拐点为 $(2,2\mathrm{e}^{-2})$，$(-\infty,2)$ 上凸，$(2,+\infty)$ 上凹；

　(4) 拐点为 $(-1,\ln 2)$ 和 $(1,\ln 2)$，$(-\infty,-1)$，$(1,+\infty)$ 上凸，$(-1,1)$ 上凹.

5.略.

习题 4.6

1.(1) 1 000 件；　　(2) 60 000 件.

2.(1) $Q=3$；　　(2) 6.

3.$t=\dfrac{1}{4r^2}$.

习题 4.7

1.(1) $x=\pm 1,y=1$；　　　　(2) $x=-1,y=0$.

2.略.

综合习题四

1.～5.略.

6.(1) 2;　　(2) 1;　　(3) 0;　　(4) ∞;　　(5) 0;　　(6) 1;

(7) 0;　　(8) $\dfrac{1}{2}$;　　(9) e;　　(10) 1;　　(11) 1;　　(12) $(ab)^{\frac{3}{2}}$.

7.(1) 6;　　(2) $-\dfrac{1}{2}$.

8. $k=-1$, $f'(0)=-\dfrac{1}{2}$.

9.(1) $(-\infty,-1)$, $(0,1)$ 上单调减少,$(-1,0)$, $(1,+\infty)$ 上单调增加;

(2) $(-\infty,0)$ 上单调增加,$(0,+\infty)$ 上单调减少;

(3) $(-\infty,-2)$, $(0,+\infty)$ 上单调增加,$(-2,0)$ 内单调减少;

(4) $\left(0,\dfrac{1}{2}\right)$ 内单调减少,$\left(\dfrac{1}{2},+\infty\right)$ 上单调增加;

(5) $(0,1)$, $(-\infty,-1)$ 上单调减少,$(-1,0)$, $(1,+\infty)$ 上单调增加;

(6) $(-\infty,+\infty)$ 上单调减少.

10.(1) $x=-1$ 时有极大值 0,$x=3$ 时有极小值 -32;

(2) $x=0$ 时有极小值 0,$x=2$ 时有极大值 $\dfrac{4}{e^2}$;

(3) $x=1$ 时有极小值 $2-4\ln 2$;

(4) $x=-\dfrac{1}{2}\ln 2$ 时有极小值 $2\sqrt{2}$;

(5) $x=0$ 时有极大值 0,$x=\dfrac{2}{5}$ 时有极小值 $-\dfrac{3}{25}\sqrt[3]{20}$;

(6) $x=2$ 时有极大值 3.

11.(1) $\left(-\infty,\dfrac{1}{3}\right)$ 上凹,$\left(\dfrac{1}{3},+\infty\right)$ 上凸,点 $\left(\dfrac{1}{3},\dfrac{2}{37}\right)$ 是拐点;

(2) $(-\infty,0)$ 上凸,$(0,+\infty)$ 上凹,点 $(0,0)$ 是拐点;

(3) $(-\infty,-2)$ 上凸,$(-2,+\infty)$ 上凹,点 $\left(-2,-\dfrac{2}{e^2}\right)$ 是拐点;

(4) $(-\infty,0)$, $(0,+\infty)$ 上凸,无拐点.

12. $y=\dfrac{1}{e^2}(4-x)$.

13. $r=4\ \mathrm{m}$, $h=8\ \mathrm{m}$.

习题 5.1

1.(1) $\dfrac{2}{7}x^{\frac{7}{2}}-\dfrac{10}{3}x^{\frac{3}{2}}+C$;　　　　(2) $2\sqrt{x}-\dfrac{4}{3}x^{\frac{3}{2}}+\dfrac{2}{5}x^{\frac{5}{2}}+C$;

(3) $\dfrac{3^x e^x}{1+\ln 3}+C$;　　　　　　　　(4) $\dfrac{x+\sin x}{2}+C$;

(5) $2x-\dfrac{5\left(\dfrac{2}{3}\right)^x}{\ln 2-\ln 3}+C$;　　　　　(6) $-(\cot x+\tan x)+C$.

2. $y=\ln|x|+1$.

3. $Q=1000\left(\dfrac{1}{3}\right)^P$.

习题 5.2

1.(1) $\dfrac{1}{a}$;　　(2) $\dfrac{1}{7}$;　　(3) $\dfrac{1}{10}$;　　(4) $-\dfrac{1}{2}$;　　(5) $\dfrac{1}{12}$;　　(6) $\dfrac{1}{2}$;

(7) -2;　　(8) $\dfrac{1}{5}$;　　　(9) -1;　　　(10) -1;　　　(11) $\dfrac{1}{3}$;　　(12) $\dfrac{1}{\sqrt{2}}$.

2. (1) $\dfrac{1}{5}\mathrm{e}^{5x}+C$;

(2) $-\dfrac{1}{8}(3-2x)^{4}+C$;

(3) $-\dfrac{1}{2}\ln\mid 1-2x\mid+C$;

(4) $-\dfrac{1}{2}(2-3x)^{\frac{2}{3}}+C$;

(5) $-2\cos\sqrt{x}+C$;

(6) $\ln\mid\ln\ln x\mid+C$;

(7) $\dfrac{1}{11}\tan^{11}x+C$;

(8) $-\dfrac{1}{2}\mathrm{e}^{-x^{2}}+C$;

(9) $\ln\mid\tan x\mid+C$;

(10) $-\ln\mid\cos\sqrt{1+x^{2}}\mid+C$;

(11) $\arctan\mathrm{e}^{x}+C$;

(12) $-\dfrac{1}{3}(2-3x^{2})^{\frac{1}{2}}+C$;

(13) $-\dfrac{3}{4}\ln\mid 1-x^{4}\mid+C$;

(14) $\dfrac{1}{2\cos^{2}x}+C$;

(15) $\dfrac{1}{2}\arcsin\dfrac{2x}{3}+\dfrac{1}{4}\sqrt{9-4x^{2}}+C$;

(16) $\dfrac{x^{2}}{2}-\dfrac{9}{2}\ln(x^{2}+9)+C$;

(17) $\dfrac{1}{2\sqrt{2}}\ln\left|\dfrac{\sqrt{2}x-1}{\sqrt{2}x+1}\right|+C$;

(18) $\dfrac{1}{3}\ln\left|\dfrac{x-2}{x+1}\right|+C$;

(19) $\dfrac{1}{2}\cos x-\dfrac{1}{10}\cos 5x+C$;

(20) $\dfrac{1}{3}\sin\dfrac{3x}{2}+\sin\dfrac{x}{2}+C$;

(21) $(\arctan\sqrt{x})^{2}+C$;

(22) $-\dfrac{1}{\arcsin x}+C$;

(23) $\dfrac{a^{2}}{2}\arcsin\dfrac{x}{a}-\dfrac{x}{a^{2}}\sqrt{a^{2}-x^{2}}+C$;

(24) $\dfrac{x}{\sqrt{1+x^{2}}}+C$;

(25) $\sqrt{x^{2}-9}-3\arccos\dfrac{3}{\mid x\mid}+C$;

(26) $a\arcsin\dfrac{x}{a}-\sqrt{a^{2}-x^{2}}+C$.

习题 5.3

1. (1) $x\sin x+\cos x+C$;

(2) $-(x+1)\mathrm{e}^{-x}+C$;

(3) $x\arcsin x+\sqrt{1-x^{2}}+C$;

(4) $\dfrac{\sin x-\cos x}{2}\mathrm{e}^{-x}+C$;

(5) $-\dfrac{2}{17}\mathrm{e}^{-2x}\left(\cos\dfrac{x}{2}+4\sin\dfrac{x}{2}\right)+C$;

(6) $-\dfrac{1}{2}x^{2}+x\tan x+\ln\mid\cos x\mid+C$;

(7) $-\left(\dfrac{t}{2}+\dfrac{1}{4}\right)\mathrm{e}^{-2t}+C$;

(8) $x(\arcsin x)^{2}+2\sqrt{1-x^{2}}\arcsin x-2x+C$;

(9) $\left(\dfrac{1}{2}-\dfrac{1}{5}\sin 2x-\dfrac{1}{10}\cos 2x\right)\mathrm{e}^{x}+C$;

(10) $3\mathrm{e}^{\sqrt[3]{x}}(\sqrt[3]{x^{2}}-2\sqrt[3]{x}+2)+C$;

(11) $\dfrac{x}{2}(\cos(\ln x)+\sin(\ln x))+C$;

(12) $-\dfrac{1}{2}\left(x^{2}-\dfrac{3}{2}\right)\cos 2x+\dfrac{x}{2}\sin 2x+C$;

(13) $\dfrac{1}{2}(x^{2}-1)\ln(x-1)-\dfrac{1}{4}x^{2}-\dfrac{1}{2}x+C$;

(14) $\dfrac{1}{6}x^{3}+\dfrac{1}{2}x^{2}\sin x+x\cos x-\sin x+C$;

(15) $-\dfrac{1}{x}(\ln^{3}x+3\ln^{2}x+6\ln x+6)+C$;

(16) $-\dfrac{1}{4}x\cos 2x+\dfrac{1}{8}\sin 2x+C$.

习题 5.4

1. (1) $\dfrac{1}{6}\ln\dfrac{(x+1)^{2}}{x^{2}-x+1}+\dfrac{1}{\sqrt{3}}\arctan\dfrac{2x-1}{\sqrt{3}}+C$;

(2) $\dfrac{x^{3}}{3}+\dfrac{x^{2}}{2}+x+8\ln\mid x\mid-3\ln\mid x-1\mid-4\ln\mid x+1\mid+C$;

(3) $x - \tan x + \sec x + C$;

(4) $\dfrac{1}{2} \ln \left| \tan \dfrac{x}{2} \right| - \dfrac{1}{2} \tan \dfrac{x}{2} + C$;

(5) $\dfrac{1}{\sqrt{2}} \arctan \dfrac{\tan \dfrac{x}{2}}{\sqrt{2}} + C$;

(6) $\dfrac{2}{\sqrt{3}} \arctan \dfrac{2\tan \dfrac{x}{2} + 1}{\sqrt{3}} + C$;

(7) $\dfrac{1}{3} x^3 - \dfrac{1}{2\sqrt{2}} \left(\ln \left| x + \dfrac{1}{x} - \sqrt{2} \right| - \ln \left| x + \dfrac{1}{x} + \sqrt{2} \right| \right) + C$;

(8) $\arctan x + \dfrac{1}{3} \arctan x^3 + C$;

(9) $\dfrac{\sqrt{2}}{2} \ln \left| \csc \left(x + \dfrac{\pi}{4} \right) - \cot \left(x + \dfrac{\pi}{4} \right) \right| + C$;

(10) $\dfrac{1}{6} \ln \dfrac{(1 - \cos x)(2 + \cos x)^2}{(1 + \cos x)^3} + C$.

综合习题五

1.(1) $\dfrac{1}{2} \ln \dfrac{|\,e^x - 1\,|}{e^x + 1} + C$;

(2) $\dfrac{1}{2(1-x)^2} - \dfrac{1}{1-x} + C$;

(3) $\dfrac{1}{6a^3} \ln \left| \dfrac{a^3 + x^3}{a^3 - x^3} \right| + C$;

(4) $\ln |\, x + \sin x \,| + C$;

(5) $\ln x (\ln \ln x - 1) + C$;

(6) $\dfrac{1}{2} \arctan(\sin^2 x) + C$;

(7) $\dfrac{1}{3} \tan^3 x - \tan x + x + C$;

(8) $\dfrac{1}{8} \left(\dfrac{1}{3} \cos 6x - \dfrac{1}{2} \cos 4x - \cos 2x \right) + C$;

(9) $\dfrac{1}{4} \ln |\, x \,| - \dfrac{1}{24} \ln(x^6 + 4) + C$;

(10) $\ln \left| x + \dfrac{1}{2} + \sqrt{x(x+1)} \right| + C$;

(11) $\dfrac{1}{4} x^2 + \dfrac{x}{4} \sin 2x + \dfrac{1}{8} \cos 2x + C$;

(12) $\dfrac{1}{a^2 + b^2} e^{ax} (a\cos bx + b\sin bx) + C$;

(13) $\ln \dfrac{\sqrt{1 + e^x} - 1}{\sqrt{1 + e^x} + 1} + C$;

(14) $\dfrac{\sqrt{x^2 - 1}}{x} + C$;

(15) $(4 - 2x)\cos \sqrt{x} + 4\sqrt{x} \sin \sqrt{x} + C$;

(16) $-\dfrac{\sqrt{(1 + x^2)^3}}{3x^3} + \dfrac{\sqrt{1 + x^2}}{x} + C$;

(17) $\dfrac{1}{3a^4} \left[\dfrac{3x}{\sqrt{a^2 - x^2}} + \dfrac{x^3}{\sqrt{(a^2 - x^2)^3}} \right] + C$;

(18) $x\ln(1 + x^2) - 2x + 2\arctan x + C$;

(19) $\dfrac{\sin x}{2\cos^2 x} - \dfrac{1}{2} \ln |\, \sec x + \tan x \,| + C$;

(20) $(x + 1)\arctan \sqrt{x} - \sqrt{x} + C$;

(21) $\sqrt{2} \ln \left(\left| \csc \dfrac{x}{2} \right| - \left| \cot \dfrac{x}{2} \right| \right) + C$;

(22) $\dfrac{x^4}{8(1 + x^8)} + \dfrac{1}{8} \arctan x^4 + C$;

(23) $\dfrac{1}{32} \ln \left| \dfrac{2 + x}{2 - x} \right| + \dfrac{1}{16} \arctan \dfrac{x}{2} + C$;

(24) $\dfrac{x^4}{4} + \ln \dfrac{\sqrt[4]{x^4 + 1}}{x^4 + 2} + C$;

(25) $x\tan \dfrac{x}{2} + C$;

(26) $e^{\sin x} (x - \sec x) + C$;

(27) $\ln \dfrac{x}{(\sqrt[6]{x} + 1)^6} + C$;

(28) $\dfrac{1}{1 + e^x} + \ln \dfrac{e^x}{1 + e^x} + C$;

(29) $\arctan(e^x - e^{-x}) + C$;

(30) $\dfrac{xe^x}{e^x + 1} - \ln(1 + e^x) + C$;

(31) $x\ln^2 (x + \sqrt{1 + x^2}) - 2\sqrt{1 + x^2} \ln(x + \sqrt{1 + x^2}) + 2x + C$;

(32) $\dfrac{x\ln x}{\sqrt{1 + x^2}} - \ln(x + \sqrt{1 + x^2}) + C$;

(33) $\dfrac{1}{4} (\arcsin x)^2 + \dfrac{x}{2} \sqrt{1 - x^2} \arcsin x - \dfrac{x^2}{4} + C$;

(34) $-\dfrac{1}{3}\sqrt{1-x^2}(x^2+2)\arccos x-\dfrac{1}{9}x(x^2+6)+C$;

(35) $-\ln|\csc x+1|+C$;   (36) $\ln|\tan x|-\dfrac{1}{2\sin^2 x}+C$;

(37) $\dfrac{1}{2}(\sin x-\cos x)-\dfrac{1}{2\sqrt{2}}\ln\left|\dfrac{\tan\frac{x}{2}-1+\sqrt{2}}{\tan\frac{x}{2}-1-\sqrt{2}}\right|+C$.

习题 6.1

1. $\dfrac{1}{2}(b-a)(a+b+2)$.

2. (1) 1;   (2) $\dfrac{\pi}{4}a^2$.

3. (1) $\displaystyle\int_0^1 x^2\mathrm{d}x$ 较大;   (2) $\displaystyle\int_0^1 \mathrm{e}^x\mathrm{d}x$ 较大.

4. (1) $6\leqslant\displaystyle\int_1^4(x^2+1)\mathrm{d}x\leqslant 51$;   (2) $\dfrac{\pi}{9}\leqslant\displaystyle\int_{\frac{1}{\sqrt{3}}}^{\sqrt{3}}x\arctan x\mathrm{d}x\leqslant\dfrac{2}{3}\pi$;

(3) $2a\mathrm{e}^{-a^2}\leqslant\displaystyle\int_{-a}^a\mathrm{e}^{-x^2}\mathrm{d}x<2a$;   (4) $-2\mathrm{e}^2\leqslant\displaystyle\int_2^0\mathrm{e}^{x^2-x}\mathrm{d}x\leqslant-2\mathrm{e}^{-\frac{1}{4}}$.

5. 略.

习题 6.2

1. (1) $2x\sqrt{1+x^4}$;   (2) $\dfrac{\sin x-x\cos x}{x^2}$;

(3) $xf(x)+\displaystyle\int_a^x f(t)\mathrm{d}t$;   (4) $\dfrac{2}{\sin 2x}$.

2. (1) $-\dfrac{1}{2}$;   (2) 6;   (3) $\dfrac{1}{2}$.

3. $\dfrac{\cos x}{\sin x-1}$.

4. 当 $x=0$ 时.

5. (1) $\dfrac{2}{3}(8-3\sqrt{3})$;   (2) $\dfrac{11}{6}$;   (3) $1+\dfrac{\pi^2}{8}$;   (4) $\dfrac{20}{3}$.

6. $\displaystyle\int_0^x f(t)\mathrm{d}t=\begin{cases}0, & x<0,\\ \dfrac{1}{2}(1-\cos x), & 0\leqslant x\leqslant\pi,\\ 1, & x>\pi.\end{cases}$

习题 6.3

1. (1) 0;   (2) $\dfrac{51}{512}$;   (3) $\dfrac{1}{4}$;   (4) $\pi-\dfrac{4}{3}$;

(5) $\dfrac{\pi}{6}-\dfrac{\sqrt{3}}{8}$;   (6) $\dfrac{\pi}{2}$;   (7) $\sqrt{2}(\pi+2)$;   (8) $1-\dfrac{\pi}{4}$;

(9) $1-\mathrm{e}^{-\frac{1}{2}}$;   (10) $2+2\ln\dfrac{2}{3}$;   (11) $\dfrac{1}{6}$;   (12) $\dfrac{2}{3}$;

(13) $\dfrac{\pi}{2}$;   (14) $\sqrt{2}-\dfrac{2\sqrt{3}}{3}$;   (15) $\dfrac{4}{3}$;   (16) $2\sqrt{2}$.

2. (1) 0;   (2) $\dfrac{3}{2}\pi$;   (3) $\dfrac{\pi^3}{324}$;   (4) 0.

3. 略.

4. (1) $1-\dfrac{2}{e}$;   (2) $\dfrac{1}{4}(e^2+1)$;   (3) $4(2\ln 2-1)$;

(4) $\left(\dfrac{1}{4}-\dfrac{\sqrt{3}}{9}\right)\pi+\dfrac{1}{2}\ln\dfrac{3}{2}$; (5) $\dfrac{1}{5}(e^{\pi}-2)$;   (6) $\dfrac{\pi^3}{6}-\dfrac{\pi}{4}$;

(7) $\dfrac{1}{2}(e\sin 1-e\cos 1+1)$;   (8) $2\left(1-\dfrac{1}{e}\right)$;

(9) $\dfrac{\pi}{4}-\dfrac{1}{2}$;   (10) $\begin{cases} \dfrac{1\cdot3\cdot5\cdots m}{2\cdot4\cdot6\cdots(m+1)}\cdot\dfrac{\pi}{2}, & m\text{ 为奇数}, \\[2mm] \dfrac{2\cdot4\cdot6\cdots m}{1\cdot3\cdot5\cdots(m+1)}\cdot 1, & m\text{ 为偶数}. \end{cases}$

5. 0.

6. 略.

习题 6.4

1. (1) 1;   (2) 2;   (3) $\dfrac{16}{3}$;   (4) $\dfrac{7}{6}$;

(5) $\dfrac{1}{2}+\ln 2$;   (6) $\dfrac{1}{6}$;   (7) $b-a$;   (8) $\dfrac{1}{6}b^2$.

2. (1) 2π;   (2) $\dfrac{128}{7}\pi,12.8\pi$;   (3) $\dfrac{3}{10}\pi$;   (4) $4\pi^2$.

3. (1) $a=\dfrac{1}{e},(x_0,y_0)=(e^2,1)$;   (2) $S=\dfrac{1}{6}e^2-\dfrac{1}{2}$.

4. $a=-4,b=6,c=0$.

5. 50,100.

6. (1) $Q=2.5$ 百台,$L=6.25$ 万元;   (2) 0.25 万元.

7. 96.73 万元.

习题 6.5

1. (1) $\dfrac{1}{3}$;   (2) 发散;   (3) $\dfrac{1}{a}$;   (4) 发散;   (5) 发散;

(6) π;   (7) $\dfrac{8}{3}$;   (8) -1;   (9) $\dfrac{\pi}{2}$;   (10) -1.

2. 当 $k>1$ 时,收敛于 $\dfrac{1}{(k-1)(\ln 2)^{k-1}}$;当 $k\leqslant 1$ 时,发散.

3. $n!$.

综合习题六

1. (1) $\dfrac{1}{2}(25-\ln 26)$;   (2) 0;

(3) $2(2-\arctan 2)$;   (4) $2\left(1-\dfrac{\pi}{4}\right)$;

(5) π;   (6) $\dfrac{1}{4}\left(\dfrac{\pi}{2}-1\right)$;

(7) $\sqrt{3}-\dfrac{\pi}{3}$;   (8) $2-\dfrac{5}{e}$;

(9) $6-2e$;   (10) $\dfrac{1}{2}e^{-\frac{\pi}{2}}+\dfrac{1}{2}$;

(11) $\dfrac{\pi}{2}$；

(12) $\dfrac{\pi}{8}\ln 2\left(\text{提示：令 }x=\dfrac{\pi}{4}-u\right)$；

(13) $\dfrac{\pi}{4}$；

(14) $2(\sqrt{2}-1)$.

2.(1) $\dfrac{2}{3}(2\sqrt{2}-1)$；　　(2) $\dfrac{1}{4}$；　　(3) -1；　　(4) $af(a)$；

(5) $\dfrac{\pi^2}{4}$；　　(6) 0.

3.(1) $\dfrac{\pi}{2}-1$；　　(2) 1；　　(3) $\dfrac{\pi}{4}$；　　(4) $-\dfrac{\pi}{2}\ln 2$.

4. $\dfrac{5}{2}$.

5. e.

6. 最大值为 $\dfrac{5\pi}{3\sqrt{3}}$，最小值为 0.

7.(1) $e+e^{-1}-2$；　(2) $\dfrac{1}{3}(\pi+3\sqrt{3}-2)$.

8. $\dfrac{2}{3}r^3\tan\alpha$.

9. 约 800 辆.

10.(1) 19 万元；

(2) $C(Q)=4Q+\dfrac{Q^2}{8}+1$，$R(Q)=8Q-\dfrac{Q^2}{2}$；

(3) $Q=3.2$ 百台时，总利润最大，最大利润为 $L(3.2)=5.4$ 万元.